Combinatorics in Graph theory

그래프 이론 속의 조합수학

저자 김상목

드림 미디어

차 례

이 밖의 여러 이산구조(디자인, 반순서집합, 사영기하 등등)에 대한 조합수학은 이후 기획 중인 저술로 미루기로 한다. 위의 주제들에 대하여 가급적 쉽고 친절한 해설과 많은 그림과 표를 이용한 직관적인 이해를 도모하였다. 기초적인 사항 중에 설명이나 이해가 부족한 부분이 있다면 본 저자의 '이산수학'을 통하여 그 내용을 참조하기 바란다. 마지막 장은 부록으로 대수구조에 대한 기초적인 내용으로 군(group)/환(ring)/체(field)를 소개하여 앞의 내용에서 치환이나 정수론에 대해서 다룰 때, 참고가 될 수 있도록 제시하여 대수학(Algebra)에 대한 배경지식이 없는 독자에게 도움을 주고자 했다.

원고가 완성되기까지 뒷바라지를 열심히 해준 아내와 식구들께 감사하고, 그림과 편집에 많은 도움을 준 이원홍 선생님과 원고의 진가를 알아주시고 성의껏 편의를 제공하고 출판하여 주신 드림미디어 안기열 사장님께 감사드립니다.

2024년 8월 저자
김 상 목

구현할 최적화 방법론 연구

이 책에서는 방대한 조합수학의 주제 중에서 먼저 계수 조합론의 기초 부분을 개관한 후, 이를 기초로 가장 광범위한 이산구조론으로 알려진 그래프(graph)이론의 난제를 포함한 정통적인 계수 문제와 구현 문제를 소개하고, 그래프 이론과 정수론, 정보보호론 등, 타 수학 분야와의 관계성에 대해 살펴본다. 이러한 책의 내용은 구체적으로 다음과 같이 요약된다.

먼저, 구조 위에서 기초가 되는 집합론, 정수론, 생성함수, 대수구조 등을 요약하여 다루고 난 후, 아래의 계수 조합론의 주요 방법론과 수열에 대하여 다룬다.

\포함배제의 원리(inclusion-exclusion)

\함수의 계수(counting various functions)

\집합의 분할 수(counting set-partitions)

\정수의 분할 수(integer partition number)

\제 2 스털링 수(the 2nd type of Stirling numbers)

\제 1 스털링 수(the 1st type of Stirling numbers)

\오일러의 수(Eulerian numbers)/카탈란 수(Catalan numbers)

\수열의 생성함수(generating function)

\특수한 치환군의 계수(counting special permutations)

다음으로, 이 책의 주요 주제인 그래프 이론을 다룰 것이다. 이 분야에서 수 세기 동안 치열한 발전을 이루어 왔던 다음 문제들을 소개하고 많은 예시와 그림을 자세히 제공하여 문제의 부분해를 구하거나 구현하도록 하여 조합수학적 시각에서 문제점을 인식하고 체화할 수 있도록 집필하게 되었다.

\비동형 그래프의 개수

\근수형도의 개수

\영업사원의 문제(traveling salesman's problem)

\해밀턴 순환로(Hamiltonian cycles)와 오일러 회로(Euler circuit)

\램지 수(Ramsey number)와 램지 그래프

\그래프 채색문제(graph coloring; Chromatic numbers)

\그래프 괴리성-중앙성(graph eccentricity-centrality)

\수형도와 수열(Cayley theorem: Trees and Prüfer sequence)

\근수형도와 정수(Matula numbers)

\최소무게근수형도와 알고리즘(Kruskal Algorithm, Prim Algorithm)

\수형도의 응용(Applications of tree graphs)

▶ 머리말 ◀

영어로 Combinatorics라 불리는 조합수학은 가우스(Gauss, Carl Friedrich (1777 ~ 1855))에 의해서 명명된 것으로 알려져 있으나 실은 그 보다 이전 “Dissertatio de Arte Combinatoia”이란 문헌을 통해 라이프니치(Leibniz, Gottfied Wilhem(1646~1716))로부터 그 기원을 찾을 수 있다. 원래 의미는 수수께기와 같이 문제 자체는 이해하기 쉽고 재미있으나 해답은 쉽게 도출되지 않는 셈(counting)이나 그래프 등 이산 구조 구현의 문제를 뜻하여 왔고, 많은 호사가나 귀족들이 즐기는 그들만의 지식 게임의 성격을 지니고 근대까지 그 맥을 유지해 오고 있었다.

현대에 들어서 수학이나 물리에서 주로 써 왔던 연속적이고 미적분학적 방법론에 의존한 아날로그적 사조는 한계를 드러내게 되었으며, 이에 따라 학문적/현실적 대체나 보완적 방법론으로 그래프이론 등을 포함한 조합수학이 재 조명을 받게 되었다. 특히 컴퓨터의 발달로 인한 디지털 전자통신의 발전에 발맞춰 네트워크의 운용, 빅데이터 분석, 인공지능 등을 위해 학술적이고도 현실적인 수요가 배가되면서, 조합수학은 20세기 중반부터 21세기 초에 이르기까지 지속적인 발전을 해왔다.

조합수학이 활발히 기여하고 있는 분야를 보면, 생물학에 있어서 유전자 배열분석(assembly, alignment), 화학의 이성질체나 폴리머 등의 제조과정, 입자물리나 양자역학, 통신 프로토콜에 있어서 자료의 압축, 오류수정부호의 구현, 정수방정식과 소수문제에 대한 연구로 암호론의 기반을 제공하며, 공장의 공정이나 컴퓨터 계산의 스케쥴링이나 효율적 분업의 설계 등을 다루는 최적화 문제에 방법론을 제공하고 있다. 반면에 순수수학적 측면에서도 점으로 추상화된 유한집합의 원소와 선으로 간주할 수 있는 정규화된 집합(block), 그리고 상호간의 인접관계(incidence relation)를 다룬다는 점에서 집합론이나 기하학, 정수론의 수준에서 순수한 추상적 문제를 다루고 있는 분야이기도 하다.

크게 조합수학의 세 가지 분야와 그 내용을 소개하면 다음과 같다.

1. 계수 조합론(Enumerative combinatorics): 계수의 과학(science of countings)
2. 조합구조의 존재성에 관한 분야(Existential combinatorics): 그래프, 디자인, 반순서집합, 유한기하 등, 조합구조(이산구조)의 주어진 변수에 대한 존재성을 판별하는 연구
3. 구현 조합론(Constructive combinatorics): 존재성이 밝혀진 특수 변수에 대한 이산구조를

4장 | 여러 가지 조합론의 계수들

5장 | 그래프 이론

6장 | 대수구조와 그래프

1장.

집합과 정수

1.1 명제와 논리

"명제"(proposition)란, 참과 거짓이 분명한 문장(sentence)을 의미한다. 이때 명제 p의 진위인 참(truth)과 거짓(false) 둘 중의 한 값을 명제 p의 '진리값'이라 부른다. 문장 p에 속해 있는 변수 x의 값에 의존하여 문장의 진리값이 결정되는 문장을 '조건명제' $p(x)$라고 표현하며 조건명제 $p(x)$를 참으로 만드는 x의 집합을 $p(x)$의 진리집합이라고 한다. 조건명제를 포함하여 명제는 그들 사이의 연산에 의해 합성명제 만들게 되고 이 또한 명제가 된다. 명제 사이의 기본적인 이항연산과 일항연산은 다음 네 가지로 정의한다.

(i)	$\neg p$: **"p가 아니다"**	**(not p)**	: p 의 부정(negation)
(ii)	$p \wedge q$: **"p 이고 q"**	**(p and q)**	: p와 q의 논리곱(conjuction)
(iii)	$p \vee q$: **"p 이거나 q"**	**(p or q)**	: p와 q의 논리합(disjunction)
(iv)	$p \rightarrow q$: **"p 이면 q"**	**(if p, then q)**	: 가정 p와 결론 q를 가진 조건문 (conditional statement)

각 연산을 통한 합성명제의 진리값은 다음과 같이 정의된다.

p	q	$\neg p$	$p \wedge q$	$p \vee q$	$p \rightarrow q$
T	**T**	**F**	**T**	**T**	**T**
T	**F**		**F**	**T**	**F**
F	**T**	**T**	**F**	**T**	**T**
F	**F**		**F**	**F**	**T**

위의 네 가지 기본연산 이외에도, $p \oplus q$ (exclusive p or q)은 명제 p, q 둘 중 하나만이 참(T)일 때만 T 이고 나며지는 F가 진리값으로 정의되는 연산이다. 좀 더 수학적으로 표현해 보면 T를 -1, F 를 1 이라 두고 $\oplus$ 를 -1 과 1의 곱셈으로 생각하면 다음 곱셈표를 만들고 이는 $p \oplus q$의 진리표와 일치함을 알 수 있다.

$\times$	-1	1
-1	1	-1
1	-1	1

$\Leftrightarrow$

$p \oplus q$	T	F
T	F	T
F	T	F

$\Leftrightarrow$

p	$\oplus$	q
T	F	T
T	T	F
F	T	T
F	F	F

이제 **명제의** 동치와 항진명제에 대해서 정의하기로 하자.

두 명제 p와 q의 합성명제 s와 t가 p와 q의 진리값 각각의 순서쌍에 대하여 같은 진리값을 가지면, 두 명제 s와 t는 논리적 동치(logical equivalence)명제라 하고, $s \equiv t$로 나타낸다. 다음은 진리표를 통하여 p와 q의 합성명제 $p \vee q$와 $\neg[(\neg p) \wedge (\neg q)]$가 동치명제임을 증명한 것이다.

p	q	$p \vee q$	$\neg p$	$\neg q$	$[(\neg p) \wedge (\neg q)]$	$\neg[(\neg p) \wedge (\neg q)]$
T	T	T	F	F	F	T
T	F	T	F	T	F	T
F	T	T	T	F	F	T
F	F	F	T	T	T	F

$$p \vee q \equiv \neg[(\neg p) \wedge (\neg q)]$$

다음은 조건명제와 그것의 대우명제는 동치명제임을 증명한 진리표를 보여준다.

p	q	$\neg p$	$\neg q$	$p \rightarrow q$	$\neg q \rightarrow \neg p$	$(p \rightarrow q) \Leftrightarrow (\neg q \rightarrow \neg p)$
T	**T**	**F**	**F**	**T**	**T**	**T**
T	**F**	**F**	**T**	**F**	**F**	**T**
F	**T**	**T**	**F**	**T**	**T**	**T**
F	**F**	**T**	**T**	**T**	**T**	**T**

$$(p \rightarrow q) \equiv (\neg q \rightarrow \neg p)$$

두 명제 p와 q의 조건문 $p \rightarrow q$가 참일 때, p를 q이기 위한 충분조건(sufficient condition)이라 하고, q를 p가 되기 위한 필요조건(necessary condition)이라고 한다. 조건명제 $p \rightarrow q$가 참이라고 가정하자. 이때, p가 참이라면 주어진 조건명제가 참이므로 q는 반드시 참이어야 한다. 따라서 p는 q가 참이 되기 위해 참이기만 하면 충분하므로 충분조건이라고 한다. 반대로 q가 참이라는 조건은 p에 상관없이 주어진 조건명제가 참이 되기 위해 반드시 필요한 조건이다. 그런 의미에서 q은 p가 참이 되기 위한 필요조건이라고 한다. 예를 들면, 명제 $[p\colon\ x = 1]$와 $[q\colon\ x^2 = 1]$에 대하여 p가 참인 것은 q가 참이기 위한 충분조건이고, q가 참인 것은 p가 참이기 위한 필요조건이 된다.

두 명제 p와 q에 대하여, 명제 $p \leftrightarrow q$를 p와 q의 쌍조건문(biconditional statement)라고 하고, 'p이면 q이고, 동시에 q이면 p이다'라고 읽는다. 영어로는 "p if and only if q"라고 표현하고 있으며 축약하여 "p iff q"라고 쓰기도 한다. 쌍 조건문에 대한 진리표는 다음과 같다.

p	q	$p \leftrightarrow q$
T	T	T
T	F	F
F	T	F
F	F	T

이로부터 $p \leftrightarrow q \equiv \neg(p \oplus q)$ 임을 알 수 있다. 두 명제 p와 q의 쌍조건문 $p \leftrightarrow q$가 참일 때, 명제 p와 q를 필요충분조건(necessary-sufficient condition)이라고 한다. 한편, 명제 t의 가능한 모든 논리적 경우에 대하여 t의 진리값이 모두 참일 때, 그 명제를 항진명제(tautology)라고 한다. 다음 정리에서는 기본적인 항진명제를 소개하고 있다.

정리 1-1-1 두 명제 p와 q로 정의된 다음 합성명제들은 항진명제이다.

(1) $p \vee \neg p$ (2) $p \rightarrow p$ (3) $(p \wedge q) \rightarrow (q \wedge p)$

(4) $(p \wedge q) \rightarrow q$ (5) $p \rightarrow (p \vee q)$

| 증명 |

다음과 같이 진리표로서 위의 명제들이 항진명제라는 것을 보일 수 있다.

p	q	$\neg p$	$p \vee \neg p$	$p \rightarrow p$	$p \wedge q$	$q \wedge p$	$(p \wedge q) \rightarrow (q \wedge p)$	$(p \wedge q) \rightarrow q$	$p \vee q$	$p \rightarrow (p \vee q)$
T	T	F	T	T	T	T	T	T	T	T
T	F	F	T	T	F	F	T	T	T	T
F	T	T	T	T	F	F	T	T	T	T
F	F	T	T	T	F	F	T	T	F	T

두 명제 p와 q에 대하여, 조건명제 $p \rightarrow q$가 항진명제일 때, 이 조건문을 함의(implication)라고 하고, $p \Rightarrow q$로 나타낸다. 두 명제 p와 q에 대한 쌍조건문 $p \leftrightarrow q$가 항진명제일 때, 이 쌍조건문을 동치(equivalence)라고 하고, $p \Leftrightarrow q$로 나타낸다. 따라서 정리 1-1-1에 제시된 항진명제들은 다음과 같이 두 줄 화살표로 나타낼 수 있다.

$$p \Rightarrow p \qquad (p \wedge q) \Leftrightarrow (q \wedge p) \qquad (p \wedge q) \Rightarrow q \qquad p \Leftrightarrow (p \vee q)$$

조건문 $p \rightarrow q$에 대하여, $q \rightarrow p$를 역(converse), $\neg p \rightarrow \neg q$를 이(inversion), $\neg q \rightarrow \neg p$를 대우(contraposition)라 한다. 명제의 연산에 관한 기본정리는 다음과 같이 요약될 수 있다. 각 증명은 진리표에 따른다.

정리 1-1-2

(1) $p \Leftrightarrow \neg(\neg p)$

(2) $(p \rightarrow q) \Leftrightarrow (\neg q \rightarrow \neg p)$ [대우관계]

(3) $(p \rightarrow q) \Leftrightarrow (\neg p \vee q)$

(4) $\neg(p \vee q) \Leftrightarrow (\neg p \wedge \neg q)$, $\neg(p \wedge q) \Leftrightarrow (\neg p \vee \neg q)$ [논리의 드모르간 (de Morgan)의 정리]

(5) $(p \vee q) \vee r \Leftrightarrow p \vee (q \wedge r)$, $(p \wedge q) \wedge r \Leftrightarrow p \wedge (q \wedge r)$ [결합법칙]

(6) $p \vee (q \wedge r) \Leftrightarrow (p \vee q) \wedge (p \vee r)$, $p \wedge (q \vee r) \Leftrightarrow (p \wedge q) \vee (p \wedge r)$ [배분법칙]

| 증명 |

(다음 진리표에서 다음 사항을 유의하도록 하자. ⇔은 →∧←을 한꺼번에 나타낸 것이므로 ⇔의 진리값이 모두 T로 표시된 것은 전체명제가 항진명제임을 뜻하는 것이고, 이는 좌우 명제가 동치임을 의미한다.)

p	$\Leftrightarrow$	$\neg$	$(\neg p)$
T	T	T	F
F	T	F	T
	∴항진명제		

(1)의 증명

p	q	$(p\rightarrow q)$	$\Leftrightarrow$	$(\neg p$	$\vee$	$q)$
T	T	T	T	F	T	T
T	F	F	T	F	F	F
F	T	T	T	T	T	T
F	F	T	T	T	T	F
			∴항진명제			

(3)의 증명

p	q	$\neg$	$(p\vee q)$	$\Leftrightarrow$	$\neg p$	$\wedge$	$\neg q$
T	T	**F**	T	T	F	**F**	F
T	F	**F**	T	T	F	**F**	T
F	T	**F**	T	T	T	**F**	F
F	F	**T**	F	T	T	**T**	T
				∴항진명제			

(4)의 증명

p	q	r	p	$\vee$	$(q\wedge r)$	$\Leftrightarrow$	$(p\vee q)$	$\wedge$	$(p\wedge r)$
T	T	T		T	T	T	T	T	T
T	T	F		T	F	T	T	T	T
T	F	T		T	F	T	T	T	T
T	F	F		T	F	T	T	T	T
F	T	T		T	T	T	T	T	T
F	T	F		F	F	T	T	F	F
F	F	T		F	F	T	F	F	T
F	F	F		F	F	T	F	F	F
						∴항진명제			

(6)의 증명

(2)는 위에서 이미 증명하였고, (5)는 (6)의 증명과 같이 진리표를 이용하여 간단히 증명되므로 생략한다. 덧붙여, (5)의 결합법칙은 진리표를 통하지 않고도 (6)의 배분법칙과 정리 1-1-1의 항진

명제를 통하여 직접 증명할 수도 있다. □

이제 조건명제의 한정수사와 그 부정에 대해서 알아보자. 조건명제 $p(x)$에서 x는 변수를, p는 술어(predicate)라고 부른다. 예를 들면, 조건명제 $p(x) : x^2 > 0$에서 변수는 실수 x이며 술어는 $x^2 > 0$이다. 여기서, 만약 $x = 0$이면 $p(x)$의 진리값은 **F**이며 $x \neq 0$이면 $p(x)$의 진리값은 **T**가 된다. 이러한 조건명제 $p(x)$에 동반할 수 있는 **한정수사(quantifier)**는 다음과 같이 표시되어 쓰인다. '모든 x'(for all x) 또는 '어떤 x'(for some x)와 같은 변수 x에 대한 조건을 한정수사라 한다. '모든 x'를 나타내는 한정수사는 '$\forall$'로 나타내며 이는 '모든'을 뜻하는 영어 'For All'의 'A'를 뒤집어서 표시한 것이다. 한편, '어떤 x'를 나타내는 한정수사 '$\exists$'는 '존재한다'의 영어표현 'Exist'의 'E'를 뒤집어서 기호화하여 쓰기도 한다. 이때, $\exists$은 실제로 'For some'과 같게 쓰인다. 이를 다시 한번 요약하면 다음과 같다.

$$\begin{aligned}
\forall x \;\; p(x) &\Leftrightarrow \text{모든 } x\text{에 관하여 } p(x)\text{이다.} \\
&\Leftrightarrow \textit{For all } x,\; p(x) \textit{ hold.} \\
\exists x \;\; p(x) &\Leftrightarrow \text{어떤 } x\text{에 관하여 } p(x)\text{이다.} \\
&\Leftrightarrow \textit{For some } x,\; p(x) \textit{ holds.} \\
&\Leftrightarrow \textit{There is an } x \textit{ such that } p(x) \textit{ holds.}
\end{aligned}$$

익숙한 예로써, 코시의 극한의 $\epsilon - \delta$ 정의, 즉 $\lim_{x \to a} f(x) = L$은 한정수사를 사용한 논리기호에 따라 다음과 같이 정의된다.

$$\forall \epsilon > 0 \;\exists\; \delta > 0 \;\; (0 < |x - a| < \delta \to |f(x) - L| < \epsilon)$$

이 책에서는 종종 이러한 한정수사 표기법을 증명과정에서 사용하기로 한다.

'모든'과 '어떤' 사이에는 일종의 반의어의 관계가 성립한다. 한정수사를 동반한 조건명제의 부정은 다음과 같이 정의된다.

$$\neg(\forall\, x\; p(x)) \;\Leftrightarrow\; \exists\, x \;\; \neg p(x) \;\;\Leftrightarrow\;\; (\text{어떤 } x\text{에 관하여 } p(x)\text{는 아니다.})$$

$$\neg(\,\exists\, x\, p(x)) \;\Leftrightarrow\; \forall\, x \;\; \neg p(x) \;\;\Leftrightarrow\;\; (\text{모든 } x\text{에 관하여 } p(x)\text{는 아니다.})$$

예를 들어 위의 "모든 인간은 죽는다."라는 명제가 거짓임을 밝히기 위해서는, 적어도 하나의 인간이 존재하여 영생한다는 사실을 밝히면 된다. 이러한 부정의 예를 반례(counterexample)라 한다. '모든'을 포함한 명제가 거짓임을 증명하기 위해서는 단 하나의 반례를 제시하는 것으로 충분하다는 사실을 알 수 있다.

연습문제 1.1

1. 다음 좌, 우의 명제가 서로 동치임 보여라.

   (1) $\neg p \vee q \equiv p \rightarrow q$

   (2) $p \rightarrow (q \vee r) \equiv p \wedge (\neg r) \rightarrow q$

2. 명제 p, q, r에 대하여, 다음이 성립함을 증명하라.

   (1) $(p \rightarrow r) \wedge (q \rightarrow r) \equiv (p \vee q) \rightarrow r$

   (2) $(p \rightarrow r) \vee (q \rightarrow r) \equiv (p \wedge q) \rightarrow r$

   (3) $(p \rightarrow q) \Rightarrow (p \vee r \rightarrow q \vee r)$

   (4) $(p \rightarrow q) \wedge p \Rightarrow q$

   (5) $(p \rightarrow q) \wedge \neg q \Rightarrow \neg p.$

   (6) $(p \rightarrow q) \Leftrightarrow (p \wedge \neg q \rightarrow q \wedge \neg q)$

3. 다음은 명제가 거짓임을 논증하라.

   $[\forall x \in R\ (x > 0\ \wedge\ x < 0)]$

4. 명제 p, q, r, s에 대하여, 다음 명제가 항상 참임을 증명하라.

   $$(p \rightarrow q) \wedge (r \rightarrow s) \Rightarrow (p \wedge r \rightarrow q \wedge s)$$

5. 다음 물음에 답하라.

   (1) $\forall x \in R\ (x^2 > 0)$는 거짓임을 증명하라.

   (2) $\lim_{x \rightarrow a} f(x) \neq L$ 임을 정의하라.(힌트: 수렴에 대한 $\epsilon - \delta$ 정의를 부정하라)

   (3) $\epsilon - \delta$의 연속에 관한 정의를 고려하여 다음 명제를 부정하여 불연속성을 정의하라.

   [함수 $f(x)$는 $x = a$에서 연속이다.]

   (4) 다음 명제는 거짓임을 증명하라.

   $$(p \wedge q) \rightarrow r \equiv (p \rightarrow r) \wedge (q \rightarrow r)$$

6. 다음과 같이 주어진 참인 세 명제(가정)로부터 ***Hummingbirds are small.***[1](결론)이 참임을 추론하라,

All hummingbirds are richly colored.
No large birds live on honey.
Birds that do not live on honey are dull in color.

---

1) '이상한 나라의 엘리스'의 저자로 잘 알려진 덕슨이 그의 저서 기호논리학(Symbolic Logic)에서 제시한 추론의 예시로 알려져 있다. C. L. Dodgson (1832-1898)은 영국의 수학자이자 논리학자인 동시에 문학가와 성직자다. 그의 작품은 Lewis Carroll이라는 필명으로 출판되었다.

1.2 집합과 연산

집합(set)이란 서로 구별되는 대상들(mutually distinct objects),즉 '원소'들의 순서 없는 모임(unordered collection)으로 정의된다. 집합은 일반적으로 대문자 알파벳으로 표현되고, 중괄호 $\{ \cdots \}$ 속에 **'원소를 나열'**하거나 원소가 될 **'조건을 명시'**하는 방법으로 표현된다. 예를 들어, $A=\{-1,1\}$와 같이 두 수를 나열해서 표현하거나 $A=\{x \in R : x^2=1\}$와 같이 원소가 될 조건을 제시하여 표현된다. 집합 A의 **원소의 개수**는 $|A|$로 표현하며, 따라서 위의 $|A|=|\{1,-1\}|=2$가 된다. 원소를 하나도 가지지 않은 집합을 **'공집합'**이라 하고 $\varnothing$또는 $\{\ \}$로 표시한다. 집합의 상등과 기본적인 연산들을 다음과 같이 정의하도록 하자.

(i)	A의 여집합	; $A^C = A'$	$=$	$\{x : \neg(x \in A)\}$
(ii)	B의 부분집합 A	; $A \subseteq B$	$\Leftrightarrow$	$\forall x\,(x \in A \rightarrow x \in B)$
(iii)	A와 B의 교집합	; $A \cap B$	$=$	$\{x : (x \in A) \wedge (x \in B)\}$
(iv)	A와 B의 합집합	; $A \cup B$	$=$	$\{x : (x \in A) \vee (x \in B)\}$
(v)	A에서 B의 차집합	; $A - B$	$=$	$\{x : (x \in A) \wedge \neg(x \in B)\}$
			$=$	$\{x : (x \in A) \wedge (x \in B')\}$
			$=$	$\{x : (x \in A) \wedge (x \in B')\}$
(vi)	집합의 상등	; $A = B$	$\Leftrightarrow$	$\forall x\,(x \in A \leftrightarrow x \in B)$
			$\Leftrightarrow$	$(A \subseteq B) \wedge (B \subseteq A)$

위의 정의로부터, 임의의 집합 A와 공집합에 대해 $\varnothing \subseteq A$와 $A \subseteq A$는 각각 항진명제 다. 또한 집합의 연산에 관한 다음과 같은 정리는 쉽게 유도될 수 있다. 각 증명은 연습문제로 남기기로 한다.(여기서 U는 전체집합을 나타낸다.)

정리 1-2-1 (집합에 대한 기본 항등식)

항등식	명칭	항등식	명칭
$A \cup \varnothing = A$ $A \cap U = A$	항등법칙 (identity law)	$A \cup (B \cup C) = (A \cup B) \cup C$ $A \cap (B \cap C) = (A \cap B) \cap C$	결합법칙 (associative law)
$A \cup U = U$ $A \cap \varnothing = \varnothing$	지배법칙 (domination law)	$A \cup (B \cap C) = (A \cup B) \cap (A \cup C)$ $A \cap (B \cup C) = (A \cap B) \cup (A \cap C)$	배분법칙 (distributive law)
$A \cup A = A$ $A \cap A = A$	멱등원법칙 (idempotent law)	$(A \cup B)^c = A^c \cap B^c$ $(A \cap B)^c = A^c \cup B^c$	드모르간 법칙 (de Morgan's law)
$(A^C)^C = A$	보완법칙 (complementation law)	$A \cup (A \cap B) = A$ $A \cap (A \cup B) = A$	흡수법칙 (absorption law)
$A \cup B = B \cup A$ $A \cap B = B \cap A$	교환법칙 (commutative law)	$A \cup A^c = U$ $A \cap A^c = \varnothing$	보충법칙 (complement law)

주어진 집합 A에 대하여 A의 모든 부분집합을 원소로 가지는 집합을 A의 **멱집합**(the power set of A)라고 부르고 이것을 $P(A)$ 혹은 2^A로 표시한다. 간단한 경우의 예를 들면 집합 $A = \{1, 2, 3\}$ 이라고 할 때, 이에 대한 멱집합은 다음과 같다.

$$2^A = \{\varnothing\ \{1\}, \{2\}, \{3\}, \{1,2\}, \{1,3\}, \{2,3\}, \{1,2,3\}\}$$

위의 멱집합의 원소들 간의 포함관계는 다음과 같은 헤세다이어그램으로 표현할 수 있다. 일반적으로 멱집합과 같은 부분순서관계 구조는 헤세다이어그램(Hasse diagram)으로 나타내는 것이 직관적으로 이해하기 쉽기때문에 자주 쓰이고 있다.

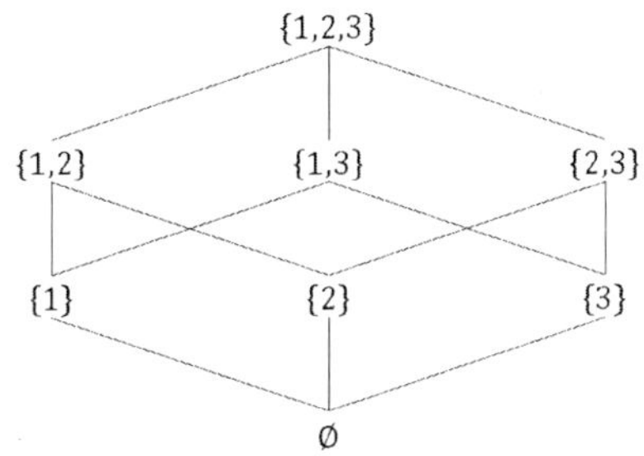

그림 18

그림 18에서 연결선의 아래에 있는 멱집합의 원소(집합)는 연결선 위의 집합에 포함되어 있음을 뜻하며 아래 집합을 포함하면서 위의 집합에 포함되는 진부분집합이 존재하지 않음을 뜻한다. 유한집합의 멱집합에 대한 원소의 개수는 다음과 같다.

정리 1-2-2 A가 유한집합이면 $|2^A| = 2^{|A|}$ 이다.

| 증명 |

$X \in 2^A$에 대하여 각각의 $x \in A$는 $x \in X$ 이거나 $x \not\in X$ 인 두 가지 경우의 수를 갖게 된다. 따라서 이러한 x는 $|A|$개가 존재하므로 $|2^A| = 2^{|A|}$이 된다.

주어진 집합 A와 B에 대한 **데카르트 곱집합**(Cartesian product)은 $A \times B$로 표시되며 다음과 같이 정의된다.

$$A \times B = \{(x, y) : x \in A,\ y \in B\}$$

여기서 (x,y)는 순서쌍(ordered pair) 혹은 2조 순서쌍(2-tuple)이라고 한다. A와 B가 유한집

합이면 자연스럽게 그 크기는 $|A \times B| = |A||B|$ 이 된다. n개의 집합 A_1, A_2, …, A_n에 대한 데카르트 곱집합은 두 집합 A와 B에 대한 데카르트 곱집합 $A \times B$를 귀납적으로 일반화하여 정의한다.

$$A_1 \times A_2 \times \cdots \times A_n = \{(a_1, a_2, \dots, a_n) : a_i \in A_i,\ i = 1,2,\dots,n\}$$

여기서, $(a_1, a_2, \dots, a_n)$를 n조-순서쌍(n-tuple)이라 한다. n개의 유한집합 A_1, A_2, …, A_n의 데카르트 곱집합의 원소의 개수, 즉 n조-순서쌍의 개수 또한 두 집합에 대한 데카르트 곱집합의 크기로부터 일반화하여 다음과 같이 쉽게 구할 수 있다.

$$|A_1 \times A_2 \times \cdots \times A_n| = |A_1| \times |A_2| \times \cdots \times |A_n| = \prod_{k=1}^{n} |A_k|$$

곱집합 $A_1 \times \cdots \times A_n$의 두 원소 $(a_1, a_2, \dots, a_n)$과 $(b_1, b_2, \dots, b_n)$이 같다는 것은 $i = 1,\ 2,\ \dots,\ n$인 모든 i에 대하여 $a_i = b_i$임을 의미한다. 특히 $i = 1,2,\ \dots\ ,n$인 모든 i에 대하여 $A_i = A$인 경우 $A \times \cdots \times A$을 A^n으로 나타내기로 한다. 두 집합 $A = \{a,b,c\}$와 $B = \{0,1\}$에 대한 데카르트 곱집합을 다음과 같이 예시할 수 있다.

$$A \times B = \{(a,0),(a,1),(b,0),(b,1),(c,0),(c,1)\}$$
$$B^3 = \{(0,0,0),(0,0,1),(0,1,0),(0,1,1),(1,0,0),(1,0,1),(1,1,0),(1,1,1)\}$$

$|A \times B| = |A| \cdot |B|$은 계수(counting)의 양대 기본법칙인 "합의 법칙"과 "곱의 법칙" 중에서 곱의 법칙으로 불린다. 다음 정리는 정리 1-2-1에서 언급된 두 집합에 대한 드모르간의 정리를 n개의 유한집합으로 일반화한 것이다. 증명은 연습문제로 남긴다.

정리 1-2-3 임의의 유한집합족 $\{A_i\}_{i \in [n]}$에 대하여 다음 등식이 성립한다.

(1) $(\cup_{i=1}^{n} A_i)^c = \cap_{i=1}^{n} A_i^c$

(2) $(\cap_{i=1}^{n} A_i)^c = \cup_{i=1}^{n} A_i^c$

연습문제 1.2

1. 집합에 관한 다음 성질을 증명하라.

   (1) $A \subseteq B$이면 $A \cap B = A$이고, 또한 $A \cap B = A$이면 $A \subseteq B$이다.
   (2) $A \subseteq B$이면 $A - B = \varnothing$이고, 또한 $A - B = \varnothing$이면 $A \subseteq B$이다.
   (3) $(A - B) - C = A - (B \cup C)$
   (4) $A = B$이면 $A \Delta B = \varnothing$이고, 또한 $A \Delta B = \varnothing$이면 $A = B$이다.
   여기서 $A \Delta B = (A - B) \cup (B - A)$이다.

2. 집합에 관한 다음 명제가 참이면 증명하고 거짓이면 반례를 들라.

   (1) $A - B = B - A$
   (2) $(A \Delta B) \Delta C = A \Delta (B \Delta C)$
   (3) $A \subseteq B \cup C$이면 $A \subseteq B$이거나 $A \subseteq C$이다.
   (4) $B \cap C \subseteq A$이면 $B \subseteq A$이거나 $C \subseteq A$이다.
   (5) $A \subseteq C$이고 $B \subseteq C$이면 $(A \cup B) \subseteq C$이다.
   (6) $(A - B) - C = A - (B - C)$이다.

3. 집합 A의 부분집합들의 집합을 2^A라고 하자. $A \subseteq B$이면 $2^A \subseteq 2^B$가 성립함을 증명하라.

4. 집합 A와 B에 대하여, $(A - B) \cup B = A$이면 $B \subseteq A$임을 증명하고, 역으로 $B \subseteq A$이면 $(A - B) \cup B = A$임을 증명하시오.

5. 집합의 연산법칙을 이용하여 다음의 등식이 성립함을 보이시오.

   (1) $(A - C) \cup (B - C) = (A \cup B) - C.$
   (2) $(A - C) \cap (B - C) = (A \cap B) - C.$

6. 집합 A와 B의 멱집합 2^A와 2^B에 대한 다음 등식의 참/거짓을 각각 판정하라.
   (참이면 증명하고 거짓이면 반례를 들라)

   (1) $2^A \cup 2^B = 2^{A \cup B}$
   (2) $2^A \cap 2^B = 2^{A \cap B}$

7. 집합 A와 B에 대하여, $(A - B) \cup (B - A) = (A \cup B) - (A \cap B)$임을 보여라.

8. 드모르간의 법칙으로 알려진 다음 두 항등식이 참임을 증명하라.

   (1) $(A \cup B)^c = A^c \cap B^c$
   (2) $(A \cap B)^c = A^c \cup B^c$

9. 다음과 같이 알려진 드모르간의 확장정리를 증명하라.

   (1) $(\cup_{i=1}^{n} A_i)^c = \cap_{i=1}^{n} A_i^c$
   (2) $(\cap_{i=1}^{n} A_i)^c = \cup_{i=1}^{n} A_i^c$

10. $A_i = \{\cdots, -2, -1, 0, 1, 2, \cdots, i\}$, $B_i = \{1, 2, \cdots, i\}$라 할 때, 다음을 구하라.

   (1) $\cup_{i=1}^{n} A_i$, $\cap_{i=1}^{n} A_i$, $\cup_{i=1}^{n} B_i$, $\cap_{i=1}^{n} B_i$
   (2) $\cup_{i=1}^{n} A_i^c$, $\cap_{i=1}^{n} A_i^c$, $\cup_{i=1}^{n} B_i^c$, $\cap_{i=1}^{n} B_i^{\,c}$

1.3 관계와 함수(Relation and Function)

집합 A와 B에 대한 데카르트 곱집합 $A \times B$의 한 부분집합 R을 집합 A에서 B 위로의 관계(relation from A onto B)라고 한다. 이때, $A=B$ 인 경우 $A \times A$의 각각의 부분집합을 집합 A 위로의 관계(A 위에서의 관계)라 하며, 이러한 A 위로의 관계 중에 다음과 같이 정의되는 동치관계는 조합수학에서 특별한 의미를 갖는다.

공집합이 아닌 집합 A 위에서 정의된 관계 E가 다음 조건을 만족할 때, E를 집합 A 위의 동치관계(equivalence relation)라고 한다.

(i) $\forall a \in A,\ (a,a) \in E$ [반사율: reflexive law]

(ii) $\forall a,b \in A,\ (a,b) \in E \rightarrow (b,a) \in E$ [대칭율: symmetric law]

(iii) $\forall a,b,c \in A,\ (a,b) \in E \wedge (b,c) \in E \rightarrow (a,c) \in E$ [추이율 transitivity]

집합 A 위에 정의된 동치관계 E에 대하여, $(a,b) \in E$을 만족하는 A의 두 원소 a 와 b은 서로 동치(equivalent)인 원소라고 하고, $\bar{a} = \{x \in A \mid (a,x) \in E\}$을 $a \in A$의 동치류(equivalent class)라 하고, 동치류들의 전체집합을 동치계(quotient set)라 한다. 이러한 동치류들은 다음과 같은 성질을 가짐을 동치관계의 정의를 이용하여 쉽게 설명할 수 있다.(증명은 연습문제로 남겨두기로 한다)

정리 1-3-1 집합 A 위에 동치관계 E에 대하여, 동치류들은 다음이 성립한다.

(1) $(a,b) \in E \Leftrightarrow \bar{a} = \bar{b}$

(2) $a \in \bar{b} \Leftrightarrow \bar{a} = \bar{b} \Leftrightarrow b \in \bar{a}$

(3) 모든 $a \in A$에 대하여 $a \in \bar{a}$이고, 임의의 $a,\ b \in A$에 대하여 $\bar{a} \cap \bar{b} = \varnothing$과 $\bar{a} = \bar{b}$ 중 하나만 성립한다.

위의 정리 1-3-1의 (3)은, 집합 A 위에서 동치관계가 주어지면, 동치관계로 인하여 얻어지는 동치류들로 집합 A는 분할(partition)됨을 의미한다. 여기서 집합 X가 X의 부분집합족 $\{X_i\}_{i \in I}$에 의하여 분할된다는 것은, 다음 두 조건을 만족함을 의미한다.

$$X_i \cap X_j = \varnothing \ (i \neq j),\ \bigcup_{i \in I} X_i = X$$

따라서 정리 1-3-1 (3)은 동치류로 X가 분할된다는 것을 말해주고 있다. 다음은 '법 n에 관한 합동식'이라고 불리는 정수 집합 위에서의 정의된 가장 대표적인 동치관계를 예시하고 있다. 이에 대한 자세한 내용은 다음절 내용을 참조한다.

[예 시]

정수집합 $\mathbb{Z}$ 위에서 $\equiv(\text{mod } 3)$로 표시되는 '법 3에 대한 합동관계'를 다음과 같이 정의하자.

$$(a,b)\in \equiv (\text{mod } 3) \Leftrightarrow 3|(b-a)$$

여기서, $(a,b)\in \equiv (\text{mod } 3)$은 관례에 따라 $a \equiv b \pmod 3$ 로 표시하기로 한다. 정수위에서 정의된 위의 관계에 대하여 다음이 성립한다.

(1) $\equiv(\text{mod } 3)$은 동치관계다.

(2) 다음과 같은 세 가지 유형의 동치류를 갖는다.

$\cdots = \overline{-3} = \overline{0} = \overline{3} = \overline{6} = \cdots = \{\cdots, -6, -3, 0, 3, 6, \cdots\}$

$\cdots = \overline{-2} = \overline{1} = \overline{4} = \overline{7} = \cdots = \{\cdots, -5, -2, 1, 4, 7, \cdots\}$

$\cdots = \overline{-1} = \overline{2} = \overline{5} = \overline{8} = \cdots = \{\cdots, -4, -1, 2, 5, 8, \cdots\}$

(3) 위의 동치관계로부터 생성된 동치류를 잉여류(residue class)라 하고 이러한 잉여류 전체의 집합인 동치계를 법 3에 관한 잉여계라 하고 $\overline{\mathbb{Z}}_3 = \{\overline{0}, \overline{1}, \overline{2}\}$으로 쓸 수 있다. 이들 잉여계는 정리 1-3-1에서 지적한 바와 같이 $\mathbb{Z}$를 분할함을 알 수 있다. 즉, $\overline{0} \cup \overline{1} \cup \overline{2} = \mathbb{Z}$, $\overline{i} \cap \overline{j} = \varnothing$ $(i,\ j=0,\ 1,\ 2$ 이고 $i \neq j)$이 성립한다.

집합 A에서 B로의 관계 f에 대하여, 집합 A의 모든 원소 a마다 $(a,b)\in f$인 집합 B의 원소 b가 유일하게 존재하면 관계 f를 A에서 B로의 함수(function) 또는 사상(map)이라고 하고, 이때, f를 $f: A \rightarrow B$ 로 나타내는데 여기서 집합 A를 정의역(domain), 집합 B를 공역(codomain)이라 하고, 집합 $f(A) = \{b\in B \mid (a,b)\in f\}$를 함수 f의 치역(range)라 한다. 이때, $(a,b)\in f$를 $b = f(a)$로 나타내고 b를 a의 함수 f에 대한 함수값(function value) 또는 상(image)라 한다.

수의 덧셈, 곱셈과 같이 수학에서 통용되는 연산은, 집합 A의 두 원소로 이루어진 순서쌍 (a_1, a_2)에 대하여 A의 원소 a_3를 유일하게 대응시키는 함수를 뜻한다. 즉,

$$\circ : A \times A \rightarrow A, \quad \circ(a_1, a_2) = a_3$$

이 함수 $\circ$을 A 위에서 정의된 이항 연산(binary operation) 또는 간단히 연산(operation)이라고 한다. 또한 $\circ(a_1, a_2) = a_3$ 일 때, $a_1 \circ a_2 = a_3$으로 표시하기로 한다.

이름이 붙여진 여러 종류의 함수에 대해서 다음과 같이 정리해 볼 수 있다.

[항등함수] 집합 A에서 A로의 함수이면서 $a\in A$를 a 자기 자신으로 대응시키는 함수 $1_A : A \rightarrow A,\quad 1_A(a) = a$을 항등함수(identity function) 또는 항등사상(identity map)이라고 한다.

[합성함수] 두 함수 $f: A \rightarrow B$와 $g: B \rightarrow C$에 대하여, 새로운 함수 $h: A \rightarrow C$를 모든 $a \in A$에 대하여 $h(a) = g(f(a))$와 같이 정의할 수 있는데, 이때 함수 h을 f와 g의 합성함수(composite)라고 $h = g \circ f$로 나타낸다. 즉,

$$h(a) = (g \circ f)(a) = g(f(a))$$

[일대일 함수] $a_1,\ a_2 \in A$에 대하여, $f(a_1) = f(a_2)$이면 $a_1 = a_2$이라는 성질이 항상 성립하는 함수 $f: A \rightarrow B$을 A에서 B로의 일대일 함수(one-to-one function, injection)라 한다.

[위로의 함수] 집합 B의 임의의 원소 b에 대하여 $f(a) = b$가 되는 원소 a가 항상 집합 A에 존재한다는 성질을 만족하는 함수 $f: A \rightarrow B$를 A에서 B 위로의 함수(onto function, surjection)이라고 한다. 즉, $f(A) = \{f(x) \mid x \in A\} = B$이면 f는 위로의 함수이다.

[일대일대응함수] 함수 f가 A에서 B로의 일대일함수이며 위로의 함수이면 f를 **일대일대응**(one-to-one correspondence, bijection)라고 한다.

[역함수] 위의 정의에 따라 항등함수 $1_A: A \rightarrow A$는 일대일대응이며, 두 함수 $f: A \rightarrow B$와 $g: B \rightarrow A$가 $g \circ f = 1_A$이면 f는 일대일 함수이고, g는 위로의 함수가 되며 특히 $g \circ f = 1_A$이고 $f \circ g = 1_B$이면 f와 g는 일대일대응함수이다. 따라서 함수 f가 일대일대응함수이면 위의 성질을 만족하는 g가 유일하게 존재하게 되는데 이러한 g를 f의 역함수(inverse function)라고 한다.

여기서 일대일대응함수에 대한 중요한 사실을 다음과 같이 짚고 넘어가기로 하자.

1. 일대일대응함수는 항상 역함수를 동반하는 좋은 특성을 가지고 있다. 또한 주어진 집합 위에서 정의되는 일대일대응함수의 집합은 함수의 합성을 이항연산으로 가지는 군(group)을 이루게 되며 이를 치환군(permutation group)이라 한다.(참조: 6장 대수구조)

2. 일대일대응함수는 두 집합에 주어진 구조를 비교 분석할 때도 사용된다. 이 경우, 연산(대수구조)이나 구조의 연결성(incidence) 등의 성질을 보존하는 일대일대응함수가 존재하면 이를 주어진 구조에 대한 동형사상(isomorphism)이라고 한다. 동일한 위수의 대수구조의 집합이나 이산구조(그래프, 디자인, 부호, 유한기하) 위에서 주어진 동형사상은 이들 두 구조의 동치관계를 만들고 이에 따른 동치류들은 해당구조를 분할한다. 이는 해당 대수구조나 이산구조의 특성화 문제(characterization)와 계수문제(counting problem)를 다루는 근간이 된다.**(그래프에서의 동형사상)**

다음으로 위로의 함수로부터 자연스럽게 제시되는 '비둘기집의 정리'에 관해서 살펴보도록 하자. 이 비둘기집의 정리는 계수(counting)문제를 해결하는 중요한 방법론이 되고 있다.

□ **함수와 비둘기집의 정리**

사상 $f : A \to B$의 종류에 따라 정의역 A와 공역 B의 크기의 대소 관계에 대해서 알아보면 다음과 같다.

1. $f : A \to B$가 1-1이면, $\mathrm{im}f \subseteq B$이고 $|imf| = |A|$이므로 $|A| \leq |B|$이다.
2. $f : A \to B$가 onto이면, $\mathrm{im}f = B$이고 $|imf| \leq |A|$이므로 $|A| \geq |B|$이다.
3. $f : A \to B$가 1-1대응이면, 1, 2로부터 $|A| = |B|$이다.

비둘기 집 원리는 두 집합 위에서 정의된 사상을 이용하여 다음과 같이 설명된다.

정리 1-3-2 (비둘기집의 원리, pigeonhole principle)
원소가 유한개인 두 집합 A와 B에 대하여 $|A| > |B|$이면 모든 사상 $f : A \to B$은 일대일 사상이 아니다. 즉, $x \neq x'$이지만, $f(x) = f(x')$인 원소 x와 x'이 집합 A에 적어도 한 쌍 존재한다.

위의 정리를 비둘기로 비유되는 함수 정의역의 원소들과 비둘기집으로 비유되는 함수 공역의 원소을 통하여 설명하면 다음과 같다.

비둘기 집 원리는 n마리의 비둘기가 m개의 비둘기 집에 들어가 있고 $n > m$이면, 두 마리 이상의 비둘기가 들어가는 비둘기 집이 적어도 하나는 존재한다고 말한다. 다시 말하면, m개의 비둘기 집에 하나에 한 마리씩 비둘기를 넣으면, 최대 m마리가 들어갈 수 있으므로 거기에 한 마리를 더 넣으려면 이미 넣은 곳에 하나 더 넣어야 함을 의미한다. 비둘기집 원리는 디리클레의 상자 원리라고도 알려져 있다.

다음 예시된 명제는 비둘기 집의 원리로 참임을 증명할 수 있다. 증명은 연습문제로 남긴다.

[예 시]

(1) 일반적으로 사람의 머리카락은 많아야 100만개를 넘지 않으므로, 서울시민 1000만명 중에는 같은 머리카락개수를 가진 사람이 반드시 열 명 이상 있다.

(2) 한 변의 길이가 3인 정사각형 안에 10개의 점이 들어 있을 때, 사이의 거리가 $\sqrt{2}$이하가 되는 적어도 두 점 이상의 점들이 반드시 존재한다.

(3) 양의 정수 $a_1, a_2, \cdots, a_{10}$ 중에서 한 개 이상의 연이은 정수를 택하여 만든 다음과 같은 합중에는 10의 배수인 것이 존재한다.

$$a_j + a_{j+1} + \cdots + a_k (1 \leq j \leq k \leq 10)$$

(4) 무작위로 손님을 초청하는 파티에서, 그 중 서로 서로 모두 아는 3명의 손님들이 있거나, 혹은 그 중 서로 서로 모두 모르는 3명의 손님이 반드시 존재하기 위해서는 최소 6명 이상을 초대

해야 한다.(5.11절 램지 수 참조)

[예 시]

양의 정수의 n항 수열 $a_1,\ a_2,\ \cdots,\ a_n$ 에서 한 개 이상의 연이은 항을 택하여 만든 합 중에는 반드시 n의 배수가 존재함을 증명하자. 먼저 연이은 $j-i+1$개의 항의 합을 $\sigma(i,j)=\sum_{k=i}^{j} a_k$라 정의하고 이들의 전체집합을 $\Sigma_n=\{\sigma(i,j) : 1 \le i \le j \le n\}$라 표시하자. 이제 Σ의 원소 중 n의 배수가 존재함을 보이도록 하자.

먼저 $S=\{\sigma(1,j) \mid 1 \le j \le n\}$라 하자. 적당한 자연수 $j_0 \le n$에 대하여, $\sigma(1,j_0)$가 n의 배수이면, 주어진 명제는 참이다. 이제 모든 자연수 $j \le n$에 대하여 $\sigma(1,j)$가 n의 배수가 아니라고 가정하자. 이때 $|S|=n$개의 S의 원소를 "비둘기"라 하고, $n-1$개의 잉여류 $\overline{1},\cdots,\overline{n-1} \in Z_n$을 "비둘기집"이라고 하면, 비둘기집의 정리에 의하여 다음을 만족하는 서로 다른 자연수 j_1과 j_2 $(j_1 < j_2)$가 존재한다.

$$\sigma(1,j_1) \equiv \sigma(1,j_2) \pmod n$$

즉, $0 \equiv \sigma(1,j_1)-\sigma(1,j_2) \equiv \sigma(j_1+1,j_2)$이므로 $\sigma(j_1+1,j_2) \in \Sigma$이다. 따라서 명제는 성립한다.

좀 더 일반화된 비둘기 집 원리는 다음과 같다. 증명은 연습으로 미룬다.

정리 1-3-3 n마리의 비둘기가 m개의 비둘기 집에 들어갔다고 하면, $\left\lceil \frac{n}{m} \right\rceil$ 이상의 비둘기가 들어 있는 비둘기 집이 적어도 하나 존재한다.

연 습 문 제 1.3

1. 정수 집합 $\mathbb{Z}$에 대하여, $\mathbb{Z}\times\mathbb{Z}$ 위에 다음과 같은 관계 Q가 정의되어 있다.

$$((a,b),(c,d))\in Q \Leftrightarrow ad=bc \quad (\text{단, } b,\ d\neq 0)$$

(1) 관계 Q가 동치관계임을 보이시오.

(2) 관계 Q에 대한 $(1,2)$의 동치류를 구하시오.

2. 다음과 같이 $\mathbb{Z}\times\mathbb{Z}$에서 정의된 관계가 동치관계임을 증명하라.

(1) $((a,b),(c,d))\in R_1 \Leftrightarrow b=d$

(2) $((x,y),(x',y'))\in R_2 \Leftrightarrow x-x'=y-y'$

(3) $((x,y),(x',y'))\in R_3 \Leftrightarrow x^2+y^2=x'^2+y'^2$

3. 실수 $\mathbb{R}$ 위에서 정의된 관계 $P=\{(a,b)\in\mathbb{R}\times\mathbb{R} : a-b\in\mathbb{Z}\}$가 동치관계인지 판별하라.

4. 정수 위에서 정의된 관계 $a|b$를 "a는 b를 나누어 떨어뜨린다."로 정의할 때, 아 관계는 동치관계인지 판별하라.

5. 집합 D를 $\mathbb{R}$에서 $\mathbb{R}$로의 미분가능한 모든 함수의 모임이라 하자. D위에서 정의된 관계 $R=\{(f,g)\in D\times D : f'(x)=g'(x)\ \forall X\in\mathbb{R}\}$은 동치관계임을 증명하고, $f(x)=x^2$의 동치류를 구하라.

6. 양의 정수 $a_1,\ a_2,\ \cdots,\ a_{10}$ 중에서 한 개 이상의 연이은 정수를 택하여 만든 다음과 같은 합중에는 10의 배수인 것이 존재함을 보여라.

$$a_j+a_{j+1}+\ \cdots\ +a_k(1\le j\le k\le 10)$$

7. 서로 다른 150개의 양의 정수로 이루어진 집합 $U=\{1,\ 2,\ \cdots,\ 150\}$에서 76개의 정수를 택할 때, 한 정수는 다른 정수의 배수임을 보여라.

8. 45명의 사람의 태어난 날을 조사하여 월요일부터 일요일까지 같은 요일에 태어난 사람들로 분류하였다. 그러면 태어난 요일이 같은 사람은 적어도 몇 명 이상인지 구하라.

9. α가 무리수일 때, $\left|\alpha-\frac{p}{q}\right|<\frac{1}{q^2+q}$를 만족하는 유리수 $\frac{p}{q}$가 무수히 많음을 보여라.

10. m개의 자연수를 원소로 하는 임의의 집합이 합이나 차가 10의 배수가 되는 두 원소를 반드시 가지고 있도록 하는 자연수 m의 최솟값을 구하여라.

11. 서로 다른 10개의 100이하의 양의 정수로 이루어진 집합 U에 대하여 U의 공집합이 아닌 부분집합에 속하는 정수의 합을 생각하는 경우에, U의 부분집합 중에 그 합이 동일한 두 부분집합 $A,\ B$가 존재함을 밝혀라.

1.4 자연수와 수학적 귀납법

자연수는 고대로부터 인간역사와 함께 해왔다. 마치 숨을 쉬면서도 공기를 느낄 수 없듯이 선험적 수체계로서 인간은 자연수를 항상 사용해 왔으나 진작 자연수가 공리(Axiom)로는 19세기 말-20세기 초가 되어서야 페아노(Peano), 노이만(Neumann) 등 비롯한 몇 명의 수학자에 의해서 정의될 수 있었다. 다음은 페아노에 의해서 정립된 자연수의 공리이다.

공리 1-4-1 페아노의 자연수 공리(Peano's axiom)

다음 네 조건을 만족시키는 집합 N을 자연수라 한다.

(i) $1 \in \mathbb{N}$

(ii) $f(x) = x^+$인 일대일 함수 $f : \mathbb{N} \to \mathbb{N}$가 항상 존재한다.

(iii) 모든 $x \in \mathbb{N}$에 대하여 $x^+ \neq 1$이다.

(iv) 집합 N의 부분집합 $S(\neq \phi)$에 대하여 $1 \in S$이고, $x \in S$일 때 $x^+ \in S$가 성립하면 $S = \mathbb{N}$이다.

위와 같이 정의된 자연수의 대표적인 성질로서 다음과 같은 정렬성 공리(well ordering property)를 들 수 있다.

공리 1-4-2 정렬성 공리(well-ordering property)

자연수 $\mathbb{N}$의 공집합이 아닌 부분집합 S에는 최소 원소가 항상 존재한다.

페아노의 공리 1-4-1에서 (iv)항은 '귀납법의 원리'라고 부르는데, 여기에서 x^+(x의 계승자) 대신 덧셈 연산+로 축소시켜 쉽게 표현하면 다음과 같이 번역될 수 있다.

양의 정수 전체의 집합 N의 부분집합 S에 대하여,

(1) $1 \in S$ 이고,

(2) $n \in S \Rightarrow n+1 \in S$ 이면, $S = \mathbb{N}$이다.

수학적 귀납법(Mathematical induction)은 위에서 소개한 페아노 공리 (iv)과 정렬성 공리로부터 자연스럽게 유도된 명제라 할 수 있다.

정리 1-4-3 수학적 귀납법(mathematical induction)

자연수 n에 관한 명제 $p(n)$에 대하여 다음 두 조건이 성립한다면 $p(n)$은 모든 자연수에 대하여 참이다.

(i) $p(1)$은 참이다.

(ii) 임의의 자연수 k에 대하여 $p(k)$가 참이면 $p(k+1)$은 참이다.

| 증명 |

S를 $p(n)$을 참이 되게 하는 자연수 n의 집합이라고 하자, 즉

$$S = \{n \in \mathbb{N} \mid p(n)\text{은 참}\}$$

이때, 귀납법의 조건 (i)에 의하여 $1\in S$이고, (ii)에 의하여 $n\in S$이면 $n+1\in S$이다. 이것은 페아노 공리 1-4-1 (iv)을 만족시키므로 $S=\mathbb{N}$이다. □

다음은 위의 수학적 귀납법(정리 1-4-3)과 동치명제인 강한 수학적 귀납법이다.

정리 1-4-4 **강한 수학적 귀납법(strong mathematical induction)**

자연수 n에 관한 명제 $p(n)$에 대하여 다음 두 조건이 성립한다면 $p(n)$은 모든 자연수에 대하여 참이다.

(i) $p(1)$은 참이다.

(ii) 임의의 자연수 m보다 작은 k에 대하여 $p(k)$가 참이라고 가정하면 $p(m)$은 참이다.

수학적 귀납법은 수학 전반에 걸쳐 자연수에 관한 명제의 증명에 널리 쓰이고 있다. 이 책에서도 전체에 걸쳐 수학적 귀납법은 사용되고 있으나 특히 5장 그래프에서는 일반수학에서 쓰이는 것과 다른 모습의 수학적 귀납법의 적용을 보여 줄 것이다. 수학적 귀납법에 대한 숙달은 연습문제로 미루기로 하고 여기에서는 부등식과 게임의 룰에 적용되는 귀납법의 예를 제시한다.

[예 시]

(베르누이의 부등식, Bernoulli's inequality)

모든 실수 $x>-1$와 모든 자연수 n에 대하여 $(1+x)^n \ge 1+nx$ 이 성립한다.

| 증명 |

자연수 n에 대한 주어진 명제를 $p(n)$이라 하자. 먼저 $n=1$일 때,

$$[\text{좌변}]=(1+x)^1 \ge 1+1\times x=[\text{우변}]$$

이므로 $p(1)$은 참이다. $n=k$ 일 때, $p(k)$가 참이라고 가정하면 다음이 성립한다.

$$(1+x)^{k+1}=(1+x)^k(1+x) \ge (1+kx)(1+x)=1+x+kx+kx^2 \ge 1+(k+1)x$$

따라서 수학적 귀납법에 의하여 모든 n에 대하여 $p(n)$은 참이다. □

[예 시]

n개의 흰공과 검정공이 각각 채워져 있는 두 개의 바구니가 있다고 하자. 다음과 같은 규칙에 의하여 승자를 결정하는 게임을 상정한다.

규칙1 : 두 명의 참여자가 게임을 하며, 두 참여자는 한 번씩 번갈아 가며 차례로 바구니에서 공을 꺼낸다.

규칙2 : 두 참여자는 각각 자신의 차례가 올 때마다 두 바구니 중 한 바구니에서 한 개 이상의 공을 반드시 꺼내야 한다.

규칙3 : 자신의 차례에 두 바구니를 모두 비우는 참여자가 우승을 한다.

이 게임에서 '모든 자연수 n에 대하여 두 번째로 공을 꺼낸 참여자가 승리한다.'는 명제 $p(n)$이 참임을 증명하라.

| 증명 |

각 바구니의 공이 한 개씩만 있는 경우, 첫 번째 참여자는 두 바구니 중 하나에서 한 개의 공을 꺼냄으로써 그 바구니를 비우게 되므로, 두 번째 참여자는 나머지 바구니에서 한 개뿐인 공을 꺼내버리면 두 바구니는 모두가 비워지게 된다. 즉 두 번째 참여자가 승리하게 되므로 $p(1)$은 참이다.

이제 $k < m$ 인 모든 k에 대하여 $p(k)$가 참이라고 가정하고 이를 이용하여 $p(m)$ 이 참임을 증명하자.

첫 참여자가 한 바구니에서 $1 \le j \le m$인 j개의 공을 꺼냈다고 하자. 이때 두 번째 참여자는 다른 바구니에서 똑같이 j개의 공을 꺼내도록 한다. 그러면 두 바구니 모두 $m-j$ 개의 공이 남아 있는 상태가 되고 다시 첫 번째 참여자의 차례가 되므로 각 바구니에 공이 $m-j$개씩 주어진 게임에서 첫 번째 참여자가 다시 첫 번째로 공꺼내기를 시작하게 된다. 즉, $p(m)$의 진리값은 $p(m-j)$의 진리값과 같다. 그런데 $m-j<m$이므로 강한 수학적 귀납법의 가정에 따라 $p(m-j)$는 참이고, 따라서 $p(m)$은 참이 된다. 즉, 두 번째 참여자가 승리하게 된다. 따라서 수학적 귀납법에 의해 모든 자연수 n에 대하여 $p(n)$은 참이다. □

수학적 귀납법은 두 자연수 m과 n을 변수로 한 명제 $p(m,n)$으로 다음과 같이 확장하여 적용할 수 있다. 증명은 생략하기로 하고 다소 복잡한 예시로 대신하고자 한다.

정리 1-4-5 이중 수학적 귀납법(double mathematical induction)

자연수 m과 n에 대한 명제 $p(m,n)$은 다음 두 조건이 성립한다면 모든 자연수 m과 n에 대하여 참이다.

(i) 임의의 자연수 m, n에 대하여 $p(m,1)$과 $p(1,n)$은 참이다.

(ii) $p(m+1,n)$과 $p(m,n+1)$이 참이면 $p(m+1,n+1)$은 참이다.

[예 시]

두 자연수 m, n에 대하여 $f(m,n)$을 $x_1 + \cdots + x_m = n$을 만족하는 음이 아닌 정수해의 개수라고 정의하면 다음 식은 모든 자연수 m, n에 대하여 성립함을 보이자.

$$f(m,n) = \frac{(m+n-1)!}{n!(m-1)!}$$

| 증명 |

자연수 m, n에 대한 위의 명제를 $p(m,n)$이라 하자. $m=1$이면 $x_m = n$을 만족하는 x_m은 n으로 유일하므로 이를 만족하는 정수해의 개수는 1이다. 한편

$$f(1,n)=\frac{(1+n-1)!}{n!(1-1)!}=1$$

이므로 명제 $p(1,n)$은 참이다.

$n=1$이면 $x_1+\ \cdots\ +x_m=n=1$을 만족하는 정수해의 집합은

$$\{(1,0,\cdots,0),(0,1,0,\cdots,0),\cdots,(0,\cdots,0,1)\}$$

이므로 근의 개수는 m이다. 한편 $f(m,1)=\dfrac{(m+1-1)!}{1!(m-1)!}=m$이므로 $p(m,1)$은 참이다.

이제 임의의 자연수 m, n에 대하여 $p(m+1,n)$과 $p(m,n+1)$가 참이라고 가정하자. 수학적 귀납법의 가정에 의하여 다음과 같이 $p(m+1,n+1)$에 대하여 살펴보도록 하자.

$f(m+1,n+1)$은 정의에 의하여 $x_1+\ \cdots\ +x_{m+1}=n+1$을 만족하는 음이 아닌 정수해의 개수이다. 위의 방정식은 $x_{m+1}=0$ 이거나 $x_{m+1}>0$인 두 가지 경우로 나누어 생각할 수 있다.

(1) $x_{m+1}=0$ 인 경우 : $f(m+1,\ n+1)=f(m,\ n+1)$이 되고, 이는 m에 관한 수학적 귀납법의 가정에 의하여 다음이 성립한다.

$$f(m+1,\ n+1)=f(m,\ n+1)=\frac{(m+n)!}{(n+1)!\ (m-1)!}.$$

(2) $x_{m+1}>0$인 경우

$f(m+1,\ n+1)$

$=$ 방정식 $[x_1+\ \cdots\ +x_{m+1}=n+1]$을 만족하는 근의 개수

$=$ 방정식 $[x_1+\ \cdots\ +x'_{m+1}+1=n+1]$을 만족하는 근의 개수
($\because x_{m+1}\geq 1$이므로)

$=$ 방정식 $[x_1+\ \cdots\ +x'_{m+1}=n]$을 만족하는 근의 개수

$=f(m+1,\ n)$.

이는 n에 관한 수학적 귀납법의 가정에 의하여

$$f(m+1,\ n+1)=f(m+1,\ n)=\frac{(m+n)!}{n!\ m!}.$$

$f(m+1,\ n+1)$은 두 경우의 합으로 계산될 수 있으며, (1)과 (2)에 의하여 다음이 성립한다.

$$f(m+1,\ n+1)=\frac{(m+n)!}{(n+1)!(m-1)!}+\frac{(m+n)!}{n!\ m!}=\frac{(m+n+1)!}{(n+1)!\ m!}.$$

그러므로 수학적 귀납법에 의하여 모든 자연수 m, n에 대하여 명제 $p(m,n)$은 참이다.

연습문제 1.4

1. 수학적 귀납법을 이용하여 다음을 증명하라.

(1) $2^n < n!\ (n \geq 4)$ (2) $\sum_{k=1}^{n} k^2 = \frac{1}{6}n(n+1)(2n+1)$

(3) $\begin{bmatrix} 1 & a \\ 0 & 1 \end{bmatrix}^n = \begin{bmatrix} 1 & na \\ 0 & 1 \end{bmatrix}$ (4) $\sum_{k=1}^{n} k(k!) = (n+1)! - 1$

2. 다음 명제가 참임을 수학적 귀납법으로 밝혀라.

여기서 $\binom{n}{k}$란 n개 중에서 k개를 순서 없이 뽑는 경우의 수를 뜻한다.

(1) $2^n = \sum_{k=1}^{n} \binom{n}{k}$

(2) $\overline{\left(\bigcap_{k=1}^{n} A_k\right)} = \bigcup_{k=1}^{n} \overline{A_k}$, 여기서 $\overline{A}$란 집합 A의 여집합을 뜻한다.

(3) 임의의 양의 실수 x_k에 관하여 $\frac{1}{n}\sum_{k=1}^{n} x_k \geq \sqrt[n]{\prod_{k=1}^{n} x_k}$이다.

(4) $n \geq 7$인 모든 자연수 n에 관하여, $3^n \leq n!$이다.

3. (산술-기하평균 부등식) 임의의 양의 실수 $a_1,\ a_2,\ a_3,\ ...,\ a_n$에 대하여

$$\frac{a_1 + a_2 + \cdots + a_n}{n} \geq \sqrt[n]{a_1 a_2 \cdots a_n}$$

이 성립함을 증명하여라.

4. 모든 자연수 i에 대하여 $x_i \geq 0$인 실수 x_i에 대하여, 다음 부등식을 증명하여라.

(1) $x_{n+1}\left(\frac{1}{x_1} + \frac{1}{x_2} + \cdots + \frac{1}{x_n}\right) + \left(\frac{1}{x_{n+1}}\right)(x_1 + x_2 + \cdots + x_n) \geq 2n$

(2) $(x_1 + x_2 + \cdots + x_n)\left(\frac{1}{x_1} + \frac{1}{x_2} + \cdots + \frac{1}{x_n}\right) \geq n^2$

5. $H_n = 1 + \frac{1}{2} + \cdots + \frac{1}{n}$이라고 할 때, 모든 자연수 n에 대하여 $H_{2^n} \geq 1 + \frac{n}{2}$ 이 성립함을 증명하라,

6. 다음 명제가 성립하는 최소의 k값을 구하라.
『k보다 큰 모든 양의 정수는 음이 아닌 적당한 3의 배수와 5의 배수의 합으로 나타낼 수 있다.』

7. n개의 공이 각각 채워져 있는 세 개의 바구니에 대하여 다음과 같은 규칙을 가진 게임이 있다고 가정하자. 이 게임의 승자는 공의 개수와 상관없이 항상 처음 공을 꺼낸 참가자임을 증명하라.

규칙1 : 두 명의 참여자가 게임을 하며, 두 참여자는 한 번씩 번갈아 가며 차례로 바구니에서 공을 꺼낸다.

규칙2 : 두 참여자는 각각 자신의 차례가 올 때마다 세 바구니 중 한 바구니에서만 한 개 이상의 공을 반드시 꺼내야 한다.

규칙3 : 자신의 차례에 세 바구니의 공을 모두 비우는 참여자가 승리한다.

1.5 정수와 인수분해

조합수학은 주로 이산적인 대상을 다루고 있으므로 이들을 나타내거나 개수를 세는데 있어서 자연수가 유일한 표현 방법이 된다. 조합수학의 각종 계산을 위해서는 이러한 자연수의 덧셈과 곱셈에 등 연산이 작동할 수 있어야 하므로, 자연수 집합 $\mathbb{N}$을 포함하면서도 위의 연산에 대해 닫혀있는 수 체계를 필요로 한다. 바로 이러한 조건을 만족하는 최소 크기의 수 체계가 정수의 집합 $\mathbb{Z}$라 할 수 있고, 이러한 정수를 다루는 수학의 분야를 정수론이라 한다. 이 절에서는 조합수학에 필요한 정수론의 기초적인 내용에 대하여 정리해 보기로 한다.

정수의 집합 $\mathbb{Z}$이란, $\mathbb{Z} = \mathbb{N} \bigcup \{0\} \bigcup (-\mathbb{N})$로 정의된다. 여기서 $-\mathbb{N}$는 음의 자연수의 집합 $-\mathbb{N} = \{-1, -2, \cdots\}$을 뜻한다. 앞서 정의된 자연수 $\mathbb{N}$을 기반으로 정의된 정수 $\mathbb{Z}$은 이항연산 덧셈과 곱셈에 대하여 닫혀있고 각 연산에 대한 결합법칙, 교환법칙이 성립하며 덧셈에 대한 항등원 0과 곱셈에 대한 항등원 1이 존재한다. 특히 덧셈에 관해서는 각 정수의 역원이 모두 존재하며, 곱셈에 대해서는 소약법칙이 성립한다. 여기서 소약법칙(cancelation law)이란 $[\forall a, b, c \in \mathbb{Z}\ (a \neq 0),\ a \cdot b = a \cdot c \Rightarrow b = c]$ 임을 뜻한다. 마지막으로 덧셈과 곱셈 사이의 관계성을 말해주는 배분법칙(distributive law)이 성립한다. 참고로, 이러한 정수의 특성을 모두 반영하여 정의된 대수구조를 정역(integral domain)이라 이는 환(ring)이라 불리는 대수구조의 특별한 경우에 속한다. 이에 대한 자세한 논의는 6장 대수구조를 참고하기로 한다.

위의 특성을 갖는 정수 집합에서 주목할 점은 나눗셈에 관해 닫혀 있지 않다는 것이다. 따라서 임의의 정수 a은, 0이 아닌 정수 b로 나누었을 때 나오는 몫(quotient) q와 나머지(reminder) r라는 정수로 나타낼 수 있다. 이는 나눗셈 정리(division algorithm)라 알려진 명제로서 그 구체적 내용은 다음과 같다. 이에 대한 증명은 일반적으로 쓰이는 정수론(number theory) 책을 참고하기로 하고 생략한다.

정리 1-5-1 (나눗셈 정리)
두 정수 $a, b(\neq 0)$에 대하여 다음을 만족하는 두 정수 q(몫)와 r(나머지)이 유일하게 존재한다.

$$a = bq + r, \quad 0 \leq r < |b|$$

여기서, 나머지가 0, 즉 $r = 0$ 일 때, 'a는 b로 나눠서 떨어진다' 또는 'b은 a을 나눈다'라고 하고 기호로는 '$b|a$'로 나타낸다. 이 경우 a를 b의 배수(multiple)라 하고 b를 a의 약수(divisor 혹은 factor)라 한다. 자연수 1과 자기 자신만을 약수로 갖는 2 이상인 정수 p를 소수(prime)라고

하고, 소수가 아닌 정수 $n(>1)$을 합성수(composite)라고 한다. 여기서, 1은 소수도 아니고 합성수도 아님을 유념하자.

각 정수 a에 대하여 a의 배수들의 집합을 $a\mathbb{Z}=\{ax \mid x\in\mathbb{Z}\}$로 나타낸다. 두 정수 a, b에 대하여 a가 b의 배수이면, a의 배수는 모두 b의 배수가 되므로 $a\mathbb{Z}\subseteq b\mathbb{Z}$ 성립한다. 역으로 $a\mathbb{Z}\subseteq b\mathbb{Z}$이면 정의에 의해 $b|a$이 되므로 다음이 성립한다.

$$a\,|\,b \iff a\mathbb{Z}\subseteq b\mathbb{Z}$$

만일 $a\mathbb{Z}=b\mathbb{Z}$이면 $a|b$ 이고 $b|a$ 가 되어 a와 b는 서로가 서로의 배수가 되므로 $a=\pm b$ 가 된다.

두 정수 a와 b에 대하여 $c|a$이고 $c|b$를 만족시키는 정수 c를 a와 b의 공약수(common divisor)라고 한다. 그리고 공약수 중 가장 큰 양의 공약수를 최대공약수(the greatest common divisor)라 하고, 기호 '$(a,\ b)$' 또는 '$\gcd(a,\ b)$'로 나타낸다. 모든 정수는 1을 약수로 가지므로 두 정수의 공약수집합은 공집합은 아니다. 특히 두 정수의 공약수가 1 뿐일 경우, 즉 $(a,\ b)=1$인 정수 a와 b를 서로소(coprime 또는 relatively prime)라고 특별히 정의한다.

정의로부터 최대공약수 $d=(a,\ b)$는 다음 두 조건을 만족시킨다는 것을 알 수 있다.

(i) $d|a$이고 $d|b$이다.

(ii) $g|a$이고 $g|b$인 모든 정수 g에 대하여, $d|g$이다.

두 정수 a와 b의 양의 약수들의 집합을 각각 A, B라고 할 때, a와 b의 공약수들의 집합은 $A\cap B$이고, a와 b의 최대공약수는 $A\cap B$의 원소 중 가장 큰 원소라고 설명될 수 있다. 예를 들면, 12의 양의 약수의 집합은 $\{1, 2, 3, 4, 6, 12\}$이고, 18의 양의 약수의 집합은 $\{1, 2, 3, 6, 9, 18\}$이다. 따라서 두 수의 공약수들의 집합은 $\{1, 2, 3, 6\}$이며 최대공약수는 6이다.

이제 공배수에 관해서 정의하자. 두 정수 a와 b에 대하여 $a|m$이고 $b|m$을 만족시키는 정수 m을 a와 b의 공배수(common multiple)라고 한다. 그리고 공배수 중 가장 작은 양의 공배수를 최소공배수(the least common multiple)라 하고, 기호 '$[a,\ b]$' 또는 $l\text{cm}(a,\ b)$로 나타낸다. 정의로부터 $l=[a,\ b]$가 최소공배수이면 다음 두 조건을 만족시킨다는 사실을 쉽게 알 수 있다.

(i) $a|l$이고 $b|l$이다.

(ii) $a|m$이고 $b|m$인 모든 정수 m에 대하여, $l|m$이다.

예를 들면, 두 정수 33과 121에 대하여 33의 약수는 $\pm1,\ \pm3,\ \pm11,\ \pm33$이고, 121의 약수는 $\pm1,\ \pm11,\ \pm121$이다. 33과 121의 공약수는 $\pm1,\ \pm11$이고, $\gcd(a,\ b)=11$ 이다. 그리고 33과 121의 공배수는 $0,\ \pm3n\times11^2\ (n\in\mathbb{N})$이므로 이들 공배수 중 $n=1$일 때 최소 양의 공배수가 363이므로 $\text{lcm}(a,\ b)=363$이다.

두 정수 각각의 배수 집합과 최소공배수의 집합 사이에 다음과 같은 등식이 성립한다.

정리 1-5-2 두 정수 a와 b의 최소공배수를 l이라 하면 $a\mathbb{Z}\cap b\mathbb{Z}=l\mathbb{Z}$이다.

| 증명 |

정수 c가 $a\mathbb{Z}\cap b\mathbb{Z}$의 원소라고 하면 $a|c$이고 $b|c$이다. 따라서 c는 a와 b의 공배수이므로 $l|c$가 성립하여 $c\in l\mathbb{Z}$이다. 역으로 $c\in l\mathbb{Z}$라 하면 $l|c$이다. 그런데 $a|l$, $b|l$이고 $l|c$이므로 $a|c$이고 $b|c$이다. 즉, $c\in a\mathbb{Z}\cap b\mathbb{Z}$이다. 따라서 $a\mathbb{Z}\cap b\mathbb{Z}=l\mathbb{Z}$이다. □

다음 명제는 정수론에 있어서 모든 이론 전개의 시작이 되는 중요한 정리다. 특히 유클리드 알고리즘의 기반 정리가 된다.

정리 1-5-3 임의의 정수 a, b에 대해서 $d=\gcd(a,b)$이면 $d=ax+by$를 만족하는 적당한 두 정수 x, y가 존재한다.
특히, a와 b가 서로소이면 $1=ax+by$를 만족하는 적당한 두 정수 x, y가 항상 존재한다.

| 증명 |

집합 $A=\{ax+by \mid x,y\in\mathbb{Z}\}$으로 정의하고 A에서 가장 작은 양의 정수를 d 라고 하자. 그러면 A의 정의에 의하여 $d=ax_0+by_0$인 x_0, $y_0\in\mathbb{Z}$가 존재한다. 이제 $a=dq+r$, $0\le r<d$라 하면

$$r=a-dq=a-(ax_0+by_0)q=a(1-x_0q)+b(-y_0q)$$

가 되어 $r=aX+bY$꼴의 음이 아닌 정수임을 알 수 있다. 즉 $r\in A$이다. 그런데 r은 $0\le r<d$를 만족하고 d는 A의 원소 중 가장 작은 양의 정수라고 가정하였으므로 $r=0$이다. 즉, $d|a$이다. 같은 논리를 a대신 b에 적용하면 $d|b$ 임을 얻을 수 있다. 따라서 d는 a와 b의 공약수다. 정수 a, b의 임의의 공약수 c에 대하여 $c|ax$이고 $c|by$이 성립하고 따라서 집합 A의 모든 원소는 c에 의해 나누어떨어진다. 이때, $d=ax_0+by_0$ 이므로 $c|d$임을 알 수 있다. 그러므로 d는 a와 b의 최대공약수이다. □

위의 정리에 따르면, 두 정수 a와 b의 공약수는 a와 b에 적당한 배수들의 합으로 나타내어지고, 특히 최대공약수는 두 정수의 적당한 배수들의 양의 합들 중에서 가장 작은 합의 값이 된다. 다음으로 다룰 유클리드 알고리즘(Euclidean Algorithm)은 위의 정리1-5-3의 원리를 이용하여 실제로 최대공약수를 구하고, 역으로 $d=ax+by$를 만족하는 두 정수 x, y를 구하는 방법을 제시하고 있다.

먼저, 두 정수 a, b에 대하여 b를 a로 나눈 나머지와 $\gcd(a,b)$ 사이의 관계를 보여주는 정리 1-5-4를 소개하고, 이를 이용하여 두 정수의 최대공약수를 구하는 유클리드 알고리즘을 유도하기로 한다.

정리 1-5-4 정수 a, b, c에 대하여, $\gcd(a,b)=1$이고 $a|bc$이면, $a|c$이다. 특히, 두 정수 a, b와 소수 p에 대하여, $p|ab$ 이면 $p|a$ 또는 $p|b$이다.

| 증명 |

정리 1-5-4에 의해, $ax+by=1$가 성립하는 적당한 정수 x, y가 존재한다. 양변에 c를 곱하면 $acx+bcy=c$를 얻을 수 있다. 여기서 $a|bc$이고 $a|bcy$이므로 $a|(acx+bcy)$이다. 따라서 $a|c$이다. 또한 $p|ab$이고 $p\nmid a$라 가정하면 p의 약수는 1과 p 뿐이므로 $\gcd(p,a)=1$이고, 따라서 $p|b$가 성립한다. □

다음은 유클리드 알고리즘의 원리를 설명하는 정리이다. 이 정리를 통하여 유클리드 알고리즘 정리 1-5-6은 자연스럽게 성립함을 알 수 있다.

정리 1-5-5 두 정수 a와 b에 대하여 $a=bq+r$인 두 정수 q와 r이 존재한다고 하자. 그러면 $\gcd(a,b)=\gcd(b,r)$이다.

| 증명 |

주어진 가정에 의해 $r=a-bq$이다. $\gcd(a,b)=d$라고 하면 $d|a$이고 $d|b$이므로 $d|r$이다. 따라서 $d|\gcd(b,r)$이 성립한다. 그러면 적당한 정수 k에 대하여, $\gcd(b,r)=kd$로 나타낼 수 있다. 이제 $k\neq 1$라고 가정하자. 그런데 $\gcd(b,r)=kd$이므로 $kd|(bq+r)$이고 $a=bq+r$이므로 $kd|a$이다. 즉, kd는 a와 b의 공약수이고, $k\neq 1$이므로 $d<kd$가 되어 d가 a와 b의 최대공약수라는 가정에 모순이다. 이는 결국 $k\neq 1$이라는 가정이 틀렸음을 의미한다. 따라서 $k=1$이고 $\gcd(a,b)=\gcd(b,r)$가 성립한다. □

위의 정리를 기반으로 두 정수의 최대공약수를 찾는 다음의 유클리드 알고리즘을 유도하도록 하자.

정리 1-5-6 **(유클리드 알고리즘, Euclidean algorithm)**

$a\geq b$인 두 양의 정수 a와 b에 대하여, $r_0=a$과 $r_1=b$라 하자.

이제 나눗셈 $r_i=r_{i+1}q_{i+1}+r_{i+2}$, $0\leq r_{i+2}<r_{i+1}$을 $i=0$부터 적용하여 $r_{n+1}=0$이 될 때까지 반복적으로 적용하면 $r_n=\gcd(a,b)$이다.

| 증명 |

유클리드 알고리즘은 정리 1-5-5에 의해 성립한다. 실제로 r_{n+1}이 처음으로 0이 된다고 가정하면 나눗셈 $r_i = r_{i+1}q_{i+1} + r_{i+2}$을 $i=0$ 부터 $i=n-1$까지 반복하여 수행함으로써 다음의 결과를 얻을 수 있다.

$$
\begin{aligned}
a &= r_0 \\
b &= r_1 \\
r_0 &= r_1 q_1 + r_2 \\
r_1 &= r_2 q_2 + r_3 \\
&\vdots \\
r_{n-1} &= r_n q_n + r_{n+1}
\end{aligned}
$$

a			b
	r_0	r_1	
	r_1q_1	r_2q_2	
	r_2	r_3	
	$\vdots$	$\vdots$	
	r_{n-2}	r_{n-1}	
	$r_{n-1}q_{n-1}$	r_nq_n	
	r_n	0	

이와 같이 전개된 식과 정리 1-5-5에서 다음의 관계식을 얻을 수 있다.

$\gcd(r_0, r_1) = \gcd(r_1, r_2) = \cdots = \gcd(r_n, r_{n+1}) = \gcd(r_n, 0) = r_n.$

따라서 r_n은 주어진 두 정수 a, b의 최대공약수다. □

[예 시]

gcd(373398,7386)을 구하여보자. 유클리드 알고리즘을 적용한 절차는 다음과 같다.

$$
\begin{aligned}
373398 &= 7386 \times 50 + 4098, \\
7386 &= 4098 \times 1 + 3288, \\
4098 &= 3288 \times 1 + 810, \\
3288 &= 810 \times 4 + 48, \\
810 &= 48 \times 16 + 42, \\
48 &= 42 \times 1 + 6, \\
42 &= 6 \times 7 + 0.
\end{aligned}
$$

$(q_0 =)$	50	373398	$(= r_0)$		7386	1	$(= q_1)$
		369300	$(= q_0 r_1)$	$(q_1 r_2 =)$	4098		
$(q_2 =)$	1	4098	$(= r_2)$	$(r_3 =)$	3288	4	$(= q_3)$
		3288	$(= q_2 r_3)$	$(q_3 r_4 =)$	3240		
$(q_4 =)$	16	810	$(= r_4)$	$(r_5 =)$	48	1	$(= q_5)$
		768	$(= q_4 r_5)$	$(q_5 r_6 =)$	42		
	7	42	$(= r_6)$	$(r_7 =)$	6		
		42					
		0					

위의 식에 알고리즘 1-5-6를 적용하면

$$6 = (6,42) = (42,48) = (48,810) = (810,3288) = (3288,4098) = (4098,7386)$$
$$= (7386,373398)$$

이므로 $6 = (3054, 12378)$이 성립한다. □

정리 1-5-5에서 설명되었듯이 $\gcd(a,b) = d$는 적당한 두 정수 s, t에 대하여 $sa+tb$ 꼴로 표현될 수 있다. 유클리드 알고리즘을 중간과정을 반영하여 아래와 같이 수정을 거치면 최대공약수에 대한 위의 두 정수 s, t를 계산할 수 있다. 이것을 확장 유클리드 알고리즘이라 하며 그 자세한 내용과 예시는 다음과 같다.

따름정리 1-5-7 **(확장 유클리드 알고리즘, Extended Euclidean algorithm)**
두 양의 정수 a, b에 대해 $\gcd(a,b) = s_n a + t_n b$를 만족하는 두 정수 s_n과 t_n은 다음의 과정을 수행함으로써 구할 수 있다

$$s_0 = 1 \qquad t_0 = 0$$
$$s_1 = 0 \qquad t_1 = 1$$
$$s_j = s_{j-2} - q_{j-1}s_{j-1} \qquad t_j = t_{j-2} - q_{j-1}t_{j-1}$$

| 증명 |

수학적 귀납법을 적용하자.

우선 $r_0 = a$, $r_1 = b$라 하면, $r_0 = a \cdot 1 + b \cdot 0$이고 $r_1 = a \cdot 0 + b \cdot 1$이므로 $s_0 = 1$, $t_0 = 0$, $s_1 = 0$, $t_1 = 1$이다. 그런데 유클리드 알고리즘에 의해 $r_2 = r_0 - q_1 r_1$인 정수 q_1과 $0 \le r_2 < r_1$인 r_2를 구할 수 있다. 한편 $r_0 = s_0 a + t_0 b$이고 $r_1 = s_1 a + t_1 b$이므로,

$$\begin{aligned} r_2 &= r_0 - q_1 r_1 \\ &= (s_0 a + t_0 b) - (s_1 a + t_1 b) q_1 \\ &= (s_0 - q_1 s_{1)} \,.\, a + (t_0 - q_1 t_{1)} \cdot b \\ &= s_2 \cdot a + t_2 \cdot b \end{aligned}$$

이 성립한다. 여기서 $s_2 = s_0 - q_1 s_1$이고, $t_2 = t_0 - q_1 t_1$이다. 따라서 수학적 귀납법 첫 단계가 성립한다. 이제 적당한 자연수 i에 대하여,

$$r_i = s_i \cdot a + t_i \cdot b \text{ 와 } r_{i+1} = s_{i+1} \cdot a + t_{i+1} \cdot b$$

이 성립하는 s_i, t_i, s_{i+1}, t_{i+1}이 존재하여 $s_{i+1} = s_{i-1} - q_i s_i$와 $t_{i+1} = t_{i-1} - q_i t_i$이 성립한다고 가정하자. 유클리드 알고리즘에서 $r_{i+2} = r_i - r_{i+1} q_{i+1}$를 구할 수 있고,

$$\begin{aligned} r_{i+2} &= r_i - ri + 1q_{i+1} \\ &= (s_i \cdot a + t_i \cdot b) - (s_{i+1} \cdot a + t_{i+1} \cdot b) q_{i+1} \\ &= (s_i - s_{i+1} q_{i+1}) \cdot a + (t_i - t_{i+1} q_{i+1}) \cdot b \\ &= s_{i+2} \cdot a + t_{i+2} \cdot b \end{aligned}$$

임을 알 수 있다. 여기서 $s_{i+2}=s_i-s_{i+1}q_{i+1}$이고, $t_{i+2}=t_i-t_{i+1}q_{i+1}$이다.

따라서 모든 자연수 i에 대해 $r_i=s_i\cdot a+t_i\cdot b$이 성립하므로 $r_n=s_n\cdot a+t_n\cdot b$도 성립한다. □

위의 정리의 증명은 $r_n=\gcd(a,b)$에 대한 $s=s_n, t_n=t$의 존재성뿐만 아니라 중간 단계의 모든 i에 대해서 $r_i=s_ia+t_ib$을 만족하는 정수 쌍 (s_i,t_i)도 구할 수 있음을 말해주고 있다.

[예 시]

유클리드 알고리즘으로 (373398,7386) = 6임을 예제 2.1.4에 의하여 알고 있다. 이제 $373398s+7386t=6$을 만족하는 s와 t를 구해보자. 우선 유클리드 알고리즘의 과정을 다음과 같이 역으로 계산함으로써 $s=-155,\quad t=7836$를 구할 수 있다.

$$\begin{aligned}
6 &= 48-42 && (\because 48=42\times 1+6)\\
&= 48-(810-48\times 16) && (\because 810=48\times 16+42)\\
&= 48\times 17-810 &&\\
&= (3288-810\times 4)\times 17-810 && (\because 3288=810\times 4+48)\\
&= 3288\times 17-810\times 69 &&\\
&= 3288\times 17-(4098-3288)\times 69 && (\because 4098=3288\times 1+810)\\
&= 3288\times 86-4098\times 69 &&\\
&= (7386-4098)\times 86-4098\times 69 && (\because 7386=4098\times 1+3288)\\
&= 7386\times 86-4098\times 155 &&\\
&= 7386\times 86-(373398-7386\times 50)\times 155 && (\because 373398=7386\times 50+4098)\\
&= 7386\times 7836-373398\times(-155) &&
\end{aligned}$$

한편 동일한 결과를 아래의 유클리드 알고리즘과 확장 유클리드 알고리즘의 결과로 나온 두 표로부터 간단히 얻을 수 있다.

$(q_0=)$	50	373398	$(=r_0)$		7386	1	$(=q_1)$
		369300	$(=q_0r_1)$	$(q_1r_2=)$	4098		
$(q_2=)$	1	4098	$(=r_2)$	$(r_3=)$	3288	4	$(=q_3)$
		3288	$(=q_2r_3)$	$(q_3r_4=)$	3240		
$(q_4=)$	16	810	$(=r_4)$	$(r_5=)$	48	1	$(=q_5)$
		768	$(=q_4r_5)$	$(q_5r_6=)$	42		
	7	42	$(=r_6)$	$(r_7=)$	6		
		42					
		0					

q_i	50	1	1	4	16	1		
s_i	1	0	1	-1	2	-9	146	$-155(=s=s_7)$
t_i	0	1	-50	51	-101	455	-7381	$7836(=t=t_7)$

[예 시]

720과 68에 대하여 유클리드 알고리즘의 표를 작성하면 다음과 같다.

10	720	68	1
	680	40	
1	40	28	2
	40	24	
3	12	4	
	12		
	0		

q_i	10	1	1	2		
s_i	1	0	1	-1	2	-5
t_i	0	1	-10	11	-21	53

위의 표로부터 (720,68) = 4 임을 알 수 있고 모든 $k \in Z$에 대하여

$720(-5+68k)+68(53-720k)=4$ 임을 쉽게 알 수 있다.

다음으로 정수의 유일 소인수분해 정리에 대하여 소개한다. 합성수는 유일한 형식의 소수들의 곱으로 분해할 수 있다. 이를 자연수의 유일소인수분해 정리(unique factorization theorem)라하며, 이는 자연수만의 독특한 특성이므로 자연수의 성질을 규명하는 가장 효과적인 표현 방법을 제공한다. 아래의 정리 1-5-8에서 나타난 소수 $p_1 < p_2 < \cdots < p_k$ 각각은 n의 소인수(prime factor)라 한다.

정리 1-5-8 1이 아닌 임의의 자연수 n에 대하여 적당한 소수 $p_1 < p_2 < \cdots < p_k$와 양의 정수 $e_1,\ e_2,\ \cdots,\ e_k$이 존재하여, n을 다음과 같은 유일한 자연수 곱셈 꼴로 나타낼 수 있다.

$$n = p_1^{e_1} p_2^{e_2} \cdots p_k^{e_k}$$

일반적으로 임의의 자연수에 대한 소인수분해는 어려운 문제로 알려져 있으며, 이러한 소인수분해의 난해성을 이용하여 공개키 암호시스템인 RSA의 기밀성을 유지시키고 있다. 이에 대한 자세한 내용은 참고문헌 [1]을 참조하기 바란다.

자연수의 유일소인수분해에 의한 표현법은 5장 그래프에서 근수형도로 변환되어 표현될 수도

있는데 이러한 자연수의 그래프 표현법을 마툴라(Matula)의 수라고 부른다. 이에 대해서는 5장에 자세히 살펴보기로 하자.

마지막으로 자연수(정수)의 유일소인수분해 표현법이 아닌 일반적으로 진법이라 불리는 자연수의 표현법에 관해서 알아보기로 한다. 정수는 다양한 방법으로 표현이 가능한데. 가장 일반적인 방법으로 q-진법 표현이 있으며 그 중에서 관례적으로 10-진법이 널리 통용되어 쓰이고 있다. 하지만 목적에 따라서 타 진법이 쓰이기도 한다. 시간의 경우 '시'는 12-진법이 쓰이고 있으며, '분' 이나 '초'의 경우 60-진법을 쓰고 있다. 부호나 암호 등을 컴퓨터로 처리할 때 0과 1로만 표현되는 이진법이 쓰이고 있으며 유전자를 다루는 분자생물학에서는 (A,C,G,T)로 된 4-진법을 쓰기도 한다. 참고로 진법 외에도 연속된 자연수의 곱을 이용한 칸토르 전개식 (참고문헌 [11]을 참조) 등도 자연수를 유일하게 표현할 수 있다. 여기에서는 q-진법 정수표현법과 간단한 예에 대하여 살펴보기로 하자.

정리 1-5-9 2보다 크거나 같은 정수 q에 대하여 모든 양의 정수 a는 다음과 같은 단 한 가지 방법으로 표현될 수 있다.

$$a = \alpha_n q^n + \alpha_{n-1} q^{n-1} + \cdots + \alpha_1 q + \alpha_0$$

여기서 $n \geq 0$이고 $\alpha_n \neq 0$, 이며 모든 $i = 0, \cdots n$에 대하여 $0 \leq a_i < q$을 만족한다.

위의 정리와 같이 표현된 정수 a을 $\alpha_n \alpha_{n-1} \cdots \alpha_n \alpha_{0\,(q)}$와 같이 나타내기로 하고 이를 q-진수로 표시된 α라고 부른다. 관례적으로 $q = 10$이면 $\alpha_n \alpha_{n-1} \cdots \alpha_n \alpha_{0_{(10)}}$와 같이 쓰지 않고 간단히 $\alpha_n \alpha_{n-1} \cdots \alpha_n \alpha_0$와 같이 나타낸다. 간단한 예를 들어보면, 10-진수로 표현된 정수가 다른 진수로 표현할 수 있음을 볼 수 있다.

$$\begin{aligned}
41 = 41_{(10)} &= 101001_{(2)} = 1 \cdot 2^5 + 0 \cdot 2^4 + 1 \cdot 2^3 + 0 \cdot 2^2 + 0 \cdot 2^2 + 1 \cdot 2^0 \\
&= 1112_{(3)} \quad = 1 \cdot 3^3 + 1 \cdot 3^2 + 1 \cdot 3^1 + 2 \cdot 3^0 \\
42 = 42_{(10)} &= 101010_{(2)} = 1 \cdot 2^5 + 0 \cdot 2^4 + 1 \cdot 2^3 + 0 \cdot 2^2 + 1 \cdot 2^2 + 0 \cdot 2^0 \\
&= 132_{(5)} \quad = 1 \cdot 5^2 + 3 \cdot 5 + 2 \cdot 5^0.
\end{aligned}$$

위와 같이, q-진수를 r-진수로 바꾸어 표현하려면 q-진수를 전개하여 10-진수로 표현하고 이를 유클리드 알고리즘을 거쳐 r-진수로 변환하여 표현할 수 있다.

1.6 합동과 잉여류

양의 정수 n에 대하여 두 정수 a와 b가 $n | a - b$을 만족시킬 때, 이것을 기호로 $a \equiv b \pmod n$과 같이 나타낸다. 그리고 법 n에 관하여 'a는 b와 합동'(a is congruent to b modulo n)이라고

부른다. 위의 두 수에 관한 합동의 정의는 아래 정리를 통하여 이 두 수가 n으로 나눈 나머지가 같음과 동일하다는 사실을 알 수 있다.

정리 1-6-1 양의 정수 n에 대하여 두 정수 a와 b가 $a \equiv b \pmod{n}$이기 위한 필요 충분조건은 a와 b를 n으로 나누었을 때의 나머지가 서로 같은 것이다.

| 증명 |

$a \equiv b \pmod{n}$이라 하면 $n | a-b$이고, 적당한 정수 k에 대하여 $a-b=kn$이다. 여기서 b의 나머지를 $r(0 \le r \le n-1)$이라 가정하면 적당한 정수 q에 대하여 $b=nq+r$이 된다. 따라서 $a=b+kn=(nq+r)+kn=(q+k)n+r$이 성립하므로 a를 n으로 나눈 나머지는 r임을 알 수 있다. 역으로, a와 b를 n으로 나눈 나머지가 r 이라고 가정하자. 다시 말해서 $a=q_1 n+r$이고 $b=q_2 n+r(q_1,\ q_2 \in \mathbb{Z})$ 이라고 하면, $a-b=(nq_1+r)-(nq_2+r)=n(q_1-q_2)+(r-r)=n(q_1-q_2)$이 되므로 $n | a-b$이 성립한다. 따라서 $a \equiv b \pmod{n}$가 성립한다. □

□ 합동식의 기본법칙

합동 관계에 대한 기본적이며 유용한 성질을 소개하면 다음과 같다.

정리 1-6-2 양의 정수 n, m과 임의의 정수 a, b, c, d에 대하여 다음이 성립한다.

(1) $a \equiv a \pmod{n}$

(2) $a \equiv b \pmod{n} \Rightarrow b \equiv a \pmod{n}$

(3) $a \equiv b \pmod{n}$이고, $b \equiv c \pmod{n} \Rightarrow a \equiv c \pmod{n}$

(4) $a \equiv b \pmod{n},\ c \equiv d \pmod{n}$

$\Rightarrow a+c \equiv b+d \pmod{n},\ ac \equiv bd \pmod{n}$

(5) $a \equiv b \pmod{n} \Rightarrow a+c \equiv b+c \pmod{n},\ ac \equiv bc \pmod{n}$

(6) $a \equiv b \pmod{n} \Rightarrow a^m \equiv b^m \pmod{n} (\forall m \in \mathbb{N})$

(7) $a \equiv b \pmod{n} \Rightarrow (a,\ n)=(b,\ n)$,

$$\begin{cases} a \equiv b \pmod{m} \\ a \equiv b \pmod{n} \end{cases} \Leftrightarrow a \equiv b \pmod{[m,\ n]}$$

(8) $(m,n)=1 \Rightarrow \begin{cases} a \equiv b \pmod{n} \\ a \equiv b \pmod{m} \end{cases} \Leftrightarrow a \equiv b \pmod{mn}$

| 증명 |

(1)~(5)의 증명은 정의에 의해 자명하므로 생략함.

(6) $a \equiv b \pmod{n}$라 가정하면, $n | a-b$이다. 한편

$$a^m - b^m = (a-b)(a^{m-1} + a^{m-2}b + \cdots + ab^{m-2} + b^{m-1})$$

그러므로, $n \mid a^m - b^m$이 성립하며, 따라서 $a^m \equiv b^m \pmod{n}$이다.

(7) $a \equiv b \pmod{n}$이므로 $n|a-b$이며, 따라서 적당한 $k \in \mathbb{N}$에 대하여 $a = b + nk$이다. $(a,\ n) = g$이고 $(b,\ n) = h$라 하면, $g|n$ 이고 $g|a$ 이므로 $g|b$ 이다. 즉 g는 n과 b의 공약수가 되므로 $g|h$이다. 위와 같은 논리를 h에 적용하면 비슷한 결과 $h|g$을 얻게 된다. 결국, $g = h$가 성립하고, 따라서 $(a,\ n) = (b,\ n)$이다.

(8) 연습문제로 남긴다. □

[예 시]

정리 1-6-2의 (1)~(6)에 해당하는 합동식의 예를 각기 살펴보자.

(1) $9 \equiv 9 \pmod{10}$

(2) $122 \equiv 34 \pmod{11} \Rightarrow 34 \equiv 122 \pmod{11}$

(3) $-11 \equiv 13 \pmod{12}$, $13 \equiv 145 \pmod{12} \Rightarrow -11 \equiv 145 \pmod{12}$

(4) $3 \equiv 16 \pmod{13}$, $-9 \equiv 4 \pmod{13}$,

$\Rightarrow 3 + (-9) = -6 \equiv 7 \equiv 20 = 16 + 4 \pmod{13}$이고

$3 \cdot (-9) = -27 \equiv 12 \equiv 64 = 16 \cdot 4 \pmod{13}$

(5) $-7 \equiv 7 \pmod{14} \Rightarrow -7 + 2 = -5 \equiv 9 = 7 + 2 \pmod{14}$,

$(-7) \cdot 2 = -14 \equiv 0 \equiv 14 = 7 \cdot 2 \pmod{14}$

(6) $-5 \equiv 10 \pmod{15} \Rightarrow (-5)^3 = 625 \equiv 10 \equiv 1000 = 10^3 \pmod{15}$

□ 합동식의 소거법칙과 일차합동방정식의 해법

일반적으로 일차방정식의 풀이는 양변에서 공통인수를 소거함으로써 해를 구할 수 있다. 예를 들어 $2x = 4$에서 양변에서 2를 소거함으로써 $x = 2$라는 해를 구할 수 있다. 즉, $\not{2}x = \not{2} \cdot 2 \Rightarrow x = 2$를 얻는다. 하지만 합동식에서는 일반적으로 곱셈에 대한 소거법칙은 성립하지 않는다. 예를 들면, $5 = 5 \cdot 1 \equiv 5 \cdot 5 = 25 \pmod{10}$이지만 양변에서 5을 소거하면, 즉 $\not{5} \cdot 1 \equiv \not{5} \cdot 5 \pmod{10}$이면, $1 \equiv 5 \pmod{10}$라는 모순을 얻게 된다. 다음 정리는 합동식에서의 소거법칙 허용 조건에 대하여 알려주고 있다.

정리 1-6-3 정수 a, b, c와 양의 정수 n에 대하여, 다음이 성립한다.

(1) $ac \equiv bc \pmod{n} \Rightarrow a \equiv b \left(\text{mod}\ \dfrac{n}{(c,\ n)}\right)$

(2) $ac \equiv bc \pmod{n}$, $(c,\ n) = 1 \Rightarrow a \equiv b \pmod{n}$

(3) $ac \equiv bc \pmod{p}$, $p \nmid c \Rightarrow a \equiv b \pmod{p}$

| 증명 |

(2)와 (3)은 (1)의 따름정리이므로 (1)만을 증명하기로 한다.

(1) $ac \equiv bc \pmod{n}$를 가정하고 $(c,\ n) = d$ 라고 하자. 그러면, 적당한 정수 k에 대하여, $ac - bc = (a-b)c = kn$가 성립하며, 또한 최대공약수의 d의 정의에 따라 $(s,t) = 1$을 만족하는 적당한 정수 s와 t에 대하여 $c = ds$와 $n = dt$로 나타낼 수 있다. 따라서 $kdt = kn = (a-b)c = (a-b)ds$가 성립하고 양변에서 d를 소거하면 $(a-b)s = kt$이다. 여기서, $(s,t) = 1$이고 $t \mid (a-b)s$이므로 $t \mid (a-b)$가 된다. 한편 위에서 $n = dt$로 정의했으므로 $t \mid (a-b)$ 는 $\dfrac{n}{d} \mid (a-b)$을 의미하고 그 역도 성립한다. 따라서 $a \equiv b \left(\text{mod}\ \dfrac{n}{d}\right)$이다. □

간단한 예를 들면, 법 9에 대한 합동식 $39 \equiv 21 \pmod{9}$에서, $(39, 21) = 3$이므로 위의 정리에 따라 합동식의 양변에서 3을 소거할 수 있다. 다시 말해,

$$3 \cdot 13 = 39 \equiv 21 = 3 \cdot 7 \pmod{3 \cdot 3} \Rightarrow 13 \equiv 7 \pmod{3}.$$

이제 해가 유일하게 존재하는 일차합동식의 특징에 대해서 알아보도록 하자. 아래 정리는 주어진 양의 정수 n과 x를 미지수로 갖는 일차합동식 $ax + b \equiv 0 \pmod{n}$ $(a \neq 0)$의 해의 존재성과 그 풀이에 대하여 그 해법을 제시하고 있다.

정리 1-6-4 두 정수 $a(a \neq 0)$와 b 및 양의 정수 n에 관하여 $(a,\ n) = 1$이면 $ax \equiv b \pmod{n}$은 법 n에 관하여 유일한 근을 갖는다.

| 증명 |

$(a,\ n) = 1$이므로 $as + nt = 1$를 만족시키는 정수 s와 t가 존재한다. 양변에 b를 곱하면 $asb + ntb = b$가 되므로 $x \equiv sb \pmod{n}$는 일차합동식 $ax \equiv b \pmod{n}$의 근이 된다. 한편, y를 $ax \equiv b \pmod{n}$의 또 다른 근이라고 가정하면 다음 식이 성립한다.

$$a(sb) \equiv b \equiv ay \pmod{n}$$

이때, $(a,\ n) = 1$이므로 정리1-6-3에 따라 양변에서 a를 소거하면, $y \equiv sb \pmod{n}$이 되므로 위의 근과 일치한다. 그러므로 법 n에 관해 $ax \equiv b \pmod{n}$은 유일한 해를 가진다. □

[예 시]

선형 합동식 $4x \equiv 3 \pmod{21}$의 근을 구해보자. 먼저, $(4,\ 21)=1$이므로 $4s+21t=1$이 되는 정수 $s,\ t$를 유클리드 알고리즘을 적용하여 구하면 다음과 같다.

$$\begin{array}{r|rr|l} 5 & 21 & 4 & 4 \\ & 20 & 4 & \\ \cline{2-3} & 1 & 0 & \end{array} \qquad \Rightarrow \qquad 4(-5)+21=1$$

식의 양변에 3을 곱하면 $4(-5)3+21\cdot 3=3$을 얻게 되어, $4\cdot(-5)3 \equiv 3 \pmod{21}$이 되므로 다음과 같은 유일한 해를 얻을 수 있다.

$$x \equiv -15 \equiv 6 \pmod{21} \qquad \square$$

일반적으로 선형합동식 $ax \equiv b \pmod{n}$은 $(a,\ n)=d|b$를 만족하는 경우에만 근을 갖는다. 이때, 근의 개수와 근의 형태는 다음 정리에서 볼 수 있다. (증명은 생략하기로 한다.)

정리 1-6-5 두 정수 $a(a \neq 0)$와 b 및 양의 정수 n에 관하여 $(a,\ n)=d$라고 하자. 이때, 선형 합동식 $ax \equiv b \pmod{n}$이 근을 갖기 위한 필요충분조건은 $d|b$이다. 이때, 이 선형 합동식의 서로 합동인 아닌 d개의 근을 다음과 같이 갖는다.

$$x \equiv x_0 + \left(\frac{n}{d}\right)k \pmod{n} \quad (k=0,\ 1,\ \cdots,\ d-1)$$

여기서 x_0는 $\left(\frac{a}{x}\right) \equiv \left(\frac{b}{d}\right)\left(\mathrm{mod}\ \frac{n}{d}\right)$의 근이다.

[예 시]

$172x \equiv 12 \pmod{24}$의 근을 구해보도록 하자. 먼저, $(172,\ 4)=4$이고 $4|12$이므로 주어진 선형 합동식은 해를 갖는다는 것을 알 수 있다.

먼저 유클리드의 알고리즘으로부터 $4=172\cdot 1+24\cdot(-7)$을 얻을 수 있고, 양변에서 4를 소거하면 $1=43\cdot 1+6\cdot(-7)$가 된다. 여기에 다시 3을 양변에 곱하여 얻어진 $3=43\cdot 1\cdot 3+6\cdot(-7)\cdot 3$ 으로부터 다음과 같은 합동식이 유도 된다.

$43\cdot 3 \equiv 3 \pmod{6}$

따라서 $x_0 \equiv 3 \pmod{6}$은 $43x \equiv 3 \pmod{6}$의 유일한 근이다. 즉

$$\left(\frac{172}{4}\right)x \equiv \left(\frac{12}{4}\right)\left(\mathrm{mod}\left(\frac{24}{4}\right)\right) \Leftrightarrow 43x \equiv 3 \pmod{6}$$

따라서 위의 정리에 의하여 주어진 선형합동방정식의 근은 다음과 같다.

$x \equiv 3+6k \pmod{24}, (k=0,\ 1,\ 2,\ 3)$즉, $x \equiv 3$, $x \equiv 9$, $x \equiv 15$, $x \equiv 21 \pmod{24}$ 등의 네 근을 갖는다. □

□ 정수의 잉여류와 완전 잉여계

정수의 법 n에 대한 합동관계 $\equiv \pmod n$는 정수집합 $\mathbb{Z}$ 위에서 정의된 동치관계(equivalence relation)임을 알 수 있다. 앞서 정의하였듯이 동치관계란, 반사율(reflexive law), 대칭률(symmetric law), 추이율(transitive law)을 만족하는 관계를 말한다. 정수의 합동관계는 정리1-6-2 의 (1), (2), (3)을 통하여 위의 세 가지 법칙이 모두 성립함이 증명되었고, 이는 합동관계 $\equiv \pmod n$이 동치관계임을 말해주고 있다. 따라서, 정리 1-3-1에 의하여 정수집합 $\mathbb{Z}$은 그 위에서 정의된 합동관계에 의하여 분할(partition)된다. 이때 합동관계에 의하여 생성되는 동치류(equivalence classes)를 법 n에 대한 잉여류(residue classes)라 한다. 이에 대한 보다 수학적이고 구체적인 정의와 표기는 다음과 같다.

정의 1-6-6 법 n에 관한 $a \in \mathbb{Z}$의 잉여류 $\overline{a}$ 와 이들 잉여류 전체집합 $\overline{\mathbb{Z}}_n$를 다음과 같이 정의한다.

$$\overline{a} = \{x \in \mathbb{Z} \mid x \equiv a \pmod n\} = a$$

$$\overline{\mathbb{Z}}_n = \{\overline{a} \mid a \in \mathbb{Z}\} \qquad \text{(잉여계라고 함)}$$

정리 1-3-1을 정수에서의 잉여류와 잉여계로 한정하여 다시 정리하면 다음과 같다.

정리 1-6-7 정수 집합 $\mathbb{Z}$ 위에 동치관계 $\equiv \pmod n$에 대하여, 잉여류들은 다음이 성립한다. 정수 $a,\ b \in \mathbb{Z}$에 대하여,

(i) $a \equiv b \pmod n \ \Leftrightarrow\ \overline{a} = \overline{b}$

(ii) $a \in \overline{b} \ \Leftrightarrow\ \overline{a} = \overline{b} \ \Leftrightarrow\ b \in \overline{a}$

(iii) 모든 $a \in \mathbb{Z}$에 대하여 $a \in \overline{a}$이고, 임의의 $a,\ b \in A$에 대하여 $\overline{a} \cap \overline{b} = \varnothing$과 $\overline{a} = \overline{b}$ 중 하나만 성립한다. 따라서 모든 잉여류의 집합은 $\mathbb{Z}$를 분할한다. 즉, $\overline{\mathbb{Z}}_n$는 다음 두 성질을 만족한다.

(i) $\mathbb{Z} = \bigcup_{\overline{a} \in \overline{\mathbb{Z}}_n} \overline{a}$

(ii) 모든 $\overline{a},\ \overline{b} \in \overline{\mathbb{Z}}_n$에 대하여 $\overline{a} \cap \overline{b} = \varnothing$ 이거나 $\overline{a} = \overline{b}$

이때, $\overline{\mathbb{Z}}_n$를 법 n에 관한 '완전 잉여계'(complete residue system)라고 부른다.

간단한 예를 들어보면, 법 5에 관한 잉여류는 다음과 같다.

$$\cdots = \overline{-5} = \overline{0} = \overline{5} = \overline{10} = \cdots = \{\cdots, -10, -5, 0, 5, 10, \cdots\}$$

$$\cdots = \overline{-4} = \overline{1} = \overline{6} = \overline{11} = \cdots = \{\cdots, -9, -4, 1, 6, 11, \cdots\}$$

$$\cdots = \overline{-3} = \overline{2} = \overline{7} = \overline{12} = \cdots = \{\cdots, -8, -3, 2, 7, 12, \cdots\}$$

$$\cdots = \overline{-2} = \overline{3} = \overline{8} = \overline{13} = \cdots = \{\cdots, -7, -2, 3, 8, 13, \cdots\}$$

$$\cdots = \overline{-1} = \overline{4} = \overline{9} = \overline{14} = \cdots = \{\cdots, -6, -1, 4, 9, 14, \cdots\}$$

따라서, 이 잉여류 전체의 집합인 완전 잉여계 $\overline{\mathbb{Z}}_5$는 다음과 같이 다양하게 표현할 수 있다.

$$\overline{\mathbb{Z}}_5 = \{\overline{0}, \overline{6}, \overline{12}, \overline{-2}, \overline{9}\}, \ \overline{\mathbb{Z}}_5 = \{\overline{-5}, \overline{1}, \overline{2}, \overline{13}, \overline{9}\}, \cdots, \ \overline{\mathbb{Z}}_5 = \{\overline{0}, \overline{1}, \overline{2}, \overline{3}, \overline{4}\}$$

완전 잉여계 $\overline{\mathbb{Z}}_5$로 $\{\overline{0}, \overline{1}, \overline{2}, \overline{3}, \overline{4}\}$을 취하면 정수 $\mathbb{Z}$는 다음과 같이 분할된다.

$$\overline{0} \cup \overline{1} \cup \overline{2} \cup \overline{3} \cup \overline{4} = \mathbb{Z}$$

여기서, $i \neq j$ 인 모든 $i, j = 0, 1, 2, 3, 4$에 대하여 $\overline{i} \cap \overline{j} = \varnothing$이 성립한다.

법 5에 대한 잉여류에서와 마찬가지로, 연이은 정수로 나타내어진 법 n에 대한 잉여류들의 집합은 반드시 하나의 완전 잉여계를 이룬다. 이러한 완전잉여계를 법 n에 관한 표준 잉여계(standard residue system)라 하고, $\overline{\mathbb{Z}}_n$ 대신 $\mathbb{Z}_n$으로 표기하기로 한다. 이때, 표준잉여계에 속해 있는 각각의 잉여류 $\overline{a}$ 또한 정수와 잉여류를 구분이 필요한 경우를 제외하고는 $\overline{a}$ 대신 a로 표시하기로 한다. 즉,

$$\mathbb{Z}_n = \{\overline{0}, \overline{1}, \cdots \overline{n-1}\} = \{0, 1, \ldots, n-1\}$$

으로 약속한다. 특히 표준잉여계에 속하는 법 n에 대한 잉여류 $\overline{a}$는 정리 1-6-1에 의하여 n으로 나누었을 때 나머지가 a가 되는 정수들의 집합으로 간주될 수 있다는 점에 주목하도록 하자.

연 습 문 제 1.6

1. 두 정수 a와 b가 모두 홀수이고 서로소이면 $(a+b,\ a-b)=2$임을 보이고, $(a+b,\ a^2+b^2)=2$임을 보여라.

2. 두 자연수 m과 n에 대한 다음 명제를 증명하라.
   (1) m과 n이 모두 홀수이고 $m>n$이면, $(m,\ n)=(m-n,\ n)$이다.
   (2) $(m,\ n)=1$일 때, $(m+n,\ mn)=1$이다.

3. 유클리드 알고리즘을 이용하여 다음을 구하라.
   (2) $\gcd(105,320)$
   (3) $\gcd(44350,20785)$

4. 두 양의 정수 a와 b에 대하여 $as+bt=\gcd(a,b)$가 되는 정수 s와 t를 구하라.
   (1) $a=78,\ b=32$
   (2) $a=105,\ b=320$

5. 임의의 정수 k에 대하여, $\gcd(3k+2,5k+3)=1$임을 증명하라.

6. 다음이 성립함을 보여라.
   (1) 양의 정수 n에 대하여, n^3+1의 꼴의 정수 중에서 소수인 정수는 2뿐이다.
   (2) 소수 p가 n^3-1의 꼴이면 $p=7$이다.

7. 정수 n $(n \geq 3)$에 대하여, $n<p<n!$인 소수 p가 존재함을 증명하라.

8. 항등식 $4x^4+1=(2x^2+2x+1)(2x^2-2x+1)$을 이용하여 다음과 같은 형태의 정수는 두 양의 정수의 곱으로 인수분해됨을 보여라.

$$m=2^{4n+2}+1 \qquad (n \geq 1)$$

9. 자연수 n이 $n=a_k k!+a_{k-1}(k-1)!+\cdots+a_2 2!+a_1$으로 표현될 때, $n=a_k a_{k-1}\cdots a_{1(c)}$로 나타내기로 하고 이를 $\boldsymbol{n}$의 칸토어 전개라 한다. 101의 칸토어 전개를 구하라.

10. $a|b$이고 $a|c$이면, 임의의 정수 x, y에 대하여, $a|(bx+cz)$임을 증명하라.

11. 다음 일차 합동식을 풀어라.
   (1) $12x \equiv 25 \pmod{97}$ (2) $-85x \equiv 2 \pmod{97}$
   (3) $11x \equiv 2 \pmod{40}$ (4) $-26x \equiv 38 \pmod{30}$

12. 다음 합동식이 성립하도록 정수 m $(m \geq 2)$의 값을 정하라.
   (1) $4 \equiv 1 \pmod{m}$ (2) $5 \equiv 27 \pmod{m}$

13. 다음 합동식 중에서 참인 것은 증명하고 거짓인 것은 그 반례를 제시하라.

(1) $a^2 \equiv b^2 \pmod m$이면 $a \equiv b \pmod m$이다.

(2) $d = \gcd(a,m)$일 때, $ab \equiv ac \pmod m$이면 $b \equiv c \bmod \dfrac{m}{d}$이다.

14. 다음 정수를 47로 나누었을 때의 나머지를 구하라.

(1) 2^{46} (2) 2^{53} (3) $2^{200}-1$

15. 다음이 성립함을 증명하라.

(1) 정수 a가 짝수이면 $a^2 \equiv 0 \pmod 4$이고, 홀수이면 $a^2 \equiv 1 \pmod 4$이다.

(2) $n \equiv 3 \pmod 4$이면 n은 두 정수의 제곱의 합으로 나타낼 수 없다.

16. 수학적 귀납법을 이용하여 다음이 성립함을 증명하라.

(1) 모든 양의 정수 n에 대하여 $4^n \equiv 1+3n \pmod 9$이 성립한다.

(2) 모든 양의 정수 n에 대하여 $5^n \equiv 1+4n \pmod{16}$이 성립한다.

17. 모든 정수 n에 대하여 $n^5 \equiv n \bmod 5$임을 증명하라.

18. p가 소수일 때 다음이 성립함을 증명하라.

(1) $ab \equiv 0 \pmod p \iff a \equiv 0 \pmod p$ 또는 $b \equiv 0 \pmod p$

(2) $ab \equiv ac \pmod p$, $a \not\equiv 0 \pmod p$이면 $b \equiv c \pmod p$이다.

2장.

계수(counting)의 기초

조합수학의 가장 중요하고도 고전적인 문제는 계수(Counting)에 있다. 계수는 수학이 가지는 가장 자연스럽고도 기본적인 물음에 대한 답을 주는 것이고 이러한 의미에서 계수법을 다루는 조합수학을 고전 조합수학(Classical Combinatorics) 혹은 계수적 조합수학(enumerative combinatorics)이라 한다. 이 장에서는 고전 조합수학에서 가장 기본이 되는 순열과 조합 및 특정한 조건의 집합이나 주어진 집합 위에서 정의되는 함수의 계수에 대하여 다루기로 한다.

2.1 합의 법칙과 곱의 법칙

특정 대상에 대한 셈 혹은 계수(counting)의 기본원리는 합의 법칙(sum principle)과 곱의 법칙(product principle)이다. 제1,2의 스털링 수(Stirling number), 분할수(partition number), 삼각수(triangular number) 등, 잘 알려진 특정 계수를 함수값으로 하는 수(number) 또는 수열(sequence)은 모두가 합의 법칙과 곱의 법칙의 중복 적용으로 설명될 수 있다. 이 두 법칙은 대표적인 연산인 덧셈(+)와 곱셈(×)을 의미하기 때문이다.

초등수학에서 현대의 복잡한 대상을 원소로 하는 집합에 대한 개수를 세는 문제는 우리에게 매우 익숙한 합과 곱의 두 법칙에 근간을 두고 있다. 즉 간단히 주어진 두 집합 A, B에 대하여 다음 성질은 당연히 성립한다.

[합의 법칙] $A \cap B = \varnothing$이면 $|A \cup B| = |A| + |B|$이다.

[곱의 법칙] $|A \times B| = |A| \times |B|$

서로 다른 두 가지 사건에 대하여, 두 가지 사건은 동시에 발생하지 않는 경우, 즉 '배반사건'일 때, 한 사건이 발생할 경우의 수가 n_1이고, 두 번째 일이 일어날 경우의 수가 n_2라 하면 이 두 가지 중 적어도 한 가지 일이 일어날 경우의 수는 $n_1 + n_2$이다. 이러한 배반사건을 집합 A와 B로 생각하면 $A \cap B = \varnothing$이 되므로 (1)의 합의 법칙은 당연히 만족한다.

다음으로, 서로 다른 두 사건이 앞선 사건의 발생과 상관없이 두 번째 사건이 일어난다고 하자. 즉, 두 사건이 독립사건일 때, 한 사건이 발생할 경우의 수가 n_1이고, 두 번째 사건이 일어날 경우의 수가 n_2라면 이 두 가지 사건이 동시에 일어날 경우의 수는 당연히 $n_1 \times n_2$이 된다.

수학적 귀납법에 의해 이러한 합의 법칙과 곱의 법칙을 두 개 이상의 집합에 대한 계수 문제로 일반화시키면 다음과 같다.

정리 2-1-1 유한집합 $A_1, \cdots, A_n$에 대하여 다음이 성립한다.

(1) [합의 법칙]

서로 다른 i, j에 대하여 $A_i \cap A_j = \varnothing$ 2)일 때 다음을 만족한다.

$$\left|\bigcup_{i=1}^{n} A_i\right| = \sum_{i=1}^{n} |A_i|$$

(2) [곱의 법칙]

$$|A_1 \times \cdots \times A_n| = \prod_{i=1}^{n} |A_i|$$

[예 시]

(1) 정리 1-3-1에서 보듯이, 유한집합 A 위에 동치관계 E에 대하여, 동치류들의 집합인 동치계 $\{A_i\}_{i=1}^{n}$은 집합 A를 분할3)하게 된다. 따라서 다음과 같이 A의 원소의 개수 $|A|$를 합의 법칙으로 구할 수 있다.

$$|A| = \sum_{i=1}^{k} |A_i|$$

(2) $A = [3] \times [4]$라고 할 때, $|A|$는 다음과 같은 합과 곱의 법칙으로 구할 수 있다.

(1) $i = 1,2,3$에 대하여 $A_i = \{(i,j) \in A : j = 1,2,3,4\}$라 하면 각각의 i에 대하여 $|A_i| = 4$이므로 합의 법칙에 따라 $|A| = |A_1| + |A_2| + |A_3| = 4+4+4 = 12$이다.

(2) 정리 2-1-1 (2)의 곱의 법칙을 바로 적용하면 다음과 같은 동일한 $|A|$가 된다.

$$|A| = |[3] \times [4]| = |[3]| \times |[4]| = 12$$

너무 간단한 예이기는 하지만, 이와 같이 같은 대상에 대하여 서로 다른 방법으로 계수를 할 수 있는데 이는 조합수학의 중요한 계수기법인 겹계수법(double counting)의 원리가 되기도 한다.

(3) $n = p_1^{e_1} \cdots p_k^{e_k}$으로 표준인수분해 되는 자연수 n의 서로 다른 약수의 개수를 곱의 법칙을 적용하여 구해보기로 하자. 먼저, $p_i < p_{i+1} (i = 1, \cdots, k)$이고 $e_i \geq 0$ 인 소수 p_i와 정수 e_i에 대하여 자연수 n이 $n = p_1^{e_1} \cdots p_k^{e_k}$ 으로 표준 소인수분해 되었다고 가정하자. 만약 m이 n의 약수이면 m은 $0 \leq \alpha_i \leq e_i (0 \leq i \leq k)$에 대하여 $m = p_1^{\alpha_1} \cdots p_k^{\alpha_k}$과 같은 형태로 인수분해 된다. 여기서 각각의 $i \in [k]$ 에 대하여 p_i의 지수 α_i는 $1 + e_i$개 선택의 경우의 수를 갖는다. 따라서 곱의 법칙에 의하여 $(1+e_1) \cdots (1+e_k)$개의 서로 다른 n의 약수가 존재한다.

합의 법칙과 곱의 법칙은 계수법의 기본이 되며, 또한 제1,2의 스털링 수(Stirling number), 분할수(partition number), 삼각수(triangular number) 등, 잘 알려진 특정 계수들은 이 두 법칙의 적당한 조합을 통해 정의될 수 있고 일반해로 유도될 수 있음을 알아두자.

---

2) $\{A_1, \cdots, A_n\}$이 서로 다른 i, j에 대하여 $A_i \cap A_j = \varnothing$ 인 조건은 간단히 A_i들이 '서로소'(coprime)라고 표현된다.

3) $\{A_i\}_{i=1}^{n}$가 A를 분할한다는 것은 (i) $\cup_{i=1^n} A_i = B$, (ii) $i \neq j$에 대하여 $A_i \cap A_j = \varnothing$ 을 만족하는 것이다.

2.2 계승 유형의 계수(factorial kinds of counting)

자연수 n과 k에 관하여 계승 유형의 수(numbers of factorial kinds)를 다음과 같이 정의하고 표시한다.

정의와 기호	명칭	영문 명칭
$n! := n\times(n-1)\times\cdots\times 2\times 1$	n 계승	n factorial
$n^{\underline{k}} := n(n-1)\cdots(n-k+1)$	n의 k-하계승(하락계승)	n to the k-falling
$n^{\overline{k}} := n(n+1)\cdots(n+k-1)$	n의 k-상계승(상승계승)	n to the k-rising

특히 $n!$은 다음과 같이 이것의 경곗값들을 자연스럽게 정의할 수 있다.

$$n! = n^{\underline{n}} = 1^{\overline{n}}, \qquad 0! = n^{\underline{0}} = n^{\overline{0}} = 1$$

위의 각 계승 유형의 수들은 실수 x에 대해서 다음과 같이 확장하여 정의할 수 있다.

$$x^{\underline{k}} = x(x-1)\cdots(x-k+1) = \prod_{i=0}^{k-1}(x-i)$$

$$x^{\overline{k}} = x(x+1)\cdots(x+k-1) = \prod_{i=0}^{k-1}(x+i)$$

다음은 실변수 x의 k-하계승 $x^{\underline{k}}$은 x에 대한 다항식 x^k의 미분 및 적분과 유사한 성질을 가진다는 것을 보여주고 있다.

정리 2-2-1 실변수 함수 $f(x)$에 대하여 다음과 같이 $\Delta f(x)$를 정의하자.

$$\Delta(f(x)) := f(x+1) - f(x)$$

이때, 다음 명제가 성립한다.

(1) $\Delta(x^{\underline{n}}) = nx^{\underline{n-1}}$

(2) $\displaystyle\sum_{k=0}^{m-1} k^{\underline{n}} = \frac{m^{\underline{n+1}}}{n+1}$

| 증명 |

(1)
$$\begin{aligned}\Delta(x^{\underline{n}}) &= (x+1)^{\underline{n}} - x^{\underline{n}} \\ &= \prod_{i=0}^{n-1}(x+1-i) - \prod_{i=0}^{n-1}(x-i) \\ &= \left(\prod_{i=0}^{n-2}(x-i)\right)((x+1)-(x-n+1)) \\ &= n\left(\prod_{i=0}^{n-2}(x-i)\right) \\ &= nx^{\underline{n-1}}\end{aligned}$$

(2) 다음 등식은 자명하게 성립함을 알 수 있다.

$$\sum_{k=0}^{m-1}(k+1)^{\underline{n+1}} = 1^{\underline{n+1}} + \cdots + (m-1)^{\underline{n+1}} + m^{\underline{n+1}} \quad \text{--- ①}$$

$$\sum_{k=0}^{m-1}k^{\underline{n+1}} = 0^{\underline{n+1}} + 1^{\underline{n+1}} + \cdots + (m-1)^{\underline{n+1}} \quad \text{--- ②}$$

①-②의 결과에 따라 다음의 식 ③을 얻게 된다.

$$\sum_{k=0}^{m-1}(k+1)^{\underline{n+1}} - \sum_{k=0}^{m-1}k^{\underline{n+1}} = m^{\underline{n+1}} \quad \text{--- ③}$$

한편 ③의 우변은 (1)에 의해서 ④의 좌변과 같이 나타낼 수 있다.

$$\sum_{k=0}^{m-1}(k+1)^{\underline{n+1}} - \sum_{k=0}^{m-1}k^{\underline{n+1}} = (n+1)\sum_{k=0}^{m-1}k^{\underline{n}} \quad \text{--- ④}$$

식 ③과 ④에 의하여 $\sum_{k=0}^{m-1}k^{\underline{n}} = \frac{m^{\underline{n+1}}}{n+1}$이 성립한다. □

여러 가지 조건이 주어진 대상들에 대해 계승 유형의 수열에 의한 표현과 해석은 다음과 같다.

정리 2-2-2 유한집합 $A_1, \cdots, A_n$에 대하여 다음이 성립한다.

(1) $n! =$ n개의 서로 다른 원소를 한 줄로 세우는 경우의 수
$=$ $[n]$ 위에서 정의될 수 있는 일대일대응함수의 개수
$= |S_n|$
(여기서, S_n은 $[n]$ 위에서 정의되는 치환군(permutation group))

(2) $n^{\underline{k}} =$ n개의 서로 다른 원소 중에서 k개를 선택하여 한 줄로 세우는 방법의 수
$=$ $[n]$에서 $[n]$으로 정의되는 서로 다른 1-1함수의 개수

(3) $n^k =$ n개의 서로 다른 원소 중에서 반복을 허용하여 k개를 선택하여 한 줄로 세우는 경우의 수
$=$ $[k]$에서 $[n]$으로 정의될 수 있는 서로 다른 함수의 개수

(4) $\frac{n^{\underline{k}}}{k!} = \binom{n}{k} = \frac{n!}{(n-k)!k!}$
$=$ n개의 서로 다른 원소 중에서 순서에 상관없이 k개를 선택하는 경우의 수

이러한 계수적 의미 때문에 $\binom{n}{k}$를 영문에서는 'n choose k' 라 부른다.

위의 정리에 대한 증명은 자명하므로 생략하기로 한다. 위의 계승에 의한 계수들은 그 대상의 다양성에도 불구하고 합의 법칙과 곱의 법칙으로 설명될 수 있다. 그 좋은 예로서, 정리 2-2-2의 (2)번이 모두에게 익숙한 '순열'이며, (4)번의 '조합'을 들 수 있을 것이다. 이 절에서는 순열에 대해서 기본적인 사항에 대해 우선 살펴보고, 조합은 다음 절로 미루기로 한다.

주어진 n-집합(n-set) A의 원소 중에서 서로 다른 k개$(1 \le k \le n)$를 선택하여 일렬로 나열하는 것을 n-집합의 k-순열(permutation)이라고 하고, 이것의 총 개수를 $P(n,k)$ 또는 ${}_nP_k$로 나타낸다. 곱의 법칙에 의하면 ${}_nP_k = n^{\underline{k}}$임을 쉽게 알 수 있다. 특히 $k=n$이면, 이를 n-집합의 순열(permutation)이라고 하고, 이는 n-집합 A의 원소들을 모두 일렬로 나열하는 것을 의미한다. 주어진 n-집합의 순열의 총 개수는 n개의 서로 다른 원소를 한 줄로 나열하는 방법의 개수이므로, 첫째 자리부터 시작해서 각 자리에 올 수 있는 원소의 개수를 고려하면 곱의 법칙에 의하여 총 순열의 개수는 $n!$임을 쉽게 알 수 있다.

양 극단의 값에 대한 순열은 $P(n,\ 0)=1,\ P(0,\ k)=\delta_{0,\ k}=\begin{cases}1, & k=0\\ 0, & k\neq 0\end{cases}$ [4] 와 같이 정의하고 순열은 다음과 같은 점화식 표현을 갖는다.

정리 2-2-3 자연수 n과 k이 $1 \le k \le n$을 만족할 때, 다음 명제가 성립한다.

$$P(n,\ k)=P(n-1,\ k)+kP(n-1,\ k-1)$$

정리 2-2-3을 하계승으로 표현하면 다음과 같다.

$$n^{\underline{k}}=(n-1)^{\underline{k}}+k(n-1)^{\underline{k-1}}$$

이는 하계승의 정의로부터 인수분해를 통하여 간단히 증명될 수 있으므로 증명은 생략하기로 한다. 순열의 정의에 따른 증명 또한 간단하므로 이는 연습문제로 남긴다.

이제 함수적인 관점에서 순열을 살펴보기로 하자. 순열의 영어 단어인 permutation은 n-집합 X위에서 정의되는 일대일대응함수를 뜻하는데 이는 '한줄 세우기"의 개념으로 n-집합 순열과 그 의미가 같다. 실제로 집합 $[n]$의 모든 원소를 한 줄로 세우는 하나의 순열이 있다고 하자. 이때 이 순열의 첫 번째 자리의 원소를 $f(1)$, 두 번째 자리의 원소를 $f(2)$, $\cdots$, i 번째 자리의 원소를 $f(i)$, $\cdots$ 와 같이 함수 $f:[n]\to[n]$을 정의하면 이 함수 f는 $1-1$ 대응함수임을 쉽게 알 수 있다. 역으로 주어진 $1-1$대응함수 $f:\ [n]\to[n]$에 대하여 $f(i)$를 i번째 자리에 배정하게 되면, 이러한 방법으로 정해진 배열은 자명하게 n-집합 순열이 된다. 따라서 다음이 성립한다.

---

4) 이러한 함수를 크로네커 델타(Kronecker delta)라 부르고 일반적으로 다음과 같이 정의된다.

$$\delta_{i,\ j}=\begin{cases}1, & i=j\\ 0, & i\neq j\end{cases}$$

정리 2-2-4 집합 $\mathbb{P}_n$을 n-집합 $[n]$위에서 정의된 순열의 전체집합이라 하고, $\mathbb{S}_n$를 $[n]$위에서 정의된 1-1함수의 전체집합이라 정의할 때, 다음이 성립한다.
(1) $\mathbb{P}_n$에서 $\mathbb{S}_n$위로의 일대일대응함수가 존재한다.
(2) $|\mathbb{P}_n| = |\mathbb{S}_n| = P(n, n) = n!$

마찬가지로 n-집합의 k-순열과 집합 $[k]$에서 $[n]$으로 가는 1-1 함수는 1-1대응한다. 따라서 정리 2-2-2 (2)와 같이 1-1함수의 집합의 농도에 관한 다음 명제를 얻는다.

정리 2-2-5 n-집합의 k-순열의 집합을 $\mathbb{P}_{n,k}$라 하고, $\mathbb{S}_{k,n}$을 $[k]$에서 $[n]$으로 가는 1-1 함수의 전체집합이라 하자. 이때 이들 농도에 관한 다음 등식이 성립한다.

$$|\mathbb{S}_{k,n}| = |\mathbb{P}_{n,k}| = P(n,k) = (n)_k$$

다음 절의 조합의 개념을 적용하면 $[k]$에서 $[n]$으로의 1-1함수 $f:[k]\rightarrow[n]$의 개수는 조금 다른 각도로도 생각할 수 있다. 위의 함수 f는 다음과 같은 절차에 의하여 정의할 수 있다. 먼저, $[n]$에서 k-부분집합 A를 택한 후, A의 k개의 원소에 대한 k-순열을 구하고 이 순열의 i번째 항을 $f(i)$로 정의하면 될 것이다. 각 절차에 관한 경우의 수는 각각 $\binom{n}{k}$이고 $k!$가 된다. 그러므로 $|\mathbb{S}_{k,n}|$은 곱의 법칙에 의해 $\binom{n}{k}\times k!$이므로 $|\mathbb{S}_{k,n}| = (n)_k$이다. 즉, 정리 2-2-2 (2)의 내용을 증명하고 확인할 수 있다.

이 절에서는 계승형태의 여러 가지 계수에 관하여 알아보았다. 이러한 계승 유형의 계수법은 유한집합을 정의역으로 하고 공역을 유한집합으로 갖는 각종 함수의 개수를 구하는 문제로 해석될 수 있음을 알 수 있었다. 절을 마치기 전에 여러 가지 함수 유형에 대한 계수를 요약하면 다음과 같다.

- 정의역이 $[n]$이고 공역을 $[k]$로 갖는 모든 함수의 개수: k^n
- $n \le k$일 때, 정의역이 $[n]$, 공역이 $[k]$인 모든 단사(1-1)함수의 개수: $k^{\underline{n}}$
- $n \ge k$일 때, 정의역이 $[n]$, 공역이 $[k]$인 모든 전사(onto)함수의 개수: $k!S(n,k)$
- $n = k$일 때, 정의역이 $[n]$, 공역이 $[k]$인 모든 1-1함수의 개수: $n!$

여기서 $S(n,k)$는, n-집합을 k 부분으로 분배하는 분할의 개수를 나타내는 제2유형의 스털링 수를 뜻하며, 이는 포함/배제의 원리를 다루는 2.5절과 더불어 스털링 수를 별개로 다루는 4.2절에서 자세히 다루기로 한다.

2.3 조합과 이항정리에 관한 필수 등식

n-집합 A의 부분집합 중 원소의 개수가 r개인 부분집합을 n-집합의 r-조합이라고 한다. 이때, n-집합의 r-조합 전체집합의 농도를 $C(n, r)$ 또는 $\binom{n}{r}$로 나타낸다.(때로는 위의 n-집합 $[n]$의 r-조합 전체집합을 $\begin{bmatrix} n \\ r \end{bmatrix}$로 나타낸다.)

정리 2-2-2 (4)에서는 조합(combination)을 계수의 관점에서 계승적으로 다음과 같이 설명하고 있으며 이를 조합의 정의로 받아들여도 무방하다.

$$\binom{n}{k} = \frac{n^{\underline{k}}}{k!} = \frac{n!}{(n-k)!k!}$$

이는 계승 유형의 수열의 확장과 같은 맥락으로, 자연수 n을 실수(복소수) x로 확장하여 자연스럽게 정의 될 수 있다. 즉, 임의의 실수 x와 0을 포함한 자연수 k에 대하여 다음과 같이 정의될 수 있다.

$$\binom{x}{k} = \frac{x^{\underline{k}}}{k!} = \frac{x(x-1)\cdots(x-k+1)}{k!}$$

이때, 0 또는 자연수 k에 대하여, $n!$의 경계조건으로부터 확장된 조합은 다음과 같은 경계 조건을 만족시킨다.

$$\binom{x}{0} = 1, \qquad \binom{0}{k} = \delta_{0,\,k} = \begin{cases} 1, & k=0 \\ 0, & k \neq 0 \end{cases}$$

조합에 관한 기본정리와 이항정리/따름정리 등을 정리하면 다음과 같다. 이때 쉬운 이해를 위하여 변수 n, m과 k는 0 또는 자연수로 한정하기로 한다. 각 명제의 증명은 연습문제로 남겨두기로 한다.(참고문헌 [1] 참조)

정리 2-3-1 **(파스칼의 삼각식 Pascal triangle)**

$$\binom{n}{k} = \binom{n-1}{k-1} + \binom{n-1}{k}$$

정리 2-3-2 **(Hockey stick property)**

$$\binom{n}{0} + \binom{n+1}{1} + \binom{n+2}{2} + \cdots + \binom{n+k-1}{k-1} + \binom{n+k}{k} = \binom{n+k+1}{k}$$

정리 2-3-3 **(이항정리 binomial coefficient)**

$$(a+b)^n = \sum_{k=0}^{n} \binom{n}{k} a^k b^{n-k}$$

정리 2-3-4 **(이항정리의 따름정리)**

(1) $\binom{n}{0}+\binom{n}{1}+\cdots+\binom{n}{n}=2^n=\sum_{k=0}^{n}\binom{n}{k}$

(2) $\sum_{k=0}^{n}(-1)^k\binom{n}{k}=\begin{cases}0, & n\geq 1\\ 1, & n=0\end{cases}$

(3) $\binom{k}{k}+\binom{k+1}{k}+\binom{k+2}{k}+\cdots+\binom{n}{k}=\binom{n+1}{k+1}$

(4) $\binom{n}{0}^2+\binom{n}{1}^2+\binom{n}{2}^2+\cdots+\binom{n}{n}^2=\binom{2n}{n}$

정리 2-3-5 **(대칭성 symmetry)**

$$\binom{n}{k}=\binom{n}{n-k}$$

정리 2-3-6 **(반데르몽의 정리 Vandermonde)** $0\leq r\leq m+n$인 정수 r에 대하여

$$\sum_{k=0}^{r}\binom{m}{k}\binom{n}{r-k}=\binom{m+n}{r}$$

| 증명 |

서로 소인 두 집합 A와 B에 대하여, $|A|=m$, $|B|=n$이라고 하자. 그러면 두 집합이 서로 소이므로 $|A\cup B|=m+n$이다. 이제 원소의 개수가 r개인 $A\cup B$의 부분집합의 개수를 생각하면, 모두 $\binom{m+n}{r}$이다. 이렇게 만들어진 부분집합 중 하나를 C라고 하자. 그런데 이 부분집합 C의 원소들 중 집합 A의 원소와 집합 B의 원소를 구분하여 생각하면, 모두 집합의 A의 원소일 수도 있고, 하나의 원소가 집합 B의 원소일 수도 있고, 두 개의 원소가 집합 B의 원소일 수도 있고, 모두 집합 B의 원소일 수도 있다. 따라서 집합 C의 원소 중 집합 B의 원소의 개수를 k라고 하면, $k=0,\ 1,\ 2,\ \cdots,\ r$의 각 경우에 생길 수 있는 경우의 수를 생각하면, 다음과 같다.

$$\binom{m}{r}\binom{n}{0},\ \binom{m}{r-1}\binom{n}{1},\ \binom{m}{r-r}\binom{n}{2},\ \cdots,\ \binom{m}{1}\binom{n}{r-1},\ \binom{m}{0}\binom{n}{r}$$

따라서 원소의 개수가 r개인 $A\cup B$의 부분집합의 개수는 $\sum_{k=0}^{r}\binom{m}{k}\binom{n}{r-k}$이고, 결국 다음이 성립한다.

$$\sum_{k=0}^{r}\binom{m}{k}\binom{n}{r-k}=\binom{m+n}{r}\qquad\square$$

정리 2-3-7 **(반데르몽의 따름정리)**

(1) $\sum_{k=0}^{m}\binom{m}{k}\binom{n}{r+k}=\binom{m+n}{m+r}$

(2) $\sum_{k=0}^{r}\binom{m-k}{r}\binom{n+k}{s}=\binom{m+n}{r+s}$

정리 2-3-8 **(hocky stick problem)**

$$\sum_{k=0}^{n}\binom{k}{m}=\binom{n+1}{m+1}$$

| 증명 |

n에 대하여 수학적 귀납법을 적용하도록 하자. 먼저 $n=0$인 경우를 보면, $m=0$일 때 (좌변) $=1=$(우변) 이고, $m>0$일 때에도 (좌변)$=0=$(우변)이므로 $n=0$인 경우 위의 명제는 성립함을 알 수 있다. 이제 $n\ge 1$인 적당한 n 에 대하여 위의 명제가 성립한다고 가정하면 파스칼의 삼각형에 의하여 다음이 성립함을 알 수 있다.

$$\sum_{k=0}^{n+1}\binom{k}{m}=\sum_{k=0}^{n}\binom{k}{m}+\binom{n+1}{m}=\binom{n+1}{m+1}+\binom{n+1}{m}=\binom{n+2}{m+1}$$

이는, $n+1$ 에서도 위의 명제가 성립함을 의미하므로 수학적 귀납법에 의하여 위의 명제는 0을 포함한 모든 자연수 n에 대하여 참임을 알 수 있다. □

[생각해 보기]

위에서 조합은 자연수뿐만 아니라 이를 포함하는 수, 즉 실수와 복소수에 대하여 확장하여 정의할 수 있었다. 하지만 이는 계수적으로는 그 실례를 찾을 수 없다. 유리수에 대해서 확장한 아래 예에서 이것을 셈의 방법으로 해석해 보는 것도 사유의 확장을 위하여 가치 있는 일이라 할 수 있을 것이다.

$$\binom{3/2}{2}=\frac{(3/2)(3/2-1)}{2!}=\frac{3}{8}$$

$$\binom{5/2}{2}=\frac{(5/2)(5/2-1)}{2!}=\frac{15}{8}\qquad\binom{5/2}{3}=\frac{(5/2)(5/2-1)(5/2-2)}{3!}=\frac{5\cdot 3\cdot 1}{3!2^3}=\frac{5}{2^4}$$

$$\binom{7/2}{2}=\frac{(7/2)(7/2-1)}{2!}=\frac{35}{8}\qquad\binom{7/2}{3}=\frac{(7/2)(7/2-1)(7/2-2)}{3!}=\frac{7\cdot 5\cdot 3}{3!2^3}=\frac{35}{2^4}$$

연 습 문 제 2.3

1. 다음을 증명하라.

   (1) $\displaystyle\sum_{k=0}^{r}\binom{m-k}{r}\binom{n+k}{s}=\binom{m+n}{r+s}$

   (2) $\displaystyle\binom{n}{0}-\binom{n}{1}+\binom{n}{2}+\cdots+(-1)^k\binom{n}{k}+\cdots+(-1)^n\binom{n}{n}=0$

   (3) $\displaystyle\binom{r}{r}+\binom{r+1}{r}+\binom{r+2}{r}+\cdots+\binom{n}{r}=\binom{n+1}{r+1}$

   (4) $\displaystyle\binom{n}{0}^2+\binom{n}{1}^2+\binom{n}{2}^2+\cdots+\binom{n}{n}^2=\binom{2n}{n}$

2. 0과 1로 된 길이가 16인 이진 수열 중, 1의 개수가 6개인 이진 수열은 모두 몇 개인가?

3. 다음 등식이 성립함을 보여라.

   (1) $\displaystyle\sum_{r=0}^{n}\binom{n}{r}=2^n$　　(2) $\displaystyle\sum_{r=0}^{n}(-1)^r\binom{n}{r}=0$

   (3) $\displaystyle\sum_{i=n+1}^{2n+1}\binom{2n+1}{i}=\sum_{r=0}^{n}\binom{2n+1}{r}$　　(4) $\displaystyle\binom{-n}{k}=(-1)^k\binom{n+k-1}{k}$

   (5) $\displaystyle\sum_{j=0}^{s}(-1)^j\binom{i}{j}=\begin{cases}(-1)^s\binom{i-1}{s}, & i\ge 1\\ 1, & i=0\end{cases}$

4. $A=[m]$, $B=[n]$이고 $m<n$일 때, 다음 물음에 답하라.

   (1) 집합 A에서 B로의 함수 f 중 위로의 함수(onto)의 개수를 구하라.

   (2) 집합 A에서 B로의 함수 f 중 순증가 함수의 개수를 구하라.

5. 이항정리를 이용하여 다음을 전개하라.

   (1) $(3x^3+2y)^4$　　(2) $\displaystyle\left(x-\frac{x^2}{2}\right)^4$

6. 다음 등식이 성립함을 보여라.

   (1) $\displaystyle\sum_{j=0}^{k}\binom{m}{j}\binom{n}{k-j}=\binom{m+n}{k}$

   (2) $\displaystyle\sum_{k=0}^{m}\binom{m}{k}\binom{n}{r+k}=\binom{m+n}{m+r}$

7. 자연수 n과 k이 $1\le k\le n$을 만족할 때, 계수적 방법을 사용하여 다음 명제가 성립함을 증명하라. (힌트: 순열에 특정 원소 $x\in[n]$가 포함된 경우와 포함되지 않은 경우로 나누어 구한다.)

$$P(n,\ k)=P(n-1,\ k)+kP(n-1,\ k-1)$$

8. 하계승의 정의를 이용하여 다음 등식이 성립함을 보여라.

$$n^{\underline{k}}=(n-1)^{\underline{k}}+k(n-1)^{\underline{k-1}}$$

9. 다음을 증명하라.(힌트: 이항정리의 미분을 활용한다.)

   (1) $\displaystyle\sum_{k=1}^{n}k\binom{n}{k}=n2^{n-1}$　　(2) $\displaystyle\sum_{k=1}^{n}(-1)^k k\binom{n}{k}=0$

2.4 다항계수

이 절에서는 이항계수정리의 일반화인 다항계수에 관하여 기본적인 정리를 요약하고 이들에 대해 계수적(Counting) 관점에서 살펴보기로 한다.

$k_1 + \cdots + k_m = n$ 을 만족하는 양의 정수 $k_1, \cdots, k_m, n$에 대하여 $\binom{n}{k_1, \cdots, k_m}$을 다음과 같이 정의한다.

$$\binom{n}{k_1, \cdots, k_m} := \binom{n}{k_1}\binom{n-k_1}{k_2}\cdots\binom{n-k_1-\cdots-k_{m-1}}{k_m}$$

이는 다음과 같은 이유에서 중복순열이라 부른다.

$k_1 + k_2 + \cdots + k_m = n$일 때, 집합 $[n]$에서 중복 집합이 $M = (k_1,\ k_2,\ \cdots,\ k_m)$이 주어졌다고 하자. 참고로, 위와 같이 표현된 중복집합 M의 예를 들면 다음과 같다.

$$M = \left\{\left\{\overbrace{1,\ 1,\ \cdots,\ 1}^{k_1}\ \overbrace{2,\ \cdots,\ 2}^{k_2},\ \cdots\ ,\overbrace{m,\ m,\ \cdots,\ m}^{k_m}\right\}\right\}$$

이러한 M의 원소로 만들 수 있는 순열의 총 개수, 즉 M의 n개의 원소를 일렬로 세우는 전체 경우의 수를 구해야 한다. k_1개의 원소가 동일하므로 우선 n개의 자리에 우선 k_1개의 자리를 고르는 서로 다른 경우의 수는 $\binom{n}{k_1}$이고, 다시 $n-k_1$개의 자리에 k_2개의 자리를 선택하여 늘어놓는 서로 다른 경우의 수는 $\binom{n-k_1}{k_2}$이다. 이와 같이, k_1부터 k_m까지 자리를 선택하여 늘어놓는 전체 경우의 수는 계수의 곱에 법칙에 따라 다음과 같이 구할 수 있다.

$$\binom{n}{k_1}\binom{n-k_1}{k_2}\cdots\binom{n-k_1-\cdots-k_{m-1}}{k_m}$$

조합의 대수적 정의를 각항에 대입하여 정리하면 다음과 같이 계산될 수 있다.

$$\frac{n!}{k_1!(n-k_1)!}\cdot\frac{(n-k_1)!}{k_2!(n-k_1-k_2)!}\cdot\cdots\cdot\frac{(n-k_1-\cdots-k_{m-1})!}{k_m!(n-k_1-\cdots-k_m)!} = \frac{n!}{k_1!k_2!\cdots k_m!}$$

다음의 정리 2-4-1은, $k_1 + k_2 + \cdots + k_m = n$인 중복순열의 서로 다른 두 가지의 계수적 의미를 담고 있으며 (1)과 (2) 모두 m개의 $n-1$에 대한 중복순열의 합으로 구해질 수 있음을 보여준다. 아래 정리 2-4-1(3)은 파스칼 삼각식으로 알려진 정리 2-3-1를 일반화한 것이다.

정리 2-4-1 (1) 자연수 n에 대하여, 중복집합 M의 n개의 원소가 k_1개, k_2개, …, k_m개의 원소가 각각 서로 같고, $k_1+k_2+\cdots+k_m=n$일 때, 이들 n개의 원소를 일렬로 늘어놓는 방법의 가짓수는 다음과 같다.

$$\binom{n}{k_1,\cdots,k_m}=\frac{n!}{k_1!\,k_2!\,\cdots\,k_m!}$$

(2) 서로 다른 n개의 원소를 서로 구별이 되는 k개의 상자에 각각 k_1개, k_2개, …, k_m개씩 분배하는 방법의 가짓수는 다음과 같다.

$$\binom{n}{k_1,\cdots,k_m}=\frac{n!}{k_1!\,k_2!\cdots k_m!}$$

(3) [파스칼 삼각식의 일반화]

$$\binom{n}{k_1,\cdots,k_m}=\binom{n-1}{k_1-1,k_2,\cdots,k_m}+\binom{n-1}{k_1,k_2-1,\cdots,k_m}+\cdots+\binom{n-1}{k_1,k_2,\cdots,k_m-1}$$

| 증명 |

중복 집합 $M=(k_1,\ k_2,\ \cdots,\ k_m)$의 총 원소의 개수를 n이라고 하면, 중복 집합 M의 n개의 원소를 일렬로 나열하는 방법의 수가 $P(n;\ k_1,\ \cdots,\ k_m)$이고, 이는 구하려는 경우의 수와 같다. 이를 직접 계산해 보면, n개의 자리에 우선 k_1개의 자리를 선택하여 늘어놓는 방법은 $\binom{n}{k_1}$이고, 다시 $n-k_1$개의 자리에 k_2개의 자리를 선택하여 늘어놓는 방법은 $\binom{n-k_1}{k_2}$이다. 이와 같이, k_1부터 k_m까지 자리를 선택하여 늘어놓는 방법은 다음과 같다.

$$\binom{n}{k_1}\binom{n-k_1}{k_2}\cdots\binom{n-k_1-\cdots-k_{m-1}}{k_m}$$

$$=\frac{n!}{k_1!(n-k_1)!}\cdot\frac{(n-k_1)!}{k_2!(n-k_1-k_2)!}\cdot\cdots\cdot\frac{(n-k_1-\cdots-k_{m-1})!}{k_m!(n-k_1-\cdots-k_m)!}$$

$$=\frac{n!}{k_1!k_2!\cdots k_m!}$$ □

다음은 두 개의 문자에 대한 이항계수정리를 m개의 문자로 이루어진 다항식으로 확장하여 설명하고 있다는 점에서 다항계수정리(multinomial coefficient theorem)라 부른다.

정리 2-4-2 **(다항계수정리, multinomial coefficient theorem)**

양의 정수 n과 서로 다른 m개의 문자 $x_1,\ x_2,\ \cdots,\ x_m$에 대하여, 다음이 성립한다.

$$(x_1+\ \cdots\ +x_m)^n=\sum_{\substack{0\le n_1,\ \cdots,\ n_m\le n\\ n_1+\ \cdots\ +n_m=n}}\frac{n!}{n_1!\cdots n_m!}x_1^{n_1}\cdots x_m^{n_m}$$

| 증명 |

(불필요한 기호의 복잡성을 줄이기 위하여 $m=3$인 경우로 축소하여 수학적 귀납법을 적용한 증명을 예시함으로써 본 증명을 대체한다.)

n에 대하여 수학적 귀납법을 적용하기로 하자. 먼저 $n=1$인 경우는 자명하게 성립함을 알 수 있다. 이제 위의 명제가 어떤 자연수 n에 대하여 성립한다고 가정하자. 즉,

$$(x+y+z)^n=\sum_{\substack{0\le a,b,c\le n\\ a+b+c=n}}\binom{n}{a,b,c}x^a y^b z^c$$

이 참이라 가정하자.(수학적 귀납법의 가정) 이때, 정리 2-4-1(3)과 n에 대한 수학적 귀납법의 가정을 적용하여 다음과 같이 계산해 보면 $n+1$인 경우에도 명제가 성립함을 알 수 있다.

$$\begin{aligned}
&(x+y+z)^{n+1}\\
&=(x+y+z)\sum_{a+b+c=n}\binom{n}{a,b,c}x^a y^b z^c\\
&=\sum_{a+b+c=n}\binom{n}{a,b,c}x^{a+1}y^b z^c+\sum_{a+b+c=n}\binom{n}{a,b,c}x^a y^{b+1}z^c+\sum_{a+b+c=n}\binom{n}{a,b,c}x^a y^b z^{c+1}\\
&=\sum_{a+b+c=n+1}\left(\binom{n}{a-1,b,c}+\binom{n}{a,b-1,c}+\binom{n}{a,b,c-1}\right)x^a y^b z^c\\
&=\sum_{a+b+c=n+1}\binom{n+1}{a,b,c}x^a y^b z^c
\end{aligned}$$

따라서 모든 자연수 n에 관하여 $(x+y+z)^n=\sum_{\substack{0\le a,b,c\le n\\ a+b+c=n}}\binom{n}{a,b,c}x^a y^b z^c$이 성립한다. □

[예 시]

10변수 10차 다항식 $(x_1+\ \cdots\ +x_{10})^{10}$에서 $x_1^4x_5^3x_8^2x_9$의 계수는 정리 2-4-2에 의하여 다음과 같이 구할 수 있다.

$$\binom{10}{4,3,2,1}=\frac{10!}{4!\,3!2!1!}=18800$$

다음은 반데르몽의 정리 2-3-6을 일반화한 것이다. 증명은 수학적 귀납법으로 쉽게 되므로 생략하기로 한다.

정리 2-4-3 **(반데르몽 정리의 확장)**

$$\binom{n_1+\cdots+n_s}{m}=\sum_{k_1+\cdots+k_s=m}\binom{n_1}{k_1}\binom{n_2}{k_2}\cdots\binom{n_s}{k_s}$$

2.5 포함 배제의 원리

주어진 N 개의 대상 위에서 n개의 조건 $\theta_1, \cdots, \theta_n$이 주어졌다고 하자. 이때, $N(\theta_i)$를 조건 θ_i를 만족하는 대상의 개수라 표시하고, 이를 확장하여 n개의 조건 $\theta_1, \cdots, \theta_n$ 중에서 서로 다른 m개의 조건 $\theta_{i_1}, \cdots, \theta_{i_m}$을 만족 대상의 개수를 $N(\theta_{i_1}, \cdots, \theta_{i_m})$로 표시하고, 이들 n개의 조건 중에서 어느 하나도 만족하지 않는 대상의 개수를 N_0라 나타내기로 하자.

위와 같은 기호와 용어를 이용하여 계수(counting)에 있어서 가장 기본적으로 적용되는 법칙인 포함 배제의 원리를 소개하면 다음과 같다.

정리 2-5-1 **(포함배제의 원리 The principle of Inclusion and Exclusion)**

$$\begin{aligned}N_0 = N-\sum_{i_1=1}^{n}N(\theta_{i_1})+\sum_{i_1<i_2}^{n}N(\theta_{i_1},\theta_{i_2})-\sum_{i_1<i_2<i_3}N(\theta_{i_1},\theta_{i_2},\theta_{i_3})+\cdots\\ \cdots+(-1)^m\sum_{i_1<\cdots<i_m}N(\theta_{i_1},\cdots,\theta_{i_m})+\cdots+(-1)^nN(\theta_{i_1},\cdots,\theta_{i_n})\end{aligned}$$

$$=N+\sum_{m=1}^{n}\sum_{i_1<\cdots<i_m}(-1)^mN(\theta_{i_1}, \cdots, \theta_{i_m})$$

위의 정리를 우리에게 익숙한 집합을 빌어 나타내면 다음과 같이 집합에 대한 크기에 대한 정리로 번역할 수 있고 굳이 집합의 용어로 포함배제의 원리를 표현하면 “여집합과 공통집합의 원리”라고 쓸 수 있을 것이다.

U를 N 개의 원소를 가진 집합(집합족)이라 하고 $\theta_1, \cdots, \theta_n$를 U 위에서 정의된 n개의 조건이라 하자. 이때, $1 \le i \le n$에 대하여 A_i를 θ_i를 만족하는 U의 부분집합이라면 다음이 성립한다.

$$N(\theta_{i_1}, \cdots, \theta_{i_m}) = \left|\bigcap_{k=1}^{m}A_{i_k}\right|$$

따라서 위의 정리 2-5-1는 다음과 같이 재정리될 수 있다.

따름정리 2-5-2 **(포함배제의 원리 The principle of Inclusion and Exclusion)**

(1) $N-N_0=|U|-\left|\left(\bigcup_{m=1}^{n} A_m\right)^C\right| = \sum_{m=1}^{n} \sum_{\substack{i_1<\cdots<i_m \\ i_k\in[n]}} (-1)^{m+1}\left|\bigcap_{k=1}^{m} A_{i_k}\right|$

(2) $N_0=0$이라 하면 다음이 성립한다.

$$\left|\bigcup_{m=1}^{n} A_m\right| = \sum_{m=1}^{n} \sum_{\substack{i_1<\cdots<i_m \\ i_k\in[n]}} (-1)^{m+1}\left|\bigcap_{k=1}^{m} A_{i_k}\right|$$

□ 포함배제의 원리의 적용

[오일러함수]

자연수 n에 대한 오일러 함수 $\phi(n)$은 n과 서로소인 n보다 작은 자연수 k의 개수로 정의된다. 예를 들어 자연수 10과 서로소인 10보다 작은 자연수는 1, 3, 7, 9는 이므로 $\phi(10)=4$임을 쉽게 알 수 있다. 이러한 오일러 함수의 일반해를 포함배제의 원리를 적용하여 구해보도록 하자. 먼저 n이 $n=p_1^{e_1}\cdots p_r^{e_r}$로 유일 소인수분해 된다고 가정하자.(여기서 p_i는 $p_1<\cdots<p_r\le n$을 만족하는 n의 서로 다른 소인수) 이때, A_i를 n 이하의 자연수 중 p_i의 배수의 집합이라 하면 위의 포함배제의 원리를 적용하여 다음을 얻는다.

$$\begin{aligned}\phi(n) &= n-\sum_{i=1}^{r}|A_i|+\sum_{i<j}|A_i\cap A_j|+\cdots+(-1)^r|A_1\cap\cdots\cap A_r| \\ &= n-\sum_{i=1}^{r}\frac{n}{p_i}+\sum_{i<j}\frac{n}{p_ip_j}+\cdots+(-1)^r\frac{n}{p_1p_2\cdots p_r} \\ &= n\prod_{i=1}^{r}\left(1-\frac{1}{p_i}\right) \quad \text{5)} \\ &= \prod_{i=1}^{r}\left(p_i^{e_i}-p_i^{e_i-1}\right) \quad \text{6)}\end{aligned}$$

[예 시]

$7000=2^3\times5^3\times7$이므로 $\phi(7000)=(2^3-2^2)(5^3-5^2)(7^1-7^0)=2400$이 된다.

---

5) 아래와 같이 n변수 n차 다항식의 전개식(혹은 인수분해)에 의해 당연하다.

$(1-x_1)(1-x_2)\cdots(1-x_r)$

$=1-(x_1+\cdots+x_r)+(x_1x_2+x_1x_3+\cdots x_{r-1}x_r)-(x_1x_2x_3+\cdots+x_{r-2}x_{r-1}x_r)+\cdots+(-1)^r x_1x_2\cdots x_r$

$=1-\sum_{i=1}^{r}x_i+\sum_{i<j\le r}x_ix_j+\cdots+(-1)^r x_1x_2\cdots x_r$

6) $n=p_1^{e_1}\cdots p_r^{e_r}$이므로 $n\prod_{i=1}^{r}\left(1-\frac{1}{p_i}\right)$을 통분하며 정리하면 얻을 수 있다.

[소수의 개수 세기]

합성수의 소인수에 관한 다음 기본정리와 포함배제의 원리를 적용하여 120보다 작은 소수의 개수를 세어보도록 하자.

정리 2-5-3 모든 합성수 n은 $p \le \sqrt{n}$을 만족하는 소인수 p를 가진다.

| 증명 |

$n = ab$이고 $1 < a \le b$라고 가정하면, $a^2 \le ab = n$ 이므로 $a \le \sqrt{n}$ 이다. 이때, a는 소인수 p를 가지고 가정에 의하여 a는 n의 약수이므로 p는 $p \le \sqrt{n}$를 만족하는 n의 소인수다. □

[예 시]

120 이하의 소수의 개수를 세어보자. 정리 2-5-3에 의하여 $\sqrt{120} = 10.xxx$ 이므로 $k \le 120$ 인 합성수 k는 $\sqrt{120} = 10.xxx$보다 작은 소인수 2,3,5,7 중 하나의 배수가 된다. 따라서 $N(\theta_1)$를 120이하의 2의 배수의 개수, $N(\theta_2)$를 120이하의 3의 배수의 개수, 등으로 $N(\theta_i)$를 $i = 1, \cdots, 4$ 에 대하여 각각 정의하고 정리 2-5-1에 적용하기 위하여 각 항을 계산하면 다음과 같다.

$$
\begin{aligned}
N(\theta_1) &= \lfloor 120/2 \rfloor &= 60\\
N(\theta_2) &= \lfloor 120/3 \rfloor &= 40\\
N(\theta_3) &= \lfloor 120/5 \rfloor &= 24\\
N(\theta_4) &= \lfloor 120/7 \rfloor &= 17
\end{aligned}
$$

$$
\begin{aligned}
N(\theta_1,\theta_2) &= \lfloor 120/2 \cdot 3 \rfloor &= 20\\
N(\theta_1,\theta_3) &= \lfloor 120/2 \cdot 5 \rfloor &= 12\\
N(\theta_1,\theta_4) &= \lfloor 120/2 \cdot 7 \rfloor &= 8\\
N(\theta_2,\theta_3) &= \lfloor 120/3 \cdot 5 \rfloor &= 8\\
N(\theta_2,\theta_4) &= \lfloor 120/3 \cdot 7 \rfloor &= 5\\
N(\theta_3,\theta_4) &= \lfloor 120/5 \cdot 5 \rfloor &= 3
\end{aligned}
$$

$$
\begin{aligned}
N(\theta_1,\theta_2,\theta_3) &= \lfloor 120/2 \cdot 3 \cdot 5 \rfloor &= 4\\
N(\theta_1,\theta_2,\theta_4) &= \lfloor 120/2 \cdot 3 \cdot 7 \rfloor &= 2\\
N(\theta_1,\theta_3,\theta_4) &= \lfloor 120/2 \cdot 5 \cdot 7 \rfloor &= 1\\
N(\theta_2,\theta_3,\theta_4) &= \lfloor 120/3 \cdot 5 \cdot 7 \rfloor &= 1
\end{aligned}
$$

$$
N(\theta_1,\theta_2,\theta_3,\theta_4) = \lfloor 120/2 \cdot 3 \cdot 5 \cdot 7 \rfloor = 0
$$

여기서 N_0^*를 2,3,5,7을 제외한 120이하의 소수의 개수라 하면, 정리 2-5-1에 의하여 다음을 얻는다.

$$
N_0^* = 120 - (60 + 40 + 24 + 17) + (20 + 12 + 8 + 8 + 5 + 3) - (4 + 2 + 1 + 1) + 0 = 27
$$

이제 계수에서 제외되었던 네 소수 2,3,5,7를 $N_0^* = 27$의 결과에 추가하고 여기서, 소수가 아니면서도 N_0^*에 포함되어 있는 1을 제외하면, 구하고자 하는 120 이하의 소수의 개수는 $N_0^* + 4 - 1 = 30$ 임을 알 수 있다.

[제 2형의 스털링 수의 일반항]

제 2형의 스털링 수에 관해서는 다음 절에서 상세하게 다루기로 하겠지만, 이 절에서는 포함/배제의 원리를 전사함수의 개수에 대한 계수에 적용하여 제 2형의 스털링 수 $S(n,k)$의 일반항을 도출하는 과정에 대하여 알아보기로 하자.

먼저, 제 2형의 스털링 수를 정의하면 다음과 같다. $k \le n$인 두 음이 아닌 정수 n과 k에 대하여 $S(n,k)$는 주어진 n-집합을 k 개의 부분으로 나누는 집합 분할의 개수로 정의된다. 먼저 제일 간단한 경우의 스털링 수 즉 $S(3,2)$을 예를 들어 살펴보기로 하자.

(엄밀한 정의는 4.2절에서 다룬다.)

[예 시]

집합 $\{a,b,c\}$를 두 부분으로 분할할 수 있는 경우는 다음 세 가지가 전부이다.

$$\{\{a\},\{b,c\}\},\ \{\{b\},\{a,c\}\},\ \{\{c\},\{a,b\}\}$$

따라서 $S(3,2) = 3$. 이를 이용하여 정의역 $\{a,b,c\}$에서 공역 $\{1,2\}$로 정의되는 전사함수를 나열하면 다음과 같고 그 개수는 6 가지임을 알 수 있다. $\{a,b,c\}$를 두 부분으로 분할한 3가지로 각 경우에 대하여 1-집합의 원소의 상을 1로 정의하고 2-집합 원소들의 상을 2로 정의하면 하나의 전사함수가 만들어지는데 이때, 두 부분의 상을 치환하면 또 하나의 전사함수가 정의된다. 따라서 $\{a,b,c\}$의 한 분할에 대하여 2!개의 서로 다른 전사함수가 정의됨을 알 수 있다. 따라서 해당 전사함수의 개수는 $S(3,2) \times 2! = 6$이다. 다음은 6개의 모든 전사함수를 나타낸 것이다.

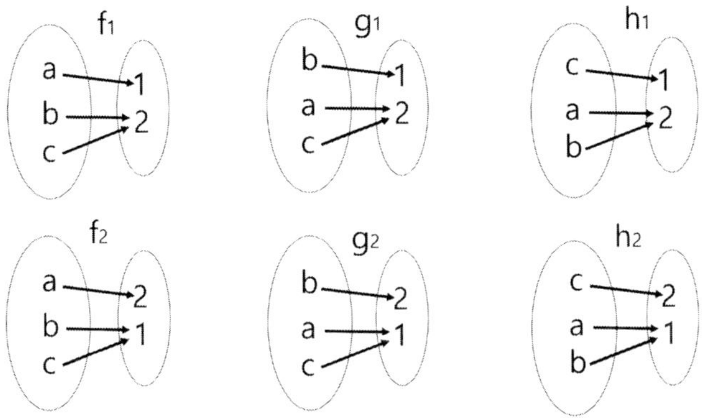

위의 예시를 일반화하자. $[n]$에서 $[k]$ 위로 정의되는 전사함수의 개수 $Surj(n,k)$는 $S(n,k)$를

빌어 다음과 같이 나타낼 수 있다.

정리 2-5-4 $Surj(n,k)=k!\,S(n,k)$

이러한 n-집합 X를 정의역으로 하고 k-집합 Y를 공역으로 하는 전사함수를 세는 문제는 다음과 같은 조합수학에 있어서 고려하는 분배/점유의 문제로 치환될 수 있다.

모델 1: n 개의 서로 다른 공을 k개의 구별되는 바구니에 아무 공도 담고 있지 않은 빈 바구니는 없도록 분배하는 서로 다른 방법의 가짓수에 대한 계수(counting) 문제.

모델 2: n 개의 서로 다른 장난감을 k 명의 어린이에게 선물한다고 할 때 모든 어린이에게 한 개 이상의 장난감은 받을 수 있도록 선물을 할 수 있는 서로 다른 분배의 가짓수에 대한 계수(counting) 문제.

가장 일반적인 분배/점유의 대상인 모델 1에 포함/배제의 원리를 적용하여 전사함수의 개수에 대한 일반항을 다음과 같이 구할 수 있다.

정리 2-5-5 $[n]$에서 $[k]$ 위로 정의될 수 있는 전사함수의 개수 $Surj(n,k)$의 일반항은 다음과 같다.

$$Surj(n,k)=\sum_{j=0}^{k}(-1)^j\binom{k}{j}(k-j)^n$$

| 증명 |

n개의 공을 k개의 구별되는 바구니에 담을 수 있는 분배의 총 가짓수는 k^n임을 쉽게 알 수 있다. 이제 A_i를 i번째 바구니가 빈 바구니가 되는 분배의 집합이라고 하면, 포함/배제의 원리에 따라 다음이 성립한다.

$$|A_1\cup\cdots\cup A_k|=\sum_{j=1}^{k}(-1)^{j-1}\sum_{i_1<\cdots<i_j}|A_{i_1}\cap\cdots\cap A_{i_j}| \qquad (1)$$

여기서, 두 번째 $\sum$의 각 항을 계산하면 다음과 같다.

(i) 각각의 $i\in[k]$에 대하여 $|A_i|=(k-1)^n$이므로 $\sum_{i=1}^{k}|A_i|=k(k-1)^n$.

(ii) 각각의 $\{i_1,i_2\}\subseteq[k]$에 대하여

$$|A_{i_1}\cap A_{i_2}|=(k-2)^n\text{이므로 }\sum_{i_1<i_2}|A_{i_1}\cap A_{i_2}|=\binom{k}{2}(k-2)^n.$$

각각의 $\{i_1, \cdots, i_j\} \subseteq [k]$에 대하여 위와 마찬가지 방법을 적용하면

$\left|A_{i_1} \cap \cdots \cap A_{i_j}\right| = (k-j)^n$이므로 $\sum_{i_1 < \cdots < i_j} \left|A_{i_1} \cap \cdots \cap A_{i_j}\right| = \binom{k}{j}(k-j)^n$이고, 식 (1)에 의하여 다음이 성립한다.

$$\left|A_1 \cup \cdots \cup A_k\right| = \sum_{j=1}^{k}(-1)^{j-1}\binom{k}{j}(k-j)^n \qquad (2)$$

다시 말해서, 한 바구니 이상 비어있는 바구니가 생기는 분배의 가짓수는 식 (2)의 우변의 수를 뜻한다. 이때, 총 분배의 수는 k^n이므로 배제의 법칙을 적용하면, 한 바구니도 비어있지 않은 분배의 수, 즉 $Surj(n,k)$은 다음과 같다.

$$\begin{aligned} Surj(n,k) &= k^n - \left|A_1 \cup \cdots \cup A_k\right| \\ &= k^n - \sum_{j=1}^{k}(-1)^{j-1}\binom{k}{j}(k-j)^n \\ &= \sum_{j=0}^{k}(-1)^{j}\binom{k}{j}(k-j)^n \end{aligned} \qquad \square$$

정리 2-5-4와 정리 2-5-5에 의하여 $S(n,k)$에 대한 일반항은 다음과 같다.

따름정리 2-5-6

$$S(n,k) = \frac{1}{k!}\sum_{j=0}^{k}(-1)^{j}\binom{k}{j}(k-j)^n$$

[예 시]

집합 $\{a,b,c,d\}$를 두 부분으로 분할할 수 있는 경우는 다음 7 가지가 전부이다. 따라서, $S(4,2)=7$이다.

1+3 형태 : $\{\{a\},\{b,c,d\}\}$, $\{\{b\},\{a,c,d\}\}$, $\{\{c\},\{a,b,d\}\}$, $\{\{d\},\{a,b,c\}\}$

2+2 형태 : $\{\{a,b\},\{c,d\}\}$, $\{\{a,c\},\{b,d\}\}$, $\{\{a,d\},\{b,c\}\}$

한편, 따름정리 2-5-6를 $S(4,2)$에 적용하여 구해보면 다음과 같다.

$$S(4,2) = \frac{1}{2!}\sum_{j=0}^{2}(-1)^{j}\binom{2}{j}(2-j)^4 = \frac{1}{2}\left(2^4 + (-2) + 0\right) = 7$$

실제로 해당 분할의 개수를 센 결과와 $n=4,\ k=2$ 일 때의 $S(n,k)$의 일반항에 대입하여 얻은 결과가 동일함을 확인할 수 있다.

2.6 생성함수와 수열

수열은 자연수 집합이나 그 부분집합을 정의역으로 하는 함수다.[7] 다시 말해서, 각 자연수 $n \in N$의 상(image)이 $a(n) \in X$인 함수 $a : N \to X$를 수열이라고 하고 $\{a_n\}$으로 나타낸다. 일반적으로 수열 $\{a_n\}$은 나열법, 점화식, 일반항 등의 세 가지 방법으로 표현할 수 있다. 예를 들면, $\{a_n\}$: 1, 3, 5, 7, 9, 11, 13, $\cdots$와 같이 나열된 홀수 수열은 $a_1 = 1$, $a_{n+1} - a_n = 2$와 같이 점화식으로 표현되고, $a_n = 2n - 1$와 같이 일반항으로 표현될 수 있다.

나열법이란, 수열을 첫째 항부터 차례로 나열하므로 가장 손쉬운 수열의 표현 방법이지만 제n항까지 나열되더라도 그 이후 항들은 추측해야하기에 매우 원시적인 표현 방법이라고 할 수 있다. 반면에 점화식이란, 수열의 이웃한 항들 사이의 관계식과 첫째 항의 값으로 수열을 표현하는 방법이므로 나열법보다는 수열을 전부를 나타낼 수 있지만 매우 큰 항의 값을 알기 위해서는 그 만큼 크기의 반복 계산을 수행해야 된다는 약점이 있다. 이러한 반복수행은 컴퓨터가 담당할 수 있으므로 현 시대에 알맞는 수열의 표현법이라 할 수 있다. 마지막으로 일반항이란, 알고자 하는 제n항의 n을 변수로 하는 함수 표현이므로, 반복 계산 없이 바로 답을 구할 수 있으므로 진보된 수열의 표현법이라 할 수 있다.

일반적으로 '주어진 수열을 푼다'는 것은 나열법이나 점화식으로 주어진 수열의 일반항을 구하는 것을 의미한다. 마치 임의의 미분방정식이 모두 풀리지는 않듯이 극소수의 수열의 일반항만이 알려져 있다. 심지어는 나열된 수열로 점화식조차 구할 수 없는 경우가 대부분인 현실이다. 점화식을 구하는 문제도 일종의 수열의 풀이에 해당하는데, 이것은 초고속 반복수행이 가능한 현대의 컴퓨터 때문이다.

초등산술로서 일반항이 알려진 수열들을 일부 소개하면 다음과 같다.

1. 등차수열 : 점화식 $a_{n+1} - a_n = d, \quad a_1 = a$ → 일반항 $a_n = a_1 + (n-1)d$
2. 등비수열 : 점화식 $\dfrac{a_{n+1}}{a_n} = r, \quad a_1 = a$ → 일반항 $\dfrac{a_n}{a_1} = r^{n-1}$
3. 계차수열 : 계차 $b_n = a_{n+1} - a_n$ → 일반항 $a_n = a_1 + \sum_{k=1}^{n-1} b_k$
4. $a_{n+2} + va_{n+1} + \omega a_n = 0$ 유형의 수열(참고문헌 [11])
5. $a_n = c_1 a_{n-1} + c_2 a_{n-2} + \cdots + c_s a_{n-s} \quad (n \geq s)$ 동차선형점화수열(참고문헌 [11])
6. 고유방정식을 이용한 선형점화수열

위의 수열의 풀이 중, 동차선형점화수열의 풀이의 예로서 널리 알려진 수열인 피보나치 수열[8]의

7) 이 책에서는 수열은 최소 원소가 있는 정수의 부분집합에서 정의된 함수를 총칭하기로 하고, 필요에 따라 수열의 첫째 항을 a_0 또는 a_{-1}과 같이 표시하기로 한다.

풀이법을 예시해 보려고 한다.

[예 시]

피보나치 수열을 점화식으로 나타내면 다음과 같다.

$a_{n+2} = a_{n+1} + a_n, \quad a_0 = 0, \; a_1 = 1$

이 식이 $a_{n+2} - \alpha a_{n+1} = \beta(a_{n+1} - \alpha a_n)$와 같다고 가정하면 $\alpha + \beta = 1$이고 $\alpha\beta = -1$가 되고 이를 풀면 $\alpha = \dfrac{1-\sqrt{5}}{2}, \quad \beta = \dfrac{1+\sqrt{5}}{2}$임을 알 수 있다. 한편 $n = 0, 1, \cdots$에 대하여 $a_{n+1} - \alpha a_n = (a_1 - \alpha a_0)\beta^n = \beta^n$이므로 $\dfrac{a_{n+1}}{\alpha^{n+1}} - \dfrac{a_n}{\alpha^n} = \dfrac{1}{\alpha}\left(\dfrac{\beta}{\alpha}\right)^n$ 성립하고 따라서, 다음이 성립한다.

$$\frac{a_n}{\alpha^n} = \frac{\dfrac{1}{\alpha}\left(1 - \left(\dfrac{\beta}{\alpha}\right)^n\right)}{1 - \dfrac{\beta}{\alpha}}$$

위에서 구한 α, β를 대입하여 간단히 하면 다음과 같이 일반항 a_n을 얻을 수 있다.

$$a_n = \frac{1}{\alpha - \beta}(\alpha^n - \beta^n) = \frac{1}{\sqrt{5}}\left\{\left(\frac{1+\sqrt{5}}{2}\right)^n - \left(\frac{1-\sqrt{5}}{2}\right)^n\right\} \quad \square$$

피보나치 수열은 조합수학의 각 분야와 밀접한 관련이 있어서 활발한 연구가 현재까지도 진행되고 있다. 피보나치 수열의 여러 가지 성질과 응용은 연습문제로 미루기로 하겠다.

다음으로, 자명하지 않은 선형점화수열의 일반적인 풀이법으로 잘 알려진 고유방정식에 의한 방법을 간단히 소개한다.

주어진 상수 $c_1, c_2, \cdots, c_s$(단, $c_s \neq 0$)에 관하여 다음과 같이 정의된 동차 선형 점화식을 만족시키는 수열을 '동차 선형 점화 수열'이라 한다.

$$a_n = c_1 a_{n-1} + c_2 a_{n-2} + \cdots + c_s a_{n-s} \quad (n \geq s)$$

위와 같이 동차 선형 점화식이 주어졌을 때, 다음과 같은 s차 방정식을 점화식 (1)의 고유 방정식(characteristic equation)이라 한다.

$$x^s - c_1 x^{s-1} - c_2 x^{s-2} - \cdots - c_s = 0$$

이와 같은 동차 선형 점화식의 고유 방정식을 이용한 일반적인 해법은 다음 정리에 따른다.

---

8) 피사 출신의 수학자 피보나치(Fibonacci, 1180~1228)의 저술 'Liber Abaci'에서 '토끼문제'에서 유래됨

정리 2-6-1 동차 선형 점화식 $a_n = c_1 a_{n-1} + c_2 a_{n-2} + \cdots + c_s a_{n-s}$의 고유 방정식의 근을 $\{\alpha_1, \alpha_2, \cdots, \alpha_s\}$라 하자. 이때, 임의의 상수 $\lambda_1, \lambda_2, \cdots, \lambda_s$에 관하여 다음은 위의 동차 선형 점화식을 만족시키는 동차 선형 점화 수열의 일반항이 된다.

$$a_n = \lambda_1 \alpha_1^n + \lambda_2 \alpha_2^n + \cdots + \lambda_s \alpha_s^n$$

[예 시]

위의 정리를 이용하여 $a_n = 5a_{n-1} - 6a_{n-2}$, $a_0 = 1$, $a_1 = 1$을 풀어보자. 이 점화식의 고유 방정식은 $x^2 - 5x + 6 = 0$이므로, 근 2와 3은 서로 다르다. 그러므로 정리 2-6-1 에 의하여, 동차 선형 점화식을 만족시키는 동차 선형 점화 수열은 임의의 상수 λ_1과 λ_2에 대하여 $a_n = \lambda_1 2^n + \lambda_2 3^n$ 형태다. 하지만 이 일반항은 주어진 수열의 초기 값 $a_0 = 1$, $a_1 = 1$을 만족해야 하므로 $1 = a_0 = \lambda_1 2^0 + \lambda_2 3^0 = \lambda_1 + \lambda_2$, $a_1 = \lambda_1 2^1 + \lambda_2 3^1$이 성립한다. 따라서 다음을 얻는다.

$$\begin{cases} 1 = \lambda_1 + \lambda_2 \\ 1 = 2\lambda_1 + 3\lambda_2 \end{cases}, \quad \begin{cases} \lambda_1 = 2 \\ \lambda_2 = -1 \end{cases}$$

그러므로 구하는 수열의 일반항은 $a_n = 2^{n+1} - 3^n$이다. □

[예 시]

피보나치수열을 위의 고유방정식 풀이법을 적용해 일반항을 구해보기로 하자. 이미 예시되었던 풀이법과 그 절차의 복잡도를 비교하면 고유방정식 풀이법의 수월성을 엿볼 수 있다. 피보나치 수열의 점화식 $f_n = f_{n-1} + f_{n-2}$, $f_0 = 1$, $f_1 = 1$ 은 동차 선형 점화식이므로 정리 2-6-1을 적용하자.(관례적으로 피보나치수열은 $f_0 = 0$, $f_1 = 1$로 정의되는데 이 예시의 경우 $f_0 = 1$, $f_1 = 1$로 주어졌다는 점을 유의하자.)

이 수열의 고유 방정식은 $x^2 - x - 1 = 0$이므로 다음과 같은 서로 다른 두 근을 갖는다.

$$\alpha_1 = \frac{1-\sqrt{5}}{2}, \quad \alpha_2 = \frac{1+\sqrt{5}}{2}$$

그러므로 동차 선형 점화식을 만족시키는 수열의 일반항은 다음 형태이다.

$$f_n = \lambda_1 \left(\frac{1-\sqrt{5}}{2}\right)^n + \lambda_2 \left(\frac{1+\sqrt{5}}{2}\right)^n$$

또한, f_n은 초기 조건 $f_0 = 1$, $f_1 = 1$을 만족시켜야 하므로 다음 두 값을 얻는다.

$$\begin{cases} 1=\lambda_1+\lambda_2 \\ 1=\lambda_1\left(\dfrac{1-\sqrt{5}}{2}\right)+\lambda_2\left(\dfrac{1+\sqrt{5}}{2}\right), \end{cases} \qquad \begin{cases} \lambda_1=\dfrac{-1}{\sqrt{5}}\left(\dfrac{1-\sqrt{5}}{2}\right) \\ \lambda_2=\dfrac{1}{\sqrt{5}}\left(\dfrac{1+\sqrt{5}}{2}\right) \end{cases}$$

따라서 다음과 같은 피보나치 수열의 일반항을 얻을 수 있다.

$$f_n=\frac{1}{\sqrt{5}}\left\{\left(\frac{1+\sqrt{5}}{2}\right)^{n+1}-\left(\frac{1-\sqrt{5}}{2}\right)^{n+1}\right\} \qquad \square$$

고유방정식이 중근을 갖게 되는 경우에서 정리 2-6-1과 유사한 다음과 같은 풀이법이 있다. 이에 대한 예시는 참고문헌 [26]을 참조하기 바란다.

정리 2-6-2 동차 선형 점화식 $a_n=c_1a_{n-1}+c_2a_{n-2}+\cdots+c_sa_{n-s}$의 고유 방정식의 한 근 α가 중복도 k인 중근이면,
$a_n=\lambda_1\alpha^n+\lambda_2 n\alpha^n+\cdots+\lambda_k n^{k-1}\alpha^n$은 위의 점화식을 만족시킨다.

| 증명 |

점화식 $a_n=c_1a_{n-1}+c_2a_{n-2}+\cdots+c_sa_{n-s}$의 고유 방정식의 한 근 α가 중복도 k인 중근이면, $a_n=\alpha^n$뿐만 아니라 $a_n=n\alpha^n$, $\cdots$, $a_n=n^{k-1}\alpha^n$도 각기 위의 점화식을 만족시키기 때문이다. $\square$

이제까지 일반적인 수열과 풀이에 대한 기초적인 사실을 간단히 살펴보았다. 이제 생성함수를 정의하고 그 대수적 배경을 알아본 후 주로 예시를 통하여 점화식의 풀이를 개관해 보도록 하자. 조합수학에 종종 등장하는 조합수(예를 들어, 카탈란 수 등)들은 수열로 주어지거나 추정되어 지는데 이러한 수열의 풀이에 가장 많이 쓰이는 방법이 바로 생성함수를 통한 풀이법이라 할 수 있다. 다음 정의로부터 시작하기로 한다.

각 항이 실수인 수열 $\{a_n\}$에 관하여 다음과 같이 정의된 멱급수 $G(x)$를 수열 $\{a_n\}$의 생성함수(generating function)라고 한다.

$$G(x)=\sum_{n=0}^{\infty}a_nx^n=a_0+a_1x+a_2x^2+a_3x^3+\cdots$$

이런 수열의 생성 함수는 미지수 x의 조건에 따라 무한급수가 아닌 다른 함수로 수렴하게 된다. 예를 들면, 가장 간단한 수열 $\{a_n\}=\{1,\ 1,\ \cdots\}$의 생성 함수는 다음과 같다.

$$G(x)=1+x+x^2+x^3+\cdots$$

이때, 생성함수는 $|x|<1$이면, 공비 x를 갖는 등비수열의 무한급수가 되어 다음 유리식에 수렴하

고 따라서 이 수열의 생성함수 $G(x)=1+x+x^2+x^3+\cdots$는 $|x|<1$ 이면 $H(x)=\dfrac{1}{1-x}$라고 할 수 있다. 여기서 수렴반경에 상관없이 멱급수 $G(x)$와 $H(x)$를 동일하게 취급하기로 한다. 이러한 멱급수를 형식적 멱급수(formal power series)라 하고 이 멱급수가 수렴할 수 있는 함수를, 즉 위의 예에서 $H(x)$, 형식적 멱급수의 닫힌 형식(closed form)이라 한다.

이 절에서는 자세한 대수적 정의는 가환환(commutative ring theory)이론을 참조하기로 하고 여기서는 적확한 정의나 증명을 생략하고 생성함수를 이용한 점화식의 풀이법에 맞춰서 그 개념을 알아가도록 한다.(6장 대수구조 편을 참조하기 바람)

실계수 형식적 멱급수의 집합을 다음과 같이 정의하고 두 연산 $+$와 $\times$를 아래와 같이 정의한다.

정의 2-6-3 실계수 형식적 멱급수의 집합 $\mathbb{R}[[x]]$를 다음과 같이 정의하자.

$$\mathbb{R}[[x]]=\left\{\sum_{k=0}^{\infty}a_kx^k : a_k\in\mathbb{R}\right\}$$

두 멱급수 $f(x)=\sum_{k=0}^{\infty}a_kx^k$, $g(x)=\sum_{k=0}^{\infty}b_kx^k\in\mathbb{R}[[x]]$의 덧셈과 곱셈을 다음과 같이 정의한다.

$$f(x)+g(x)=\sum_{k=0}^{\infty}(a_k+b_k)x^k$$

$$f(x)g(x)=\sum_{k=0}^{\infty}c_kx^k$$

여기서 $c_k=\sum_{i=0}^{k}a_ib_{k-i}=a_0b_k+a_1b_{k-1}+\cdots+a_kb_0$

$\mathbb{R}[[x]]$는 덧셈과 곱셈에 대하여 닫혀있고, 더욱이 $\mathbb{R}[[x]]$는 '환'(ring)이라는 대수구조를 이룬다. (덧셈과 곱셈에 대해 닫혀있고 결합법칙을 만족하며 덧셈에 대한 항등원 0이 존재하고 모든 형식적 멱급수의 역원이 존재하며, 두 연산에 대한 배분법칙이 성립한다.) 간단한 예를 들어 형식적 멱급수의 곱셈과 닫힌 형식으로서의 멱급수의 곱셈과 비교해 보기로 하자.

[예 시]

(1) $\{a_n\}=\{1,\ -1, 1,\ -1,\cdots\}$라 하자.

a_n의 생성 함수는 $G(x)=1-x+x^2-x^3+\cdots$이고, 닫힌 형식은 $G(x)=\dfrac{1}{1+x}$이다.

(2) $\{b_n\}=\{1,\ 2,\ 2^2,\ 2^3,\ \cdots\}$라고 하자.

b_n의 생성 함수는 $H(x)=1+2x+2^2x^2+2^3x^3+\cdots$, 닫힌 형식은 $H(x)=\dfrac{1}{1-2x}$.

(3) $G(x)H(x)$는 정의 2-6-3에 의해 다음과 같이 두 형식으로 나타낼 수 있다.

(i) $G(x)H(x) = (1-x+x^2-x^3+\cdots)(1+2x+2^2x^2+2^3x^3+\cdots)$
$= 1+x+3x^2+5x^3+\cdots$

(ii) $G(x)H(x) = \dfrac{1}{1+x}\dfrac{1}{1-2x} = \dfrac{1}{1-x-2x^2}$

(iii) $\{c_n\} = \{1,\ 1, 3, 5, \cdots\}$라 하면 c_n의 생성함수 $K(x) = 1+x+3x^2+5x^3+\cdots$

닫힌 형식은 (ii)에 의해 $K(x) = \dfrac{1}{1-x-2x^2}$이다.

실제로 $1 \div (1-x-2x^2)$을 수행하면 위의 $1+x+3x^2+5x^3+\cdots$를 얻게 된다.

(4) 유한수열 $\{d_n\} = \{1,\ -1\}$은 무한수열 $\{d_n\} = \{1,\ -1, 0,\ 0,\ 0,\ 0,\ \cdots\}$과 형식적 멱급수의 개념에서 같다. 따라서 $\{d_n\}$의 생성함수 $D(x) = 1-x$가 되고 여기에 $\{e_n\} = \{1,\ 1, 1,\ \cdots\}$의 생성함수 $E(x) = 1+x+x^2+\cdots = \dfrac{1}{1-x}$를 곱하면 정의 2-6-3에 따라 곱한 결과와 생성함수의 닫힌 형식의 곱셈 $D(x)E(x) = 1$ 임을 알 수 있다. 실제로 $\mathbb{R}[[x]]$에서 1은 곱셈에 대한 항등원이므로 $E(x)$의 곱셈에 대한 역원 $E(x)^{-1} = D(x)$ 임을 의미한다. 즉 $E(x)$와 $D(x)$은 $\mathbb{R}[[x]]$에서 곱셈에 대한 역원을 갖는다.

위의 예시에서 보는 바와 같이 $\mathbb{R}[[x]]$의 원소인 형식적 멱급수는 때로는 곱셈에 대한 역원을 갖는다. 반대로 $F(x) = x \in \mathbb{R}[[x]]$는 역원을 갖지 못하고 있음을 쉽게 알 수 있다. 과연 어느 조건에 있는 멱급수가 곱셈에 대한 역원을 가질까? 다음 정리는 이 물음에 답하고 있다.

정리 2-6-4 실계수의 형식적 멱급수 $G(x) = \sum_{k=0}^{\infty} a_k x^k$에 대하여 $G(x)H(x) = 1$인 $H(x) = \sum_{k=0}^{\infty} b_k x^k$가 존재하기 위한 필요충분조건은 $a_0 \neq 0$인 것이다.

| 증명 |

두 형식적 멱급수 $G(x) = \sum_{k=0}^{\infty} a_k x^k$과 $H(x) = \sum_{k=0}^{\infty} b_k x^k$에 대하여 $G(x)H(x) = \sum_{k=0}^{\infty} c_k x^k$으로 정의되며, 여기서 $c_k = \sum_{i+j=k} a_i b_j = a_0 b_k + a_1 b_{k-1} + \cdots + a_k b_0$이다.

멱급수 $1 = 1 + 0x + 0x^2 + \cdots$이므로 주어진 형식적 멱급수 $G(x) = \sum_{k=0}^{\infty} a_k x^k$에 관하여 다음 필요충분조건이 성립한다.

$G(x)H(x) = 1 \Leftrightarrow a_0 b_0 = 1,\ c_k = a_0 b_k + a_1 b_{k-1} + \cdots + a_k b_0 = 0\ \ (k \geq 1)$

그런데 $a_0b_0=1\neq 0$이므로 $a_0\neq 0$, $b_0=1/a_0$이고, 이를 이용하면, 다음 연립방정식을 만족시키는 근 b_0, b_1, b_2, $\cdots$, b_k, $\cdots$를 차례로 구할 수 있다.

$$\begin{cases} a_0b_1+a_1b_0=0 \\ a_0b_2+a_1b_1+a_2b_0=0 \\ \vdots \\ a_0b_k+a_1b_{k-1}+\cdots+a_kb_0=0 \\ \vdots \end{cases}$$

따라서 $a_0\neq 0$이면, $H(x)=\sum_{k=0}^{\infty}b_kx^k$가 존재하고, 그 역도 성립한다. □

위의 정리에 의해서, 형식적 멱급수 $G(x)$의 첫째 항이 0이 아닌 경우, $G(x)H(x)=1$를 만족시키는 형식적 멱급수 $H(x)$가 존재하며, 이는 $G(x)$의 곱셈에 관한 역원의 의미를 가지므로 $H(x)=G^{-1}(x)=\dfrac{1}{G(x)}$로 나타낸다.

다음은 유용한 멱급수의 닫힌 형식을 나열한 것이다. 정의와 다항식 연산법을 따르면 당연하므로 증명은 몇 몇을 연습문제로 남긴다.

정리 2-6-5 (수열의 생성함수와 닫힌 형식)

(1) $\dfrac{1}{1-x}=1+x+x^2+x^3+x^4+\cdots=\sum_{n=0}^{\infty}x^n$

(2) $\dfrac{1}{1-ax}=1+ax+a^2x^2+a^3x^3+\cdots=\sum_{n=0}^{\infty}a^nx^n$

(2) $\dfrac{1}{1-ax}=1+ax+a^2x^2+a^3x^3+\cdots=\sum_{n=0}^{\infty}a^nx^n$

(3) $\dfrac{1}{1+x}=1-x+x^2-x^3+x^4+\cdots=\sum_{n=0}^{\infty}(-1)x^n$

(4) $\dfrac{1}{1-x^s}=1+x^s+x^{2s}+x^{3s}+x^{4s}+\cdots=\sum_{n=0}^{\infty}x^{sn}$

(5) $\dfrac{1}{(1-x)^2}=1+2x+3x^2+4x^3+\cdots=\sum_{n=0}^{\infty}(n+1)x^n$

(6) $\dfrac{x}{(1-x)^2}=x+2x^2+3x^3+4x^4+\cdots=\sum_{n=0}^{\infty}nx^n$

(7) $\dfrac{1}{(1-ax)^2}=1+2ax+3a^2x^2+4a^3x^3+\cdots=\sum_{n=0}^{\infty}(n+1)a^nx^n$

(8) $\dfrac{ax}{(1-ax)^2}=ax+2a^2x^2+3a^3x^3+4a^4x^4+\cdots=\sum_{n=0}^{\infty}na^nx^n$

□ 생성 함수를 이용한 점화식의 풀이

형식적 멱급수로 표현된 생성 함수는 점화식의 일반항을 구하는데 유용하게 쓰인다. 우선 주로 선형점화식을 예시를 통해 풀어보고, 4.3절에서 카탈란 수를 생성함수를 통해 구해보기로 한다.

[예 시]

(1) $a_{n+1}=3a_n,\ a_0=2$ 을 생성함수를 이용하여 풀기로 한다.

수열 $\{a_n\}$의 생성 함수는 $G(x)=\sum_{n=0}^{\infty}a_nx^n$이다. $xG(x)$는 다음과 같다.

$$xG(x)=x\sum_{n=0}^{\infty}a_nx^n=\sum_{n=0}^{\infty}a_nx^{n+1}=\sum_{n=1}^{\infty}a_{n-1}x^n$$

$a_{n+1}-3a_n=0,\ a_0=2$임을 이용하여 다음과 같이 $G(x)-3xG(x)$를 구하자.

$$\begin{aligned}G(x)-3xG(x)&=\sum_{n=0}^{\infty}a_nx^n-3\sum_{n=1}^{\infty}a_{n-1}x^n\\&=a_0+\sum_{n=1}^{\infty}(a_n-3a_{n-1})x^n\\&=2\end{aligned}$$

이 식은 $G(x)(1-3x)=2$임을 뜻하고 따라서 $G(x)=\dfrac{2}{1-3x}$를 얻는다. 그러므로 다음을 알 수 있다.

$$G(x)=\frac{2}{1-3x}=2\left(\sum_{n=0}^{\infty}3^nx^n\right)=\sum_{n=0}^{\infty}2\cdot 3^nx^n$$

이때, $G(x)$는 a_n의 생성 함수이므로 $a_n=2\cdot 3^n$을 얻는다. □

a_n의 생성 함수는 $G(x)=1-x+x^2-x^3+\cdots$이고, 닫힌 형식은 $G(x)=\dfrac{1}{1+x}$이다.

(2) $a_n=4a_{n-1}+6^{n-1},\quad a_0=1,\quad a_1=5;$

수열 $\{a_n\}$의 생성 함수를 $G(x)=\sum_{n=0}^{\infty}a_nx^n$라고 하자. 우선 주어진 점화식 $a_n=4a_{n-1}+6^{n-1}$으로부터 양변에 x^n을 곱하면 $a_nx^n=4a_{n-1}x^n+6^{n-1}x^n$을 얻고, 이것을 이용하여 다음 등식을 유도해 낸다.

$$G(x)-a_0=\sum_{n=1}^{\infty}a_nx^n=\sum_{n=1}^{\infty}(4a_{n-1}x^n+6^{n-1}x^n)$$

$$= 4x\sum_{n=1}^{\infty} a_{n-1}x^{n-1} + x\sum_{n=1}^{\infty} 6^{n-1}x^{n-1}$$

$$= 4x\sum_{n=0}^{\infty} a_n x^n + x\sum_{n=0}^{\infty} 6^n x^n = 4xG(x) + \frac{x}{1-6x}$$

위의 등식 $G(x) - 1 = 4xG(x) + \dfrac{x}{1-6x}$을 정리하면 $G(x) = \dfrac{1-5x}{(1-4x)(1-6x)}$을 얻는다. 마지막으로 $G(x)$를 부분분수로 나타내면 다음을 멱급수를 얻는다.

$$G(x) = \frac{1}{2}\left(\frac{1}{1-4x} + \frac{1}{1-6x}\right) = \frac{1}{2}\left(\sum_{n=0}^{\infty} 4^n x^n + \sum_{n=0}^{\infty} 6^n x^n\right) = \sum_{n=0}^{\infty} \frac{1}{2}(4^n + 6^n)x^n$$

이 식으로부터 $a_n = \dfrac{1}{2}(4^n + 6^n)$를 결과로 얻는다. □

수열 $\{a_n\}$이 적당한 $c_0, c_1, \cdots, c_{n-1}$에 대하여 정의된 점화식

$$a_{k+n} = c_0 a_n + c_1 a_{n+1} + \cdots + c_{n-1} a_{k+n-1} \quad (k = 0, 1, 2, \cdots)$$

에 대해 $f(x) = -c_0 - c_1 x - \cdots - c_{n-1}x^{n-1} + x^n$로 정의된 다항식 $f(x)$를 수열 $\{a_n\}$의 고유다항식(characteristic polynomial)이라 한다. 이 고유다항식 $f(x)$로부터 다음과 같이 정의된 함수 $f^*(x)$을 $f(x)$의 상반다항식(reciprocal polynomial)이라 한다.

$$f^*(x) = 1 - c_{n-1}x - \cdots - c_1 x^{n-1} - c_o x^n$$

이러한 고유다항식과 그 상반다항식의 관점에서 생성함수를 적용하는 선형동차수열 $\{a_n\}$의 점화식 풀이는 다음 예시와 같이 매우 유용하게 쓰일 수 있다.

[예 시]

$a_{n+2} = 5a_{n+1} - 6a_n$, $a_0 = 1$, $a_1 = -2$의 일반항을 상반다항식을 이용하여 구하도록 하자. 먼

$$\begin{array}{rrcccccccc}
 & G(x) & = & a_0 & + & a_1x & + & a_2x^2 & + & a_3x^3 & + & \cdots \\
 & -5G(x) & = & & - & 5a_0x & - & 5a_1x^2 & - & 5a_2^3 & - & \cdots \\
+\,) & 6x^2G(x) & = & & & & & 6a_0x^2 & + & 6a_1x^3 & + & \cdots \\
\hline
\end{array}$$

$$(6x^2 - 5x + 1)G(x) = a_0 + (a_1 - 5a_0)x + \sum_{n=0}^{\infty}(a_{n+2} - 5a_{n+1} + 6a_n)x^{n+2}$$

저, 수열 $\{a_n\}$의 생성 함수를 $G(x) = \sum_{n=0}^{\infty} a_n x^n$라고 하면 다음이 성립한다.

여기서 $f(x)=x^2-5x+6$은 수열 $\{a_n\}$의 고유다항식이며 $f^*(x)=6x^2-5x+1$은 $f(x)$의 상반다항식이다. 이때 주어진 조건에 의하여 $a_0+(a_1-5a_0)x=1-7x$이고 임의의 k에 대하여 $a_{n+2}-5a_{n+1}-6a_n=0$ 이므로 다음이 성립한다.

$$(6x^2-5x+1)G(x)=(1-7x)$$

즉,

$$G(x)=\frac{1-7x}{6x^2-5x+1}=\frac{1-7x}{(3x-1)(2x-1)}=\frac{5}{1-2x}+\frac{(-4)}{1-3x}$$

이다. 그런데 정리 2-6-5에 의하여

$$\frac{5}{1-2x}=\sum_{n=0}^{\infty}5\cdot 2^n x^n, \qquad \frac{(-4)}{1-3x}=\sum_{n=0}^{\infty}(-4)\cdot 3^n x^n$$

이므로

$$G(x)=\frac{5}{1-2x}+\frac{(-4)}{1-3x}=\sum_{n=0}^{\infty}5\cdot 2^n x^n-4\cdot 3^n x^n=\sum_{n=0}^{\infty}(5\cdot 2^n-4\cdot 3^n)x^n$$

이 성립함을 알 수 있다. 따라서 $a_n=5\cdot 2^n-4\cdot 3^n$을 얻는다.

이제까지 우리는 생성함수를 통하여 선형점화식의 풀이를 주로 다루었다. 반면에 여러 비선형 함수도 생성함수를 이용하여 풀이할 수도 있겠으나 여기에서는 비선형 수열로서 카탈란 수열을 소개하고 자세한 정의와 증명 그리고 동치명제에 관해서는 이 후 4.3절에서 다루기로 한다.

다음 점화식으로 정의된 수열 $\{C_n\}$은 카탈란 수열(Catalan sequence)이라 부른다.

$$C_n=\sum_{k=0}^{n-1}C_k\cdot C_{n-k-1}, \qquad C_0=C_1=1$$

이 카탈란 수열은 앞서 소개한 피보나치 수열과 함께 자연과 사회현상을 잘 나타낼 수 있는 인류문화사와 함께 해온 수열로 알려져 있다. 이 책의 정리 4-3-2에 의하여 위와 같이 비선형점화식으로 정의된 카탈란 수열을 생성함수의 풀이법을 통하여 다음과 같은 일반항을 도출하고 있다.

$$C_n=\frac{1}{n+1}\binom{2n}{n}$$

책에 따라서는 위의 정의와 같이 점화식으로 카탈란 수열을 정의하지 않고 위의 그 일반항을 카탈란 수열로 막바로 정의하기도 한다. 이에 대한 자세한 풀이와 응용은 4.3절을 위해 남겨두기로 한다.

연 습 문 제 2.6

1. 다음 수열의 일반항을 구하라.
   (1) $a_{n+1} - a_n = 3,\ a_1 = 2$
   (2) $a_{n+2} - 2a_n + a_{n-1} = 0,\ a_1 = 2,\ a_2 = 3$
   (3) $a_{n+2} - 5a_{n+1} + 6a_n = 0,\ a_1 = 1,\ a_2 = 4$

2. $F_0 = 0, F_1 = 1$의 초기값을 가진 피보나치(Fibonacci) 수열 $\{F_n\}$은 다음 성질을 만족시킴을 보여라.
   (1) $\sum_{i=1}^{n} F_{2i} = F_2 + F_4 + \cdots + F_{2n} = F_{2n+1} - 1$
   (2) $\sum_{i=1}^{2n-1} F_i F_{i+1} = F_1F_2 + F_2F_3 + \cdots + F_{2n-1}F_{2n} = F_{2n}^2$
   (3) $F_{n+2}F_{n-1} - F_nF_{n+1} = (-1)^n$
   (5) $(F_n,\ F_m) = F_{(n,\ m)}$. 여기서 $(m,\ n)$은 주어진 두 자연수의 최대공약수를 뜻한다.

3. 피보나치 수열 $\{F_n\}$에 대하여 다음이 성립함을 보여라.
   (1) $F_{2n} = \sum_{k=1}^{n} \binom{n}{k} F_k$
   여기서 $\binom{n}{k}$는 n개의 원소 중에서 k개를 순서 없이 선택하는 조합의 수를 뜻한다.
   (2) $\begin{bmatrix} F_{n+1} & F_n \\ F_n & F_{n-1} \end{bmatrix} = \begin{bmatrix} 1 & 1 \\ 1 & 0 \end{bmatrix}^n$

4. F_n을 피보나치 수열의 제 n항이라고 할 때, 다음을 수학적 귀납법을 이용하여 증명하라.
$$F_n \le \left(\frac{5}{3}\right)^n$$

5. 고유 방정식을 이용하여 다음의 동차 선형 점화식으로 나타내어진 수열의 일반항을 구하라.
   (1) $a_{n+2} - 5a_{n+1} + 6a_n = 0,\quad a_1 = 1,\quad a_2 = 2$
   (2) $c_{n+2} = 3c_{n+2}c_{n+1},\quad c_0 = 0,\quad c_1 = 8$
   (3) $b_n = -6b_{n-1} - 9b_{n-2},\quad b_1 = \frac{5}{2},\quad b_2 = \frac{47}{10}$

6. 무한 수열 $a_n = k6^n$에 대하여, a_n이 다음 점화식을 만족시킨다.
$$a_n = 2a_{n-1} + 3a_{n-2} + 6^n$$
   이때, 이 점화식이 동차 선형 점화식이 되도록 k의 값을 정하라.

7. 다음 수열의 생성 함수를 형식적 멱급수로 나타내고, 이를 가능하면 간단한 형태로 정리하라.

(1) $1,\ 1,\ 1,\ 1,\ 1,\ \cdots$

(2) $1,\ 2,\ 3,\ 4,\ 5,\ 6,\ 7,\ \cdots$

(3) $1,\ -1,\ 1,\ -1,\ 1,\ -1,\ \cdots$

8. 다음과 같이 주어진 생성 함수에 대응하는 수열을 구하라.

(1) $(x+5)^2$ (2) $\dfrac{1}{(1+x)^2}$

(3) $\dfrac{1}{1+8x}$ (4) $\dfrac{1}{1+x^2}$

(5) $(x-7)^4$ (6) $\ln(1-2x)$ (귀띔 : 형식적 적분 이용)

9. 생성 함수가 다음과 같이 주어진 수열의 10번째 항 a_{10}을 구하라.

(1) $(1+x^5+x^{10}+x^{15}+\ \cdots)^3$

(2) $\dfrac{x^3}{(1+4x)^2}x^3$ (4) $\left(\sum_{k=0}^{\infty}x^{2k+2}\right)\left(\sum_{k=0}^{\infty}x^{3k+3}\right)\left(\sum_{k=0}^{\infty}x^{4k+4}\right)$

10. 생성 함수 $G(x)=\dfrac{1-9x}{(1-8x)(1-10x)}$로 주어진 수열의 일반항을 구하라.

11. 생성 함수를 이용하여 다음 점화식의 일반항을 구하라.

(1) $a_{n+1}=-a_n+2a_{n+1},\quad a_0=3,\quad a_1=-2$

(2) $a_n=10a_{n-1},\quad a_0=3$

(3) $a_{n+3}=-2a_n+a_{n+1}+2a_{n+2},\quad a_0=6,\ a_1=18,\quad a_2=36$

3장.

거대수(Combinatorial Explosion)

자연수 n에 대하여 2^n, $n!$, n^n등과 같은 함수값은 별로 크지 않은 n의 값에 대해서도 엄청나게 큰 수가 되어버린다. 예를 들어 n이 100일 때 2^{100}, $100!$, 100^{100} 등의 수는 상상을 초월한 큰 수가 된다. 이와 같은 자연수함수의 값들을 거대수라고 부르며, 거대수를 만들어가는 함수의 값의 증가를 조합적 폭팔(Combinatorial explosion)이라 표현한다. 이 장에서는 이러한 조합적 폭팔에 대해 다룬다.

거대수와 우주

수학에 있어서 수는 무한대의 개념과 아울러 그 수의 크기에 관계 없이 자유롭게 다루어 지는 것이 사실이다. 예를 들어 10^{46}이라는 자연수는 그 정의에 따라 10을 46번 곱한 자연수에 불과하다. 하지만 실제로 우리가 살아가는 세상에서 10^{46}이란 지구상의 바닷속에 존재하는 모든 분자의 개수 만큼 큰 수가 된다.

몇 가지 알려진 거대수와 이와 같은 위수를 가진 대상의 예를 들면 다음과 같다.

수(numbers)	비트수(bits)	유추대상(Analogy)
1×10^6	20	백만원
3×10^7	25	일년동안의 초수(seconds)
8×10^7	26	남북한 인구(2023년 기준)
8×10^9	33	세계인구(2023년 기준)
4×10^{11}	39	우리은하에 있는 별의 개수
4×10^{19}	66	루빅큐브에서 만들어질 수 있는 모든 경우의 수
10^{46}	153	바닷물 속의 모든 분자 수
10^{80}	256	전 우주의 소립자의 개수

수학에서 10^{80}은 단지 제일 작은 80자리 십진수 일 뿐이지만 위의 표에서 보듯이 10^{80}은 인간의 상상력으로는 도달할 수 없는 크기를 가진 집합의 개수를 나타내고 있다.

3.1 $n!$의 점근범위에 관한 스털링(Stirling) 정리

함수의 점근함수(asymptotic function)란 정확한 값의 근삿값이 아닌 n이 무한이 증가할 때 함수가 유계가 되게 하는 근사함수를 뜻하고 있다. 예를 들어 n이 무한이 증가할 때 $1/n$은 0으로 수렴하므로 $n+1/n$의 점근함수는 n이라 할 수 있다. 정수론에서 유명한 '소수정리'에 의해, $\pi(n)$을 n보다 작거나 같은 소수의 개수라 할 때, $\pi(n)$의 점근함수는 $n/\ln n$라는 것이 알려져 있다. 이 절에서는 1730년 영국의 수학자 Stirling에 의해 발표된 $n!$의 점근 한계(asymtotic bound)에 관하여 자세히 알아보기로 한다.

먼저 스털링에 의해서 제시된 $n!$의 점근 한계(asymptotic bound)에 관한 정리는 다음과 같다. 자세한 증명은 3.2절에서 다루기로 한다.

정리 3-1-1 (Sterling 1730)

$$\sqrt{2\pi n}\left(\frac{n}{e}\right)^n < n! < \sqrt{2\pi n}\left(\frac{n}{e}\right)^n\sqrt{1+\frac{1}{2n}}$$

3.2 $n!$에 대한 스털링(Stirling) 정리의 증명

이 절에서는 아래와 같은 3-2-1로부터 3-2-6까지 순서에 따라 기술된 내용에 의하여 스털링의 정리인 정리 3-1-1을 증명하기로 한다.

정리 3-2-1 $S(n)=\displaystyle\int_0^{\pi/2}\sin^n t dt$로 정의하면, 수열 $S(n)$은 다음을 만족한다.

(1) $S(n)=\dfrac{n-1}{n}S(n-2)$.

(2) $S(2n+1) \le S(2n) \le S(2n-1)$.

| 증명 |

(1) 자연수 n에 대하여 함수 $\sin^n t$에 부분적분을 적용하면 다음과 같은 등식을 얻을 수 있다.

$$n\int\sin^n tdt = -\sin^{n-1}t\cos t+(n-1)\int\sin^{n-2}tdt$$

여기서 $S(n)=\displaystyle\int_0^{\pi/2}\sin^n tdt$이라 하고 위의 식에 대입하면 점화식 (1)을 만족한다.

(2) $0<t<\dfrac{\pi}{2}$인 실수 t에 대하여 $0<\sin t<1$이므로 다음이 성립한다.

$$\int_0^{\frac{\pi}{2}}\sin^{2n+1}tdt \le \int_0^{\frac{\pi}{2}}\sin^{2n}tdt \le \int_0^{\frac{\pi}{2}}\sin^{2n-1}tdt$$

마찬가지로 $S(n)=\displaystyle\int_0^{\pi/2}\sin^n tdt$을 부등식에 대입하면 $S(n)$에 관해 원하는 부등식을 얻는다.

다음은 홀수와 짝수의 계승(factorial)에 대한 공식이다.

정리 3-2-2 (1) $\Pi_{k=1}^{n}(2k)=2n(2(n-1))\cdots 2\cdot 1=2^n n!$

(2) $\Pi_{k=1}^{n}(2k-1)=\dfrac{(2n+1)!}{\Pi_{k=1}^{n}(2k)}=\dfrac{(2n+1)!}{2^n n!}$

$S(n)$에 대한 3-2-1(1)을 이용하여 부등식 3-2-1(2)의 각 항 $S(2n+1)$, $S(2n)$, $S(2n-1)$에 3-2-2(1)과 (2)를 대입하여 전개하면 부등식 3-2-1(2)는 다음과 같은 계승형태의 식으로 변환된다.

정리 3-2-3 $\dfrac{(2^n n!)^2}{(2n+1)!}\le\dfrac{\pi}{2}\dfrac{(2n)!}{(2^n n!)^2}\le\dfrac{(2^n n!)^2}{(2n)(2n)!}$

| 증명 |

$$\begin{aligned}S(2n)&=\frac{2n-1}{2n}S(2n-2)=\left(\frac{2n-1}{2n}\right)\left(\frac{2n-3}{2n-2}\right)S(2n-4)\\&=\left(\frac{2n-1}{2n}\right)\left(\frac{2n-3}{2n-2}\right)\left(\frac{2n-5}{2n-4}\right)\cdots\left(\frac{1}{2}\right)S(0)\\&=\frac{\prod_{k=1}^{n}(2k-1)}{\prod_{k=1}^{n}(2k)}\cdot\frac{\pi}{2}=\frac{\pi}{2}\frac{\dfrac{(2n-1)!(2n)}{2^{n-1}(n-1)!(2n)}}{2^n n!}=\frac{\pi}{2}\frac{(2n)!}{(2^n n!)^2}\end{aligned}$$

$$\begin{aligned}S(2n+1)&=\frac{2n}{2n+1}S(2n-1)=\left(\frac{2n}{2n+1}\right)\left(\frac{2n-2}{2n-1}\right)S(2n-3)\\&=\left(\frac{2n}{2n+1}\right)\left(\frac{2n-2}{2n-1}\right)\left(\frac{2n-4}{2n-3}\right)\cdots\left(\frac{2}{3}\right)S(1)\\&=\frac{\prod_{k=1}^{n}(2k)}{\prod_{k=1}^{n}(2k+1)}\cdot 1=\frac{2^n n!}{\dfrac{(2n+1)!}{2^n n!}}=\frac{(2^n n!)^2}{(2n+1)!}\end{aligned}$$

$$\begin{aligned}S(2n-1)&=\frac{(2^{n-1}(n-1)!)^2}{2(n-1)+1)!}=\frac{2^{n-1}(n-1)!)^2(2n)^2}{(2n-1)!(2n)^2}\\&=\frac{(2^n n!)^2}{(2n)(2n)!}\end{aligned}$$

이제 수열 c_n을 다음과 같이 정의하면 c_n은 0이 아닌 수로 수렴함을 알 수 있다.(수렴성에 대한 증명은 간단하지 않으므로 본 명제의 증명을 먼저 한 후 **보조정리 3-2-6**을 통하여 알아보기로 한다)

$$c_n=\frac{n!}{n^{n+\frac{1}{2}}e^{-n}}$$

위의 c_n의 수렴값을 c라 하고(즉, $\lim_{n\to\infty} c_n = c$) 부등식 3-2-3의 세 항에 $n!$ 대신에 $cn^{n+\frac{1}{2}}e^{-n}$을 대입하면 3-2-4와 같은 c에 대한 범위를 도출할 수 있다.

정리 3-2-4

$$\sqrt{2\pi} \le c \le \sqrt{2\pi\left(1+\frac{1}{2n}\right)}$$

| 증명 |

$$\frac{(2^n n!)}{(2n+1)!} \le \frac{\pi}{2}\frac{(2n)!}{(2^n n!)^2}$$

$$\Rightarrow \quad \frac{(2^n cn^{n+\frac{1}{2}}e^{-n})^2}{(2n+1)!} \le \frac{\pi}{2}\frac{c(2n)^{2n+\frac{1}{2}}e^{-2n}}{(2ncn^{n+\frac{1}{2}}e^{-n})^2}$$

$$\Rightarrow \quad \frac{cn^{\frac{1}{2}}}{(2n+1)2^{\frac{1}{2}}} \le \frac{\pi}{2}\frac{2^{\frac{1}{2}}}{cn^{\frac{1}{2}}}$$

$$\Rightarrow \quad c^2 \le \frac{\pi(2n+1)}{n}$$

$$\Rightarrow \quad c \le \sqrt{2\pi(1+\frac{1}{2n})}$$

한편

$$\frac{\pi}{2}\frac{(2n!)}{(2^n n!)^2} \le \frac{(2^n n!)^2}{(2n)(2n)!} \Rightarrow \frac{\pi}{2}\frac{c(2n)^{2n+\frac{1}{2}}e^{-2n}}{(2^n(cn^{n+\frac{1}{2}}e^{-n}))^2} \le \frac{(2n(cn^{n+\frac{1}{2}}e^{-n}))^2}{(2n)(c(2n)^{2n+\frac{1}{2}}e^{-2n})}$$

$$\Rightarrow \frac{\pi}{2}\frac{2^{\frac{1}{2}}}{cn^{\frac{1}{2}}} \le \frac{cn^{\frac{1}{2}}}{2^{\frac{1}{2}}(2n)}$$

$$\Rightarrow \sqrt{2\pi} \le c$$

결론으로 3-2-4는 직접적으로 다음과 같은 스털링(Stirling)의 결과를 의미한다.

$$\sqrt{2\pi n}\left(\frac{n}{e}\right)^n < n! < \sqrt{2\pi n}\left(\frac{n}{e}\right)^n\sqrt{1+\frac{1}{2n}}$$

이제, 뒤로 미루어 놓았던 c_n의 수렴성을 보이면 스털링의 결과에 대한 증명은 완결된다. 이 절의 마지막으로 제시되는 보조정리 3-2-6은 c_n이 0이 아닌 수로 수렴함을 증명하고 있다. 이에 앞서, 알아 두어야 할 미적분학의 기초적인 다음 보조정리를 살펴보자.

보조정리 3-2-5 폐구간 $[a,b]$에서 적분가능한 실변수 함수 f가 위로 볼록(convex up)하다고 하자. 이때 다음 부등식이 성립한다.

$$\int_a^b f(x)dx < f\left(\frac{a+b}{2}\right)(b-a).$$

| 증명 |

자명하다. 왜냐하면 위 부등식의 우변은, 기울기가 $f'(x)$이고 점 $\left(\frac{a+b}{2}, f\left(\frac{a+b}{2}\right)\right)$를 지나는 직선의 a부터 b까지의 하부면적을 뜻하기 때문이다. 다시 말해서 이는 빗변의 기울기를 $f'\left(\frac{a+b}{2}\right)$으로 갖고 $x=a, x=b$와 x축으로 둘러싸인 사다리꼴의 면적을 뜻한다. 이때, f는 위로 볼록(convex up) 하므로 각 x에서의 $f(x)$값은 사다리꼴의 빗변 직선의 함숫값을 넘어설 수 없다.

이제 보조정리 3-2-5를 이용하여 수열 c_n의 수렴성에 대하여 증명하기로 하자.

보조정리 3-2-6 수열 $c_n = \dfrac{n!}{n^{n+1/2}e^{-n}}$ 은 0이 아닌 수로 수렴한다.

| 증명 |

$d_n = \dfrac{1}{c_n}$이라 하고 d_n의 증가/감소성을 알기 위하여 $\ln d_{n+1} - \ln d_n$을 다음과 같이 계산한다.

$$\begin{aligned}
\ln d_{n+1} - \ln d_n &= \ln\frac{(n+1)^{(n+1)+\frac{1}{2}}e^{-(n+1)}}{(n+1)!} - \ln\frac{n^{n+\frac{1}{2}}e^{-n}}{n!} \\
&= \ln\frac{(n+1)^{(n+1)+\frac{1}{2}}e^{-(n+1)n!}}{n^{n+\frac{1}{2}}e^{-n}(n+1)!} \\
&= \ln\frac{(n+1)^{n+\frac{1}{2}}}{en^{n+\frac{1}{2}}} \\
&= \left(n+\frac{1}{2}\right)\ln\left(1+\frac{1}{n}\right)-1
\end{aligned}$$

이때, 실수 $x \in [1, \infty)$에 대하여 $f(x) = \left(x+\frac{1}{2}\right)\ln\left(1+\frac{1}{x}\right)-1$라 하면, $\frac{1}{x}$은 아래로 볼록

(convex down)이고 $\frac{1}{2}\left(\frac{1}{x}+\frac{1}{x+1}\right)$은 양변 $\frac{1}{x}$과 $\frac{1}{x+1}$과 높이가 1로 둘러싸인 사다리꼴의 넓이가 되므로, 보조정리 3-2-5의 증명과 같은 방법으로 다음이 성립함을 알 수 있다.

$$f'(x)=-\frac{2x+1}{2x^2+2x}+\ln\left(1+\frac{1}{x}\right)=-\frac{1}{2}\left(\frac{1}{x}+\frac{1}{x+1}\right)+\int_x^{x+1}\frac{1}{t}dt<0$$

따라서, $\ln d_{n+1}-\ln d_n$ 은 단조증가 수열임을 알 수 있다. 한편,

$$\begin{aligned}\lim_{x\to\infty}f(x)&=\lim_{x\to\infty}\left(x+\frac{1}{2}\right)\ln\left(1+\frac{1}{x}\right)-1\\&=\lim_{x\to\infty}\ln\left(1+\frac{1}{x}\right)^x+\frac{1}{2}\lim_{x\to\infty}\ln\left(1+\frac{1}{x}\right)-1=0\end{aligned}$$

이므로 $\lim_{x\to\infty}f(x)=0$ 임을 알 수 있고, 따라서 c_n은 감소함을 알 수 있다. 왜냐하면 $f(x)$는 감소하고 $\lim_{x\to\infty}f(x)=0$이므로 $f(n)=\ln d_{n+1}-\ln d_n>0$이며 이는 d_n가 증가함을 의미하기 때문이다. 더욱이 모든 자연수 n에 대하여 $c_n>0$이 되므로, 결과적으로 c_n은 수렴한다.

이제 $\lim_{n\to\infty}c_n\neq 0$ 임을 보이기 위해 d_n이 수렴함을 증명하도록 하자. 먼저 모든 자연수 k에 대하여 $\ln x$는 폐구간 $[k, k+1]$에서 위로 볼록 (convex up)하기 때문에 보조정리 3-2-5에 의하여 다음 식이 성립한다.

$$\int_1^n \ln x dx<\frac{1}{2}\ln\frac{3}{2}+\ln 2+\ln 3+\cdots+\ln(n-1)+\frac{1}{2}\ln n.$$

이 부등식은 양변을 간단히 정리하면

$$n\ln n-n+1<\ln(n-1)!+\frac{1}{2}\ln n+\frac{1}{2}\ln\frac{3}{2}$$

을 얻게 되며, 이 부등식의 양변을 적절히 이항하여 정리하면 다음을 얻을 수 있다.

$$\left(n+\frac{1}{2}\right)\ln n-\ln e^n<\ln n!+\frac{1}{2}\ln\frac{3}{2}-1.$$

그러므로 각 각의 자연수 n에 대하여 다음이 성립한다.

$$\ln d_n=\ln\left(\frac{n^{n+\frac{1}{2}}}{n!e^n}\right)<\frac{1}{2}\ln\frac{3}{2}-1$$

이것은 곧 $\ln d_n$이 위로 유계(bounded above)임을 뜻하고 따라서 d_n 또한 위로 유계이다. 즉 d_n은 증가하고 위로유계이므로 d_n은 수렴한다. 더욱이 $c_n=1/d_n$이며 모든 자연수 n에 대하여 $d_n>0$이므로, $\lim_{n\to\infty}c_n\neq 0$임을 알 수 있다.

3.3 조합론적 거대수(Combinatorial Explosion)

이 절에서는 정숫값 수열 중 그 증가 속도가 거대한, 즉 거대 수열 혹은 조합수학적 폭팔(Combinatorial explosion)이라는 범주에 드는 수열에 대하여 살펴보도록 한다. 이러한 수 혹은 수열들은 그 크기가 상상할 수 없을 정도로 크기 때문에 이러한 수들은 그들 상호 간의 크기를 상대적으로 비교함으로써 그 크기를 추정할 수 있고, 또한 n이 ∞로 증가할 때 해당 수열의 점근수열을 구하여 특성을 파악할 수 있다. 이 절에서는 2^n, $n!$, 2^{2^n}, $\ln n!$, n^n 등의 거대수를 대상으로 그 의미와 특성을 알아보기로 하자.

정리 3-3-1 X를 n개의 원소를 가진 집합이라고 할 때, 표에 제시된 각 각의 거대수는 다음과 같은 계수적(counting) 특성을 가진다.

	조합적 특성
2^n	X의 모든 부분집합의 개수
$n!$	X 위에서 정의될 수 있는 치환(1-1대응함수)의 개수
2^{2^n}	X의 부분집합을 원소로 하는 집합족(family)의 개수
n^n	X에서 X로의 모든 함수의 개수

위의 계수적 의미는 아래의 예와 같이 더욱 확장된 거대수를 설정할 수도 있다.

- $2^{2^{2^n}}$은, "X의 부분집합을 원소로 하는 집합족(family)을 원소로 하는 집합족의 부분집합을 원소로 하는 부분집합족의 개수" 이다.
- $(n!)!$은, "$S(X)$ 위에서 정의될 수 있는 치환의 개수"이다. 여기서 $S(X)$(혹은 Σ_X으로 표시)은 X 위에서 정의될 수 있는 치환의 전체집합을 뜻한다.
- n^{n^n}은, "$F(X,X)$에서 $F(X,X)$로의 정의되는 함수의 개수"이다. 여기서 $F(X,X)$는 X에서 X로의 함수 전체의 집합을 뜻한다.
- 2^{n^n}은, $F(X,X)$의 모든 부분집합의 개수"이다.

이제 이들 거대수열의 상대적 크기에 대해 살펴보기로 하자.

정리 3-3-2 $2^{n-1} \le n! \le n^{n-1}$

| 증명 |

첫 번째 부등식의 좌우변은 다음과 같은 이유에서 성립함을 알 수 있다.

$$2^{n-1} = \overbrace{2 \times 2 \times \cdots \times 2}^{n-1\text{개}} \times 1 \le n \times (n-1) \times \cdots \times 2 \times 1 = n!$$

비슷한 논리로 아래와 같이 두 번째 부등식은 성립한다.

$$n! = n \times (n-1) \times \cdots \times 2 \times 1 \le \overbrace{n \times n \times \cdots \times n}^{n-1\text{개}} \times 1 = n^{n-1} \qquad \square$$

정리 3-3-3 X를 n개의 원소를 갖는 집합이라고 하자. 이때 X의 부분집합을 원소로 하여 만들어지는 집합족의 개수는 2^{2^n}이다.

| 증명 |

서로 다른 X의 부분집합은 2^n개다. 따라서 X의 부분집합을 원소로 구성된 집합족은 2^n의 개개의 부분집합이 이 집합족의 원소인지 아닌지의 여부에 따라 결정됨을 알 수 있다. 즉 2^{2^n}개의 서로 다른 집합족이 존재함을 알 수 있다. $\square$

[예 시]

집합 $X = \{1,2\}$에 대하여 X의 부분집합을 원소로 하는 집합족은 정리 3-3-3에 따르면 다음과 같이 16가지가 존재한다.

X의 부분집합				X의 부분집합의 유무에 따라 생성된 집합족 목록
$\varnothing$	$\{1\}$	$\{2\}$	$\{1,2\}$	
1	1	1	1	$\{\varnothing, \{1\}, \{2\}, \{1,2\}\}$
1	1	1	0	$\{\varnothing, \{1\}, \{2\}\}$
1	1	0	1	$\{\varnothing, \{1\}, \{1,2\}\}$
1	1	0	0	$\{\varnothing, \{1\}\}$
1	0	1	1	$\{\varnothing, \{2\}, \{1,2\}\}$
1	0	1	0	$\{\varnothing, \{2\}\}$
1	0	0	1	$\{\varnothing, \{1,2\}\}$
1	0	0	0	$\{\varnothing\}$
0	1	1	1	$\{\{1\}, \{2\}, \{1,2\}\}$
0	1	1	0	$\{\{1\}, \{2\}\}$
0	1	0	1	$\{\{1\}, \{1,2\}\}$
0	1	0	0	$\{\{1\}\}$
0	0	1	1	$\{\{2\}, \{1,2\}\}$
0	0	1	0	$\{\{2\}\}$
0	0	0	1	$\{\{1,2\}\}$
0	0	0	0	$\{\ \}$

※ 여기서 '1'은 해당부분집합이 집합족의 원소로 존재함을 의미하고 '0'은 원소가 아님을 나타냄.

정리 3-3-4 $n \to \infty$ 이면 $\binom{n}{n/2} = \dfrac{n!}{\left(\frac{n}{2}\right)!\left(\frac{n}{2}\right)!} \to 2^n \dfrac{\sqrt{2}}{\sqrt{n\pi}}$

| 증명 |

정리3-1-1(스털링 1730)에 의하면 $n!$에 대한 다음 범위가 성립한다.

$$\sqrt{2\pi n}\left(\frac{n}{e}\right)^n < n! < \sqrt{2\pi n}\left(\frac{n}{e}\right)^n \sqrt{1+\frac{1}{2n}}$$

이 부등식에서 n대신에 $\frac{2}{n}$을 대입하면 다음을 얻는다.

$$\sqrt{n\pi}\left(\frac{n}{2e}\right)^n < \left(\frac{n}{2}\right)! < \sqrt{n\pi}\left(\frac{n}{2e}\right)^n \sqrt{1+\frac{1}{n}}$$

이 부등식의 세 항을 제곱하면 아래와 같다.

$$n\pi\left(\frac{n}{2e}\right)^n < \left(\frac{n}{2}\right)!\left(\frac{n}{2}\right)! < n\pi\left(\frac{n}{2e}\right)^n\left(1+\frac{1}{n}\right)$$

여기서 각 항에 $n!$을 곱하여 역수를 취하면 다음 부등식을 얻는다.

$$\frac{\sqrt{2n\pi}\left(\frac{n}{e}\right)^n}{\pi n\left(\frac{n}{2e}\right)^n\left(1+\frac{1}{n}\right)} < \frac{n!}{\left(\frac{n}{2}\right)!\left(\frac{n}{2}\right)!} < \frac{\sqrt{2n\pi}\left(\frac{n}{e}\right)^n\sqrt{1+\frac{1}{2n}}}{\pi n\left(\frac{n}{2e}\right)^n}$$

이식을 간단히 정리하면 최종적으로 다음을 얻는다.

$$\frac{2^n\sqrt{2}}{\sqrt{n\pi}\left(1+\frac{1}{n}\right)} < \frac{n!}{\left(\frac{n}{2}\right)!\left(\frac{n}{2}\right)!} < \frac{2^n\sqrt{2}\sqrt{1+\frac{1}{2n}}}{\sqrt{n\pi}}$$

$n \to \infty$일 때 $\dfrac{n!}{\left(\frac{n}{2}\right)!\left(\frac{n}{2}\right)!}$의 상계와 하계는 동시에 $2^n\dfrac{\sqrt{2}}{\sqrt{n\pi}}$에 수렴하므로 샌드위치정리에 의하여 정리가 성립함을 알 수 있다. □

연 습 문 제 3.3

1. $S(n)=\int_0^{\pi/2}\sin^n t dt$일 때, $\sin^n t$의 부분적분을 이용하여 다음 점화식이 성립함을 증명하라.

$$S(n)=\frac{n-1}{n}S(n-2)$$

2. 다음 등식이 성립함을 증명하라.
   (1) $\Pi_{k=1}^{n}(2k)=2n(2(n-1))\cdots 2\cdot 1=2^n n!$
   (2) $\Pi_{k=1}^{n}(2k-1)=\dfrac{(2n+1)!}{\Pi_{k=1}^{n}(2k)}=\dfrac{(2n+1)!}{2^n n!}$

3. 정리 3-2-6 증명과정에서 유도된 부등식

$$n\ln n-n+1<\ln(n-1)!+\frac{1}{2}\ln n+\frac{1}{2}\ln\frac{3}{2}$$

을 이용하여 다음 부등식이 성립함을 증명하라.

$$\left(n+\frac{1}{2}\right)\ln n-\ln e^n<\ln n!+\frac{1}{2}\ln\frac{3}{2}-1.$$

4. n개의 원소로 된 집합 X에 대해서 다음을 구하라.
   (1) X의 모든 부분집합의 개수
   (2) X 위에서 정의될 수 있는 치환(1-1대응함수)의 개수
   (3) X의 부분집합을 원소로 하는 집합족(family)의 개수
   (4) X에서 X로의 모든 함수의 개수

5. n개의 원소로 된 집합 X에 대해서 $F(X,X)$을 X에서 X로의 함수 전체의 집합라고 하고 $S(X)$은 X 위에서 정의되는 치환의 전체집합이라 할 때, 다음 대상의 개수를 세어라.
   (1) X의 부분집합을 원소로 하는 집합족(family)을 원소로 하는 집합족의 부분집합을 원소로 하는 부분집합족의 개수
   (2) $S(X)$ 위에서 정의될 수 있는 치환의 개수
   (3) $F(X,X)$에서 $F(X,X)$로의 정의되는 함수의 개수
   (4) $F(X,X)$의 모든 부분집합의 개수이다.

4장.

여러 가지 조합론의 계수들
(Various combinatorial numbers for counting)

조합수학의 가장 중요하고도 고전적인 문제는 계수(Counting)에 있다. 계수는 수학이 가지는 가장 자연스럽고도 기본적인 물음에 대한 답을 주는 것이고 이러한 의미에서 계수법을 다루는 조합수학을 계수조합수학(enumerative combinatorics) 혹은 고전조합수학(Classical Combinatorics)라 한다. 이 장에서는 계수조합수학에서도 가장 기본이 되는 특정한 조건의 집합이나 주어진 집합 위에서 정의되는 특정 함수의 계수에 대하여 다루기로 한다.

4.1 자연수의 분할수(partition number of integers)

자연수 n을 n보다 작거나 같은 자연수의 합으로 나타내는 경우의 수를 자연수의 분할수라고 한다. 예를 들어 3에 대하여 $3=1+1+1$, $3=1+2$, $3=3$ 등의 세 경우의 합으로 나타낼 수 있으므로 $p(3)=3$이 된다. 좀 더 정확한 수학적 정의는 다음과 같다.

정의 4-1-1 (i) 자연수 n의 분할이란 다음을 만족하는 중복집합 $\{\{a_i\}\}_{i=1}^{k}$으로 정의된다.

(여기서 각 a_i는 $a_1 \le a_2 \le \cdots \le a_k$을 만족하는 자연수이다.)

$$n=a_1+\cdots+a_k$$

(ii) n의 분할 수는 n의 서로 다른 분할의 총 개수를 의미하며, $p(n)$으로 표시한다.

(iii) $p(n,k)$를 k-부분으로 이루어진 n의 분할의 개수라 표시하고, $p(n,0)=0$으로 그 경곗값을 정의한다. 따라서 $p(n)$은 다음과 같이 나타낼 수 있다.

$$p(n)=\sum_{k=0}^{n} p(n,k)$$

[예 시]

$n=5$ 일 때 $p(5)$을 다음과 같이 구할 수 있다.

(i) 1-부분으로 된 5의 분할은, $5=5$ 뿐이므로 $p(5,1)=1$ 이다.

(ii) 2-부분으로 된 5의 분할은, $5=1+4$, $5=2+3$ 이므로 $p(5,2)=2$ 이다.

(iii) 3-부분으로 된 5의 분할은, $5=1+1+3$, $5=1+2+2$이므로 $p(5,3)=2$이다.

(iv) 4-부분으로 된 5의 분할은, $5=1+1+1+2$ 이므로 $p(5,4)=1$이다.

(v) 5-부분으로 된 5의 분할은, $5=1+1+1+1+1$ 이므로 $p(5,5)=1$이다.

(vi) 따라서, $p(5)=\sum_{k=0}^{5} p(5,k)=0+1+2+2+1+1=7$ 임을 알 수 있다.

다음 정리는 삼각형법칙으로 알려져 있는 자연수의 분할수에 대한 점화식을 설명하고 있다.

정리 4-1-2 2 이상의 자연수 n과 $1 \le k \le n$인 자연수 k에 대하여 다음이 성립한다.

(1) $p(n,\ k)=p(n-1,\ k-1)+p(n-k,\ k)$

(2) $p(n,\ k)=p(n-k,\ 1)+p(n-k,\ 2)+\ \cdots\ +p(n-k,\ k)$

| 증명 |

(1) $P_{n,k}$를 k-부분으로 이루어진 n의 분할들의 집합이라 하고 $P_{n,k}$의 부분집합 A와 B를 다음과 같이 정의하자.

A: 1을 포함한 k-부분으로 이루어진 n의 분할들의 집합,

B: 1을 포함하지 않은 k-부분으로 이루어진 n의 분할들의 집합

이때, A와 B는 $P_{n,k}$의 분할이므로 $P_{n,k}=A \cup B$ 이고 $A \cap B=\varnothing$이다.

따라서 합의 법칙에 따라 다음이 성립한다.

$$p(n,k)=|P_{n,k}|=|A|+|B|$$

이제 다음과 같이 A와 B의 크기를 각각 구하자.

(i) $|A|=|P_{n-1,k-1}|=p(n-1,k-1)$ 이다. 왜냐하면 다음의 필요충분조건이 성립하기 때문이다.

$$n=a_1+\ \cdots\ +a_k \in A \quad \Leftrightarrow\ n-1=a_2+\ \cdots\ +a_k \in P_{n-1,k-1}$$

(ii) $|B| \le |P_{n-k,k}|$이다. 왜냐하면, 다음이 성립하기 때문이다.

$$n=a_1+\ \cdots\ +a_k \in B \Rightarrow n-k=(a_1-1)+\ \cdots\ +(a_k-1) \in P_{n-k,k}$$

(iii) $|B| \ge |P_{n-k,k}|$이다. 왜냐하면 다음이 성립하기 때문이다.

$$n-k=b_1+\ \cdots\ +b_k \in P_{n-k,k} \Rightarrow n=(b_1+1)+\ \cdots\ +(b_k+1) \in B$$

(ii)와 (iii)의로부터 $|B|=|P_{n-k,k}|$이 성립하고, 최종적으로 다음 식이 성립한다.

$$p(n,k)=|P_{n,k}|=|P_{n-1,k-1}|+|P_{n-k,k}|=p(n-1,k-1)+p(n-k,k)$$

(2) (1)의 식에 n과 k를 1씩 감소시켜 적용하면 행을 따라 다음과 같은 일련의 등식을 얻는다.

$$\begin{array}{rcl} p(n,\ k) & = & p(n-1,\ k-1)+p(n-k,\ k) \\ p(n-1,\ k-1) & = & p(n-1,\ k-1) \\ & = & p(n-2,\ k-2)+p(n-k,\ k-1), \\ p(n-2,\ k-2) & = & p(n-3,\ k-3)+p(n-k,\ k-2) \\ & \vdots & \\ p(n-(k-1),\ k-(k-1)) & = & p(n-k,\ 0)+p(n-k,\ 1)=p(n-k,\ 1) \end{array}$$

이 등식들 좌변들끼리 우변들끼리 더하면, 이들을 각각 좌변과 우변으로 하는 등식을 얻게 되는데, 같은 항을 양변에서 모두 소거하여 간단하게 정리하면 다음의 원하는 결과를 얻게 된다.

$$p(n,\ k)=p(n-k,\ 1)+p(n-k,\ 2)+\ \cdots\ +p(n-k,\ k) \qquad \square$$

k-부분 $n-$분할수 $p(n,k)$에 대한 정리 4-1-2는 이들의 총합인 $n-$분할수 $p(n)$에서도 다음과 같이 확장시켜 말할 수 있다. 이에 필요한 새 용어를 정의하자. 위와 마찬가지로, 자연수 n에 대하여 P_n을 n-분할의 집합이라고 하고, $p(n)=|P_n|$, 즉 n-분할의 총개수라고 정의하고, $P_{n\ni 1}$을 1을 최소 부분으로 갖는 n-분할의 집합이라 하고 $p(n)_{\ni 1}=|P_{n\ni 1}|$이라고 정의 하자. 이때, 다음 정리가 성립한다.

정리 4-1-3 $p(n)=p(n+1)_{\ni 1}$

|증명|

$n=x_1+\cdots+x_s\in P_n$이라 하면 $n+1=1+x_1+\cdots+x_s\in P_{n+1\in 1}$ 이 성립하므로 다음을 알 수 있다.

$$|P_n|\ \le\ |P_{n+1\ni 1}|$$

역으로 $n+1=y_1+\cdots+y_s\in P_{n+1\in 1}$이라 가정하면 이 분할의 1을 최소 부분으로 갖고있기 때문에 $n=y_2+\cdots+y_s\in P_n$ 이 성립함을 알 수 있다. 즉,

$$|P_n|\ \ge\ |P_{n+1\ni 1}|.$$

따라서 $p(n)=p(n+1)_{\ni 1}$가 성립한다. □

[예 시]

위의 $n=5$ 일 때 $p(5)=7$임을 알 수 있었다. 여기에서는 작은 n에 대한 $p(n)$의 값을 정리 4-1-2에 적용시켜서 그보다 높은 n에 대한 $p(n)$값을 구해보자. 먼저 $n\le 4$인 n에 대서 $p(n)$을 구하도록 하자.

$n=1$인 경우: 유일한 분할이 $1=1$이므로 $p(1)=1$이다.

$n=2$인 경우: $P_2=\{1+1,\ 2\}$이므로 $p(2)=2$이다.

$n=3$인 경우: $P_3=\{1+1+1, 1+2,\ 3\}$이므로 $p(3)=3$이다.

$n=4$인 경우: $P_4=\{1+1+1+1, 1+1+2, 1+3, 2+2,\ 4\}$이므로 $p(4)=5$이다.

$n=5$인 경우: 앞 선 예시에 의해 $p(5,1)=1$, $p(5,2)=2$, $p(5,3)=2$, $p(5,4)=1$, $p(5,5)=1$이므로 $p(5)=7$이다.

여기까지 구한 k-부분 7-분할수를 정리하여 다음과 같이 $n \le 5$에 대한 표를 작성하면 다음과 같다.

n\k	1	2	3	4	5	p(n)
1	1	0	0	0	0	1
2	1	1	0	0	0	2
3	1	1	1	0	0	3
4	1	2	1	1	0	5
5	1	2	2	1	1	7

표 119 $n=5$까지의 k-부분 n-분할수

$n=6$인 경우: 위의 n=5까지의 $p(n,k)$와 $p(n)$ 값에 정리 4-1-2를 적용하여 $k=1, \cdots, 6$에 대하여 $p(6,k)$를 다음과 같이 구하도록 하자,

먼저 $p(6,1)=1$, $p(6,5)=1=p(6,6)$ 임은 당연하다. 다음으로 정리 4-1-2 (1)과 위의 표를 이용하여 다음을 얻을 수 있다.

$p(6,2)=p(6-1,\ 2-1)+p(6-2,\ 2)=p(5,1)+p(4,2)=1+2=3$

$p(6,3)=p(6-1,\ 3-1)+p(6-3,\ 3)=p(5,2)+p(3,3)=2+1=3$

$p(6,4)=p(6-1,\ 4-1)+p(6-4,\ 4)=p(5,3)+p(2,3)=2+0=2$

$n=7$인 경우: 위와 마찬가지로 정리 4-1-2 (1)에 의해서 각 k-부분 7-분할수를 구할 수 있지만 여기에서는 정리 4-1-2 (2)을 적용하여 그 값을 구하자. 즉, $p(n,\ k)=p(n-k,\ 1)+p(n-k,\ 2)+\ \cdots\ +p(n-k,\ k)$을 적용 한다.

$p(7,2)=p(5,1)+p(5,\ 2)=1+2=3$

$p(7,3)=p(4,1)+p(4,\ 2)+p(4,3)=1+2+1=4$

$p(7,4)=p(3,1)+p(3,\ 2)+p(3,3)=1+1+1=3$

$p(7,5)=p(2,1)+p(2,\ 2)=1+1=2$

$p(7,6)=p(1,1)=1$

위의 $n=6,7$일 때의 구한 분할수들을 첨부하여 표 119는 확장될 수 있을 것이다. 같은 방법으로 분할수에 대한 표를 지면이 허락하는 만큼 확장하면 다음의 표 120과 같다. 표 121은 이보다 좀 더 큰 수 n에 대한 $n-$분할수만을 제시한 것이다.

n\k	1	2	3	4	5	6	7	8	9	10	11	12	13	14	15	16	17	18	19	p(n)
1	1	0	0	0	0	0	0	0	0	0	0	0	0	0	0	0	0	0	0	1
2	1	1	0	0	0	0	0	0	0	0	0	0	0	0	0	0	0	0	0	2
3	1	1	1	0	0	0	0	0	0	0	0	0	0	0	0	0	0	0	0	3
4	1	2	1	1	0	0	0	0	0	0	0	0	0	0	0	0	0	0	0	5
5	1	2	2	1	1	0	0	0	0	0	0	0	0	0	0	0	0	0	0	7
6	1	3	3	2	1	1	0	0	0	0	0	0	0	0	0	0	0	0	0	11
7	1	3	4	3	2	1	1	0	0	0	0	0	0	0	0	0	0	0	0	15
8	1	4	5	5	3	2	1	1	0	0	0	0	0	0	0	0	0	0	0	22
9	1	4	7	6	5	3	2	1	1	0	0	0	0	0	0	0	0	0	0	30
10	1	5	8	9	7	5	3	2	1	1	0	0	0	0	0	0	0	0	0	42
11	1	5	10	11	10	7	5	3	2	1	1	0	0	0	0	0	0	0	0	56
12	1	6	12	15	13	11	7	5	3	2	1	1	0	0	0	0	0	0	0	77
13	1	6	14	18	18	14	11	7	5	3	2	1	1	0	0	0	0	0	0	101
14	1	7	16	23	23	20	15	11	7	5	3	2	1	1	0	0	0	0	0	135
15	1	7	19	27	30	26	21	15	11	7	5	3	2	1	1	0	0	0	0	176
16	1	8	21	34	37	35	28	22	15	11	7	5	3	2	1	1	0	0	0	231
17	1	8	24	39	47	44	38	29	22	15	11	7	5	3	2	1	1	0	0	297
18	1	9	27	47	57	58	49	40	30	22	15	11	7	5	3	2	1	1	0	385
19	1	9	30	54	70	71	65	52	41	30	22	15	11	7	5	3	2	1	1	490

표 120 $n \leq 19$까지의 k-부분 n-분할수 $p(n,k)$와 n-분할수 $p(n)$

n	20	21	22	23	24	25	26	27
p(n)	490	627	792	1002	1255	1575	1958	2436
n	28	29	30	31	32	33	34	35
p(n)	3010	3718	4565	5604	6842	8349	10143	12310

표 121 $20 \leq n \leq 35$ 에서의 n-분할수 $p(n)$

4.2 스털링 수(Stirling numbers)

2장에서 포함/배제의 원리를 적용한 전사함수(onto function)의 계수문제를 다루면서 제 2 스털링 수를 자세히 소개한 바 있다.(2.5절 참고) 이 절에서는 다시 한 번 제 2 스털링 수에 대하여 여러 가지 관점에서 정의하고 그 성질에 대해 자세히 알아보기로 한다. 먼저 제 2 스털링 수의 정확한 정의하면 다음과 같다.

정의 4-2-1 n-집합 A가 공집합이 아닌 k개의 부분집합 A_1, $\cdots$, A_k로 분할되었을 때, 이를 n-집합 A의 k-분할이라 한다. $S(n,k)$란 A에서의 k-분할의 개수로 정의한다. 여기서 , $S(n, 0)=0$, $S(0,0)=1$로 정의한다. 이때 $S(n,k)$를 제 2 스털링 수(Stirling number of the second kind)라 한다.

조합수학에서는 여러 가지 대상에 대해 계수(counting)를 진행할 때, 종종 공을 바구니에 담는 상황으로 모델링하여 생각하게 되는데, 이를 점유와 분배의 문제라 부른다.(여기에 관해서는 4.5절에서 상세히 다루기로 한다) 2.5절에서 이미 제시되었던 제 2 스털링 수의 공과 바구니의 분배 문제를 통한 정의는 다음과 같다.

정의 4-2-2 두 자연수 n과 k에 대하여 서로 구별되는 n개의 물건을 순서 없는 k개의 바구니에 넣는 경우를 생각하자. 이때, 빈 바구니가 생기지 않도록 분배하는 방법의 수를 $S(n,\ k)$로 나타내고, 이 수 $S(n,\ k)$을 제 2 스털링 수(Stirling number of the second kind)라고 하자.

서로 구별되는 n개의 물건을 구별이 불가능한 0개의 바구니에 넣는 경우는 실제로 넣을 바구니가 존재하지 않는 경우이므로 분배는 불가능하다. 따라서 $S(n,\ 0)=0$으로 정하는 것이 타당할 것이다.

정의 4-2-2는 다음과 같은 이유에서 정의 4-2-1과 동치이다. n개의 공을 n-집합 A로 생각하고 k개의 바구니를 k개의 부분집합으로 생각하면 정의 4-2-2에서의 $S(n,k)$의 정의는 정의 4-2-1를 만족한다. 역으로, $A(\neq\varnothing)$의 k개의 부분 A_1, $\cdots$, A_k로 이루어진 분할의 개수를 생각해 보자. 이때, A의 원소들은 모두 구별되어있고, 분할의 정의에 따라 $\bigcup_{i=1}^{k} A_i = A$이고 $A_i \cap A_j = \varnothing\ (i\neq j)$을 만족하면 되므로 k개의 부분집합을 서로 구별하지 않는다. 따라서 구별되는 n개를 구별되지 않는 k개의 묶음으로 분할하면서 묶음에는 적어도 하나 이상의 원소가 있어야 한다는 점에 있어서 위의 공과 바구니로 정의된 $S(n,\ k)$와 동일하다는 것을 알 수 있다. 여기에서는 편의에 따라 두 정의 중 한 가지를 자유롭게 택하여 쓰기로 한다.

[예 시]

"공과 바구니"의 정의를 빌어 $k=1,2,3,4$에서의 $S(4,k)$를 구해보자.

자연수 n과 $k\leq n$인 자연수 k에 대하여, 구별이 되는 n개의 공을 구별되지 않는 k개의 바구니에 빈 바구니가 생기지 않게 넣는 경우의 수를 구하면 이것이 $S(n,\ k)$ 이다. 이때, 자연수 n은 k개의 각 바구니에 들어갈 공의 개수의 합이다. 즉, k-부분 n-분할합이 되는 자연수 $\{a_1,\ \cdots,\ a_k\}$의 모든 경우와 각 경우에 대한 k개의 각 바구니에 $a_j\ (j=1,\ \cdots,\ k)$개의 공을 뽑는 조합의 수를 함께 생각하면 $S(n,\ k)$을 구할 수 있다."공과 바구니"의 개념을 빌어 $n=4$이고 $k=1,2,3,4$에서의 $S(n,k)$를 구해 보자.

(i) $S(4,\ 1)$: 1, 2, 3, 4가 적힌 공 네 개를 1개의 바구니에 넣는 방법의 수는 당연히 한 가지뿐이고 따라서 $S(4,\ 1)=\binom{4}{4}=1$이다.

(ii) $S(4,\ 2)$: 1, 2, 3, 4가 적힌 공 네 개를 구별되지 않는 바구니 두 개에 넣는 방법(빈 바구니가 없게)을 생각해 보자. 4를 두 개의 자연수의 합으로 나타낼 수 있는 방법은 $1+3$, $2+2$가 있다. 따라서 $S(4,\ 2)=\binom{4}{1}\binom{3}{3}+\frac{1}{2}\binom{4}{2}=7$이다.

(iii) $S(4,\ 3)$: 1, 2, 3, 4가 적힌 공 네 개를 구별되지 않는 바구니 세 개에 (빈 바구니가 없게) 넣는 방법을 생각해 보자. 4를 세 개의 자연수의 합으로 나타내는 방법은 $1+1+2$ 뿐이다. 각 바구니에 들어갈 공의 수는 1개씩이므로 $S(4,3)=\binom{4}{2}=6$이다.

(iv) $S(4,\ 4)$: 1, 2, 3, 4가 적힌 공 네 개를 구별되지 않는 바구니 네 개에 (빈 바구니가 없게) 넣는 방법을 생각하면, 4를 네 개의 자연수의 합으로 나타내는 방법은 $1+1+1+1$ 뿐이므로, $S(4,4)=1$

위의 방법으로 임의의 n과 k에 대한 $S(n,k)$를 이론적으로는 구할 수 있으나, n이 증가함에 따라 엄청난 량의 경우의 수를 계산해야 할 것이다. 따라서 아래에 주어진 세 항 사이의 점화식은 실질적인 $S(n,k)$의 계산 시간을 줄여 줄 것이다. 정리 4-2-3은 '제 2 스털링 삼각형'으로 불리고 있으며 이는 조합수의 파스칼 삼각형으로부터 유래한다.

정리 4-2-3 $S(n,k)=S(n-1,k-1)+kS(n-1,k)$

| 증명 |

$\Omega(n,k)$를 집합 $[n]$의 모든 k-분할들의 집합이라 하자. 다음과 같이 집합 Ω_1와 Ω_2를 정의하면 $\Omega(n,k)=\Omega_1\cup\Omega_2$이고 $\Omega_1\cap\Omega_2\neq\varnothing$이다.

$\Omega_1=\{n\}$ 부분(part)으로 갖는 k-분할들의 집합

$\Omega_2=\{n\}$을 부분으로 갖지 않는 k-분할들의 집합

따라서 $S(n,k)=|\Omega(n,k)|=|\Omega_1|+|\Omega_2|$을 만족한다. 이때,

$|\Omega_1|=S(n-1,k-1)$, $|\Omega_2|=S(n-1,k)$

임을 쉽게 알 수 있다.(연습문제로 남긴다.) 따라서 다음이 성립한다.

$$S(n,k)=S(n-1,k-1)+kS(n-1,k)$$ □

제 2 스털링 삼각형 외에도, 다음 정리에서 보여주는 바와 같이, 주어진 자연수 n미만의 모든

j에 대한 $S(j,k)$들의 합으로 $S(n,k)$를 구할 수 있다. 이것은 자연수의 분할수에 대한 정리 4-1-2(2)와 형식상으로 매우 유사한 모습을 하고 있다.

정리 4-2-4 $$S(n,k)=\sum_{j=0}^{n-1}\binom{n-1}{j}S(j,k-1)$$

|증명|

P을 $[n]$의 k-분할이라 하고, $\bar{n}$을 n을 포함한 P의 부분이라 하면, $P-\bar{n}$은 $[n-1]$의 적당한 부분집합 J의 $(k-1)$-분할이 된다. 한편, $[n]$의 k-분할 P은 $[n-1]$의 적당한 부분집합 J의 k-분할로부터 얻어진다. 그러므로 다음이 성립한다. 여기서 $j=|J|$을 뜻한다.

$$\sum_{j=0}^{n-1}\binom{n-1}{j}S(j,k-1)=S(n,k) \qquad \square$$

2.5절의 예시로부터, $S(2,1)=1, S(2,2)=1$이고 $S(3,1)=1, S(3,2)=3, S(3,3)=1$임을 정의에 의해 계산하였고, 위의 예시를 통하여 $n=4$일 때 또한 정의에만 의존하여 다음의 제2 스털링 수를 구하였다.

$$S(4,1)=1,\ S(4,2)=7,\ S(4,3)=6,\ S(4,4)=1$$

위에서 알아낸 $S(n,k)$에 정리 4-2-3과 정리 4-2-4을 적용하여 $n=5$와 $n=6$에서의 $S(n,k)$을 계산하면 다음과 같다.

[예 시]

$n=5$일 때, 정리4-2-3을 적용하면 다음을 얻을 수 있다.

$$S(5,2)=S(4,1)+2S(4,2)=1+2\cdot 7=15$$
$$S(5,2)=S(4,1)+2S(4,2)=1+2\cdot 7=15$$
$$S(5,2)=S(4,1)+2S(4,2)=1+2\cdot 7=15$$

$n=6$일 때, 정리4-2-4를 적용하여 다음을 얻는다.

$$S(6,2)=\sum_{j=0}^{5}\binom{5}{j}S(j,1)=\binom{5}{1}+\binom{5}{2}S(2,1)+\binom{5}{3}S(3,1)+\binom{5}{4}S(4,1)+\binom{5}{5}S(5,1)=31$$

$$S(6,3)=\sum_{j=0}^{5}\binom{5}{j}S(j,2)=\binom{5}{2}S(2,2)+\binom{5}{3}S(3,2)+\binom{5}{4}S(4,2)+\binom{5}{5}S(5,2)=90$$

$$S(6,4)=\sum_{j=0}^{5}\binom{5}{j}S(j,3)=\binom{5}{3}S(3,3)+\binom{5}{4}S(4,3)+\binom{5}{5}S(5,3)=65$$

$$S(6,5)=\sum_{j=0}^{5}\binom{5}{j}S(j,4)=\binom{5}{4}S(4,4)+\binom{5}{5}S(5,4)=15$$

정리 4-2-3과 정리 4-2-4을 비교하면 후자가 전자에 비해 계산량이 많음을 알 수 있다. 정리 4-2-3을 적용하여 $n=10$까지 구하면 다음 표를 얻을 수 있다.

n\k	0	1	2	3	4	5	6	7	8	9	10
0	1										
1	0	1									
2	0	1	1								
3	0	1	3	1							
4	0	1	7	6	1						
5	0	1	15	25	10	1					
6	0	1	31	90	65	15	1				
7	0	1	63	301	350	140	21	1			
8	0	1	127	966	1701	1050	266	28	1		
9	0	1	255	3025	7770	6951	2646	462	36	1	
10	0	1	511	9330	34105	42525	22827	5880	750	45	1

표 126 $0 \le n \le 10$ 에 대한 제 2 스털링 수 $S(n,k)$

$[n]$에서 $[k]$ 위로 정의될 수 있는 전사함수의 개수 $Surj(n,k)=n!\,S(n,k)$이며, 정리 2-5-5에서 포함/배제의 원리에 의해 $Surj(n,k)$의 일반항은 다음과 같음을 알 수 있었다.

$$Surj(n,k)=\sum_{j=0}^{k}(-1)^j\binom{k}{j}(k-j)^n$$

따라서 따름정리 2-5-6에 언급한 바와 같이 $S(n,k)$의 일반항은 다음과 같이 정리됨을 다시 한번 강조하고자 한다.

$$S(n,k)=\frac{1}{k!}\sum_{j=0}^{k}(-1)^j\binom{k}{j}(k-j)^n$$

□ $x^{\underline{k}}$ 에 의한 x^n 의 전개 : 제 2 스털링 수

자연수 m의 k-하계승은 $m^{\underline{k}}=(m)_k=m(m-1)\cdots(m-k+1)$로 표현되고 정의된다.(2.2절) 이제 k-하계승을 자연수 변수 m에서 일반 변수 x로 다음과 같이 일반화하자.

$$x^{\underline{k}}=(x)_k=x(x-1)\cdots(x-k+1)$$

임의의 자연수 n에 대하여 x^n은 n차 다항식이므로 $0 \le k \le n$을 만족하는 자연수 k에 대한 $x^{\underline{k}}$의 선형결합 꼴로 x^n을 나타낼 수 있다. 즉, $x^n=\sum_{k=1}^{n}a_kx^{\underline{k}}$을 만족하는 a_k가 언제나 존재한다.

이는 x^n은 $x^{\underline{k}}$의 합의 꼴로 전개될 수 있음을 의미한다.

이제 x^n의 $x^{\underline{k}}$에 의해 전개될 때 존재하는 $x^{\underline{k}}$의 계수 a_k에 주목하자. 다음 예에서는.

$n=1,2,3,4$에 대하여 x^n를 $x^{\underline{k}}$로 전개된 표현을 제시하고 있다.

$x=(x)_1$

$x^2=x+(x-1)=x^{\underline{1}}+x^{\underline{2}}$

$x^3=x+3x(x-1)+x(x-1)(x-2)=x^{\underline{1}}+3x^{\underline{2}}+x^{\underline{3}}$

$x^4=x+7x(x-1)+6x(x-1)(x-2)+x(x-1)(x-2)(x-3)=x^{\underline{1}}+7x^{\underline{2}}+6x^{\underline{3}}+x^{\underline{4}}$

여기서, 각 x^n에 대한 전개식에서 $x^{\underline{k}}$항의 '계수'를 보면 이는 $S(n,k)$와 일치함을 관찰할 수 있다. 예를 들어 x^3의 경우를 보면 다음과 같다.

$$x^3=x^{\underline{1}}+3x^{\underline{2}}+x^{\underline{3}}=S(3,0)+S(3,1)x^{\underline{1}}+S(3,2)x^{\underline{2}}+S(3,3)x^{\underline{3}}$$

실제로 위의 x, x^2, x^4의 경우도 모두 제 2 스털링 수를 계수로 가지고 있다. 따라서 x^n은 $x^{\underline{k}}$의 합으로 전개될 수 있고, 이때 각 각의 k에 대한 $x^{\underline{k}}$항의 계수가 $S(n,k)$가 될 것이라는 귀납적 추론이 가능하게 된다. 다음 정리에서는 이러한 추론이 참임을 수학적 귀납법으로 증명하고 있다.

정리 4-2-5 양의 정수 k에 대하여 다음 등식이 성립한다.

$$x^n=\sum_{k=1}^{n}S(n,k)x^{\underline{k}}$$

| 증명 |

n에 대해 수학적 귀납법을 적용하도록 하자.

먼저 $n=1$일 때 $x=(x)_1$이고 $S(1,1)=1$ 이므로 명제는 성립한다.

이제 $n\geq 1$ 일 때, 다음을 가정하자.

$$x^n=\sum_{k=1}^{n}S(n,k)x^{\underline{k}}$$

그러면,

$$\begin{aligned}
x^{n+1} &= x(x^n) \\
&= x\sum_{k=1}^{n}S(n,k)x^{\underline{k}} = \sum_{k=1}^{n}S(n,k)x^{\underline{k}}x \\
&= \sum_{k=1}^{n}S(n,k)x^{\underline{k}}\{(x-k)+k\} \\
&= \sum_{k=1}^{n}S(n,k)x^{\underline{k}}(x-k)+\sum_{k=1}^{n}S(n,k)x^{\underline{k}}\ k \\
&= \sum_{k=1}^{n}S(n,k)x^{\underline{k+1}}+\sum_{k=1}^{n}k\,S(n,k)x^{\underline{k}}
\end{aligned}$$

이 성립한다. 여기서 $\sum_{k=1}^{n} S(n,k)x^{\underline{k+1}} = \sum_{j=2}^{n+1} S(n,j-1)x^{\underline{j}}$ 으로 놓기로 하자. 또한 정리 4-2=3에 의하여 다음이 성립한다.

$$kS(n,k) = S(n+1,k) - S(n,k-1) \qquad (1 \le k \le n)$$

$$S(n,n) = 1,\ S(k,0) = 0,\ S(n+1,n+1) = 1$$

그러므로 다음이 성립한다.

$$\begin{aligned}
& x^{n+1} \\
&= \sum_{j=2}^{n+1} S(n,j-1)(x)_j + \sum_{k=1}^{n} \{S(n+1,k) - S(n,k-1)\}(x)_k \\
&= \sum_{j=2}^{n+1} S(n,j-1)(x)_j + \sum_{k=1}^{n} S(n+1,k)(x)_k - \sum_{k=1}^{n} s(n,k-1)(x)_k \\
&= \sum_{k=1}^{n} S(n+1,k)(x)_k + \sum_{j=2}^{n+1} S(n,j-1)(x)_j - \sum_{k=1}^{n} S(n,k-1)(x)_k \\
&= \sum_{k=1}^{n} S(n+1,k)(x)_k + S(n,n)(x)_{n+1} - S(n,0)(x)_1 \\
&= \sum_{k=1}^{n} S(n+1,k)(x)_k + (x)_{n+1} \\
&= \sum_{k=1}^{n+1} S(n+1,k)(x)_k
\end{aligned}$$

따라서 수학적 귀납법에 의해 위의 명제가 성립함을 알 수 있다. □

□ x^n에 의한 $x^{\underline{k}}$의 전개 : 제 1 스털링 수

x의 k-하계승 $x^{\underline{k}} = x(x-1) \cdots (x-k+1)$으로 정의되므로, $x^{\underline{k}}$의 우변은 전개하면 x에 대한 k차 다항식 전개로 표현된다는 것을 알 수 있다. 여기서 우리는 전개된 다항식의 x^i항의 계수에 주목하기로 한다. 다음과 같이 낮은 차수의 하계승을 전개하여 이를 살펴보자.

$x^{\underline{1}} = x$

$x^{\underline{2}} = x(x-1) = -x + x^2$

$x^{\underline{3}} = x(x-1)(x-2) = 2x - 3x^2 + x^3$

$x^{\underline{4}} = x(x-1)(x-2)(x-3) = -6x + 11x^2 - 6x^3 + x^4$

위의 $x^{\underline{n}}$에 대한 다항식 전개에서 x^k항의 계수를 아래와 같이 명명하기로 한다.

정의 4-2-6 다항식 $x^{\underline{n}}$을 x에 관하여 전개했을 때 x^k항의 계수를 $s(n,k)$라 하고 이것을 제 1 스털링 수(Stirling number of the first kind)라 한다. 즉,

$$x^{\underline{n}} = x(x-1)(x-2) \cdots (x-(n-1))$$
$$= s(n,0)+s(n,1)x+s(n,2)x^2 + \cdots s(n,n)x^n$$

여기서 제1 스털링 수는 다음과 같은 경곗값을 갖는다.

정리 4-2-7 (1) $s(n,0)=0,\ \ s(n,n)=1$

(2) $k>n$이면 $s(n,k)=0$

| 증명 |

정의 4-2-6에 따라 다음 등식이 성립한다.

$$\sum_{k=0}^{n} s(n,k)x^k = x(x-1)(x-2) \cdots (x-(n-1))$$

식의 양 변을 비교하면 $s(n,0)=0,\ s(n,n)=1$임을 알 수 있다. 또한 $k>n$에 대하여 $s(n,k)=0$이다. □

아래의 정리 4-2-8은 정리 4-2-3의 제2 스털링 삼각형과 유사한 형식의 제1 스털링 수의 점화식을 제시하고 있다.

정리 4-2-8 2 이상의 정수 n과 $1 \le k \le n$을 만족하는 정수 k에 대하여 다음이 성립한다.

$$s(n,k)=s(n-1,k-1)-(n-1)s(n-1,k)$$

| 증명 |

$n \ge 2$일 때, $s(n-1,0)=0,\ s(n-1,n)=0,\ x^{\underline{n}} = x^{\underline{n-1}}(x-(n-1))$

임을 이용하여 수열 $s(n,k)$의 생성함수를 전개하면 다음과 같은 계산을 거쳐 제 1 스털링 삼각식이 유도됨을 증명할 수 있다.

$$\begin{aligned}
&\sum_{i=1}^{n} s(n,k)x^k \\
=\ & x^{\underline{n}} = \{x-(n-1)\}x^{\underline{n-1}} = \{x-(n-1)\}\sum_{k=1}^{n-1} s(n-1,k)x^k \\
=\ & \sum_{k=1}^{n} s(n-1,k-1)x^k - \sum_{k=1}^{n}(n-1)s(n-1,k)x^k \\
=\ & \sum_{k=1}^{n}\{s(n-1,k-1)-(n-1)s(n-1,k)\}x^k
\end{aligned}$$

즉, $\sum_{i=1}^{n} s(n,k)x^k = \sum_{k=1}^{n} \{s(n-1,k-1)-(n-1)s(n-1,k)\}x^k$ 이 성립하며 두 생성함수의 등식으로부터 동차항의 계수를 비교함으로서 본 정리의 등식이 성립함을 알 수 있다. □

정리 4-2-8을 이용하면 아래 표 134와 같이 제 1 스털링 수의 테이블을 채워나갈 수 있을 것이다. 이러한 제1 스털링 수의 테이블은 파스칼의 삼각형과 같은 맥락으로 제 1 스털링 수의 삼각형이라 부른다. 참고로 제 1 스털링 수에 대한 일반항은 아직까지 알려지지 않고 있다.

n\k	1	2	3	4	5	6	7	8
1	1							
2	-1	1						
3	2	-3	1					
4	-6	11	-6	1				
5	20	-50	35	-10	1			
6	-120	274	-225	85	-15	1		
7	720	-1764	1624	-735	175	-21	1	
8	-5040	13068	-13132	6769	-1960	322	-28	1

표 134 $1 \leq n \leq 8$에 대한 제1 스털링 수 $s(n,k)$

4.3 카탈란 수(Catalan Numbers)

이 절에서는 널리 알려진 카탈란 수(수열)에 관해서 다룬다. 카탈란 수는 앞서 2.6절의 후반부에, 선형이 아닌 수열의 생성함수 풀이로 예시한 바 있다. 카탈란 수열은 다양한 모습으로 존재하기 때문에 여러 가지 다른 정의가 있을 수 있겠지만 여기서는 다음과 같이 점화식으로 정의한다.

정의 4-3-1 다음 점화식을 만족하는 수열 $\{C_n\}$을 카탈란 수열(Catalan sequence)이라고 한다.

$$C_n = \sum_{k=0}^{n-1} C_k \cdot C_{n-k-1}, \qquad C_0 = C_1 = 1$$

이제 위에서 정의한 카탈란 수열의 점화식(비선형점화식)의 일반항을 생성함수를 이용해 유도해 보자.

정리 4-3-2

$$C_n = \frac{1}{n+1}\binom{2n}{n}$$

| 증명 |

주어진 수열 $\{C_n\}$의 생성함수를 $G(x)=\sum_{n=0}^{\infty} C_n x^n$라 하면 다음이 성립한다.

$$\begin{aligned} G(x)^2 &= (C_0+C_1x+\cdots)(C_0+C_1x+\cdots) \\ &= C_0C_0+(C_0C_1+C_1C_0)x+(C_0C_2+C_1C_1+C_2C_0)x^2+\cdots \\ &= C_1+C_2x+C_3x^2+\cdots \end{aligned}$$

따라서 다음 식이 성립하므로 $xG(x)^2=G(x)-1$을 얻는다.

$$xG(x)^2=C_1x+C_2x^2+\cdots=C_0+(C_1x+C_2x^2+\cdots)-C_0$$

따라서 $xG(x)^2-G(x)+1=0$이고, 근의 공식에 의해 다음을 얻는다.

$$G(x)=\frac{1\pm\sqrt{1-4x}}{2x}$$

이때, $G(0)=C_0=1$이므로 $G(x)=\dfrac{1-\sqrt{1-4x}}{2x}$ 이다. 여기서, 이항정리의 성질에 의해 $\sqrt{1-4x}$를 계산하면 아래와 같다.

$$\begin{aligned} (1-4x)^{1/2} &= 1+\sum_{n=1}^{\infty}\binom{\frac{1}{2}}{n}\cdot(-4x)^n \\ &= 1+\sum_{n=1}^{\infty}\frac{\frac{1}{2}\times(-\frac{1}{2})\times\cdots\times(\frac{3-2n}{2})}{n!}\cdot(-4x)^n \\ &= 1+\sum_{n=1}^{\infty}\frac{(-1)^{n-1}}{n\cdot 2^n}\cdot\frac{1\times3\times\cdots\times(2n-3)}{(n-1)!}\cdot(-4x)^n \\ &= 1+\sum_{n=1}^{\infty}\frac{(-1)^{n-1}}{n\cdot 2^n}\cdot\frac{1\times3\times\cdots\times(2n-3)\times(2\times4\times\cdots\times(2n-2))}{(n-1)!\times(2\times4\times\cdots\times(2n-2))}\cdot(-4x)^n \\ &= 1+\sum_{n=1}^{\infty}\frac{(-1)^{n-1}}{n\cdot 2^n}\cdot\frac{(2n-2)!}{2^{n-1}\cdot(n-1)!\cdot(n-1)!}\cdot(-4x)^n \\ &= 1+\sum_{n=1}^{\infty}\frac{(-1)^{n-1}}{n\cdot 2^{2n-1}}\cdot\binom{2n-2}{n-1}\cdot(-4x)^n \\ &= 1+\sum_{n=1}^{\infty}\frac{(-1)^{n-1}}{n\cdot 2^{2n-1}}\cdot\binom{2n-2}{n-1}\cdot(-1)^n\cdot 2^{2n}\cdot x^n \\ &= 1-\sum_{n=1}^{\infty}\frac{2}{n}\cdot\binom{2n-2}{n-1}\cdot x^n \end{aligned}$$

따라서 다음을 얻는다.

$$G(x) = (2x)^{-1}\left\{1-(1-\sum_{n=1}^{\infty}\frac{1}{2n}\cdot\binom{2n-2}{n-1})\cdot x^n\right\}$$
$$= \sum_{n=1}^{\infty}\frac{1}{n}\cdot\binom{2n-2}{n-1}\cdot x^{n-1}$$
$$= \sum_{n=0}^{\infty}\frac{1}{n+1}\cdot\binom{2n}{n}\cdot x^n$$

그러므로 $C_n = \frac{1}{n+1}\cdot\binom{2n}{n}$ 임이 증명되었다. □

점화식으로 정의된 카탈란 수열 $\{C_n\}$의 일반항은 생성함수를 통하여 다음과 같이 도출되었고

$$C_n = \frac{1}{n+1}\binom{2n}{n}$$

이 때, 자연수 n에 대응하는 n번째 항 C_n을 n-카탈란 수(n-Catalan number)로 부르기로 하자. 다음 정리는 특별한 조건을 만족하는 두 문자에 대한 길이가 $2n$인 중복순열의 개수가 정확히 n-카탈란 수와 일치함을 보여주고 있다. 많은 사람들이 정리 4-3-3에서 정의된 D_n을 카탈란 수의 정의로 받아드리기도 한다.

정리 4-3-3 자연수 n에 대하여 단위길이가 1인 직교격자 위에서 다음 조건을 만족하는 $(0,0)$부터 (n,n)까지 도달하는 최단경로의 개수를 D_n이라 하자.

(i) 한번에 x축 방향과 y축 방향 중 한 방향으로 1씩 움직인다.

(ii) 해당 경로는 직선 $y=x$을 넘어서지 않는다.

이때 $D_n = C_n$ 이다.

이 정리를 증명함에 있어서 다음과 같은 두 가지의 서로 다른 방법을 쓸 수 있다.

- 중복순열의 적용: 주어진 조건에 맞는 격자의 최단경로를 직접 센다.
- 카탈란 수열의 점화식 유도: 경로의 개수에 관한 이웃한 항 간의 귀납적 관계식 유도

여기서는 위의 두 방법을 각각 적용한 두 가지의 증명을 (증명 A) 과 (증명 B)를 통하여 각각 제공하고자 한다.

| **증명 A** | (중복순열의 적용)

$(0,0)$에서 (n,n)까지의 모든 최단경로에서 직선 $y=x$를 넘어서는 경로를 제외하여 $D_n = C_n$ 임을 보이자.

① 우선, $(0,0)$에서부터 x축 방향과 y축 방향으로 1만큼 나아가는 것을 각각 X, Y라 한다면, $(0,0)$에서 (n,n)까지의 최단경로는 X와 Y를 각각 n개씩 나열한 것과 일대일대응하므로, 전체 최단 경로의 개수는 $\binom{2n}{n}$이다.

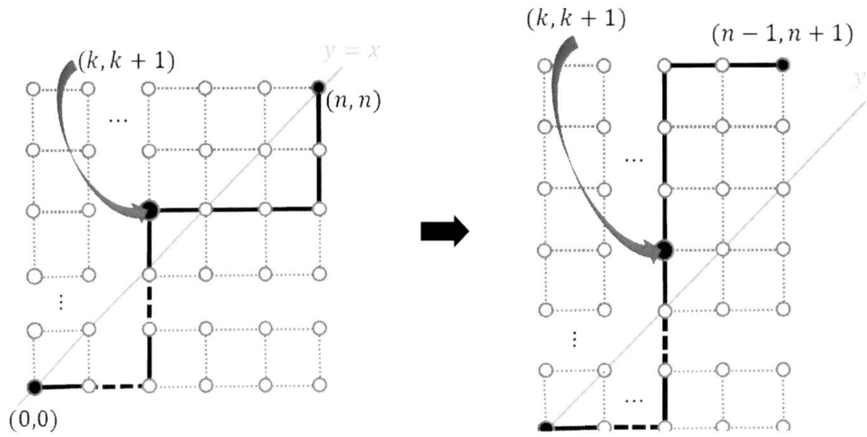

표 138

② $(0,0)$에서 (n,n)까지의 최단경로 중 직선 $y=x$를 넘어서는 경로가 있다면 이 경로는 반드시 $y=x+1$위의 점을 지날 것이므로, 그 점을 $(k,k+1)$이라 하자. 선택한 경로는 $(k,k+1)$부터 (n,n)까지 x축 방향으로 $n-k$번, y축 방향으로 $n-k-1$번 더 나아가야한다. $(k,k+1)$부터의 경로를 직선 $y=x+1$에 대칭이동하면, $(k,k+1)$부터 x축 방향으로 $n-k-1$번, y축 방향으로 $n-k$번 나아가는 경로가 되므로 이 경로는 $(0,0)$에서부터 $(n-1,n+1)$까지의 최단경로가 될 것이다. 즉 $(0,0)$에서부터 (n,n)까지의 $y=x$를 넘어선 최단경로는 $(0,0)$에서부터 $(n-1,n+1)$까지의 최단경로와 일대일대응 한다. 이 경로의 개수는 다음과 같다.

$$\frac{((n-1)+(n+1))!}{(n-1)!(n+1)!}=\frac{(2n)!}{(n-1)!(n+1)!}$$

그러므로, 구하고자 하는 경우의 수는 다음과 같다.

$$\binom{2n}{n}-\frac{(2n)!}{(n-1)!(n+1)!}=\frac{(2n)!}{(n)!(n)!}-\frac{(2n)!}{(n-1)!(n+1)!}=\frac{1}{n+1}\binom{2n}{n}$$

따라서 $D_n=C_n$이다. □

| 증명 B | (점화식을 유도)

이 증명에서는 궁극적으로 D_n 의 점화식이 C_n의 점화식과 일치함을 보이기로 하자.

$(0,0)$에서 (n,n)까지의 경로 중 직선 $y=x$를 넘어서지 않는 최단경로는 (n,n)을 제외한 직선 $y=x$ 위의 점을 지나지 않거나 반드시 한 개 이상 지난다. 이제 이들 각 경우에 대한 최단경로의 개수를 세고 합의 법칙에 따라 이들 모두를 합하면 우리가 구하는 D_n이 유도된다.

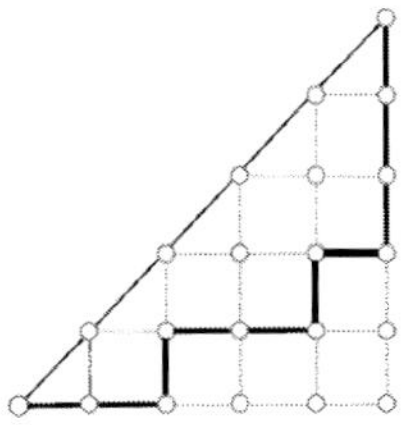

그림 8

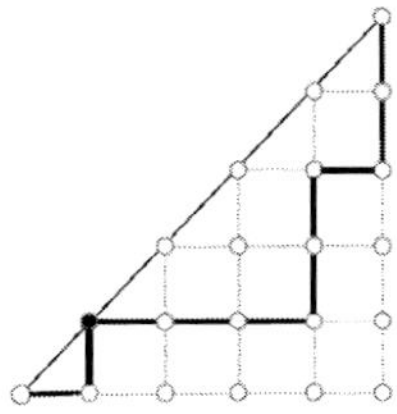

그림 9

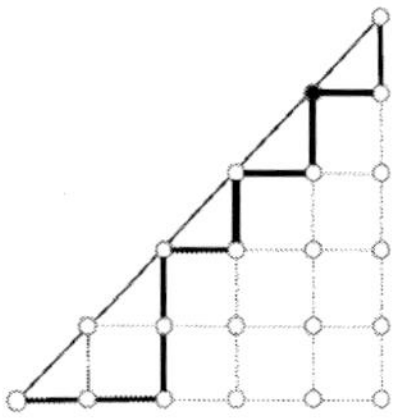

그림 10

그림 8 : ① $y=x$선상의 점을 지나지 않는 경우

그림 9 : ②-1 $y=x$선상의 점 중 (k,k) 을 가장 나중에 지나는 경우(여기서 $k \neq n-1$)

그림 10 : ②-2 $y=x$ 선상의 점 중 $(n-1,n-1)$을 가장 나중에 지나는 경우

① 우선 (n,n)을 제외한 직선 $y=x$위의 점을 지나지 않는 경로는 $(1,0)$에서 $(n,n-1)$까지의 경로 중 직선 $y=x-1$을 넘어서지 않는 최단경로와 일대일대응하므로 이러한 경로의 개수는 주어진 조건에 의해 D_{n-1}이다.(그림 8 참조)

② 직선 $y=x$ 위의 점을 지나지 않거나 반드시 한 개 이상 지나는 경로에 대하여 가장 나중에 지난 직선 $y=x$위의 점을 (k,k)라고 하자.

②-1: $k \neq n-1$인 경우 (그림 9 참조)

경로는 $(0,0)$부터 (k,k)의 경로 중 직선 $y=x$위의 점을 넘어서지 않는 경로와 (k,k)부터 (n,n)까지 $(k+1,k)$부터 $(n,n-1)$까지의 경로 중 직선 $y=x-1$을 넘어서지 않는 경로로 나눌 수 있다. 전자와 후자의 경우의 수는 각각 D_k, D_{n-k-1}이므로 위의 경우의 수는 곱의법칙에 의하여 모든 $i=1, \cdots, n-2$에 대해$D_k \cdot D_{n-k-1}$이다.

②-2: $k=n-1$인 경우 (그림 10 참조)

$(n-1,n-1)$에서 (n,n)까지 조건에 맞는 경로의 경우의 수는 1이므로, 이 경로는 D_{n-1}이다.

위의 세 가지의 경우의 합으로부터 다음과 같은 D_n의 점화식을 다음과 같이 구할 수 있다.

$$D_n = \sum_{k=1}^{n-2} D_k \cdot D_{n-k-1} + 2D_{n-1}$$

여기서 $D_0 = 1$임을 이용하면 위의 식은 다음과 같이 정리될 수 있다.

$$D_n = \sum_{k=1}^{n-2} D_k \cdot D_{n-k-1} + 2D_0 \cdot D_{n-1} = \sum_{k=0}^{n-1} D_k \cdot D_{n-k-1}$$

최종으로 얻은 D_n의 점화식은 카탈란 수의 점화식과 정확하게 일치하므로 D_n은 카탈란 수열이다. □

오랜 수학의 역사 속에서 카탈란 수는 피보나치 수와 함께 자연과 사회를 표현하는 기본적인 수로 알려져 왔다. 따라서 카탈란 수는 정리 4-3-3의 격자위에서 최단경로의 개수를 나타내는 D_n 처럼 여러 가지 다양한 조합적 대상에 대한 계수문제와 같다는 것이 밝혀져 왔다. 다음 정리들은 카탈란 수의 다양한 해석을 보여주고 있다.
(자세한 증명은 연습문제 4.6으로 남긴다.)

정리 4-3-4 자연수 n에 대하여 다음의 경우의 수는 모두 카탈란 수 C_n이다.

(1) 모든 $k=1, \cdots 2n$에 대하여 $a_1 + \cdots + a_k \geq 0$을 만족하면서 n개의 '+1'과 n개의 '-1'로 이루어진 수열 $\{a_k\}_{k\in[2n]}$의 개수 E_n

(2) 볼록 $(n+2)$각형을 서로 교차하지 않게 대각선을 그어 모두 삼각형으로 분해하는 방법의 개수 F_n

(3) 원주 위에 등 간격으로 놓여있는 $2n$개의 점에서 두 점을 택하여 n개의 선분을 그릴 때, 각 선분이 서로 교차하지 않게 그릴 수 있는 방법의 개수 G_n

(4) n개의 선을 갖는 번호 없는 근평면수형도의 개수 H_n

(5) $n+1$개의 정사각형 행렬을 결합법칙을 이용하여 곱셈연산을 할 수 있는 전체 방법의 개수 I_n

아래의 그림 11는 $n=3$에 대한 정리 4-3-4의 (1)부터 (5)까지의 경우 각각에 대한 카탈란 수를 확인한 것이다.

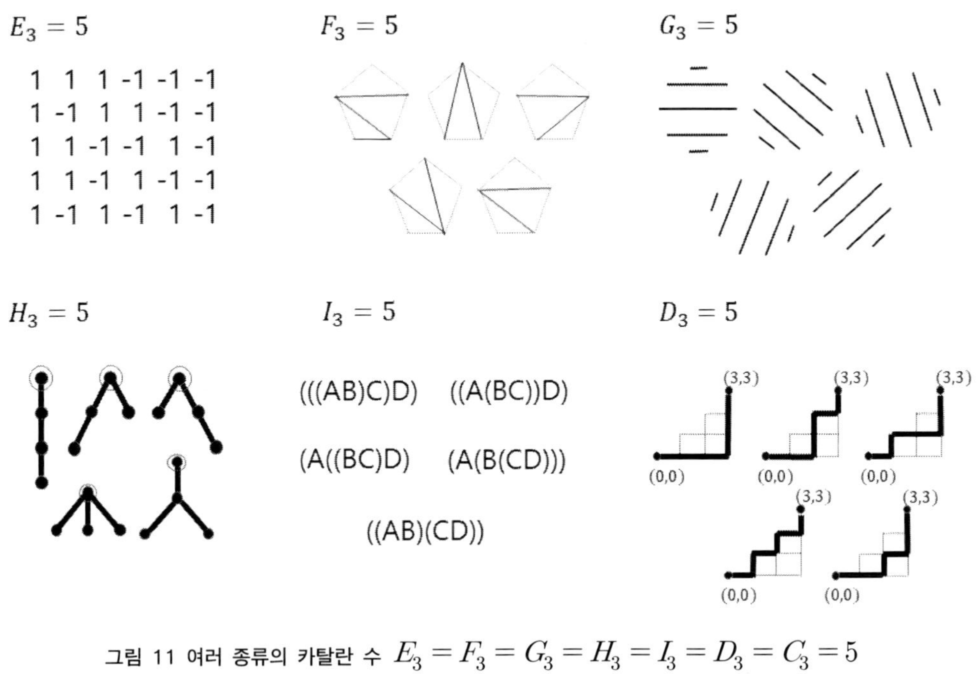

그림 11 여러 종류의 카탈란 수 $E_3 = F_3 = G_3 = H_3 = I_3 = D_3 = C_3 = 5$

4.4 오일러 수(Eulerian Numbers)

먼저 오일러 수의 동기가 되는 우순증가 성분(ascent)와 우순감소 성분(descent)에 대해서 정의하자.

n개의 서로 다른 $[n]$의 원소로 이루어진 수열 (a_k)가 주어졌다고 하자. 이때, $a_k < a_{k+1}$을 만족하는 a_k을 수열 (a_k)의 우순증가 성분(ascent)이라 하고, $a_k > a_{k+1}$ 을 만족하는 a_k을 수열 (a_k)의 우순감소 성분(descent)라고 한다.

여기서, Σ_n을 $[n]$ 위에서 정의된 치환의 전체집합이라 하면 'n개의 서로 다른 $[n]$의 원소로 이루어진 수열'은 Σ_n에 원소인 치환 σ와 1-1 대응한다. 따라서 우순증가나 우순감소의 개념도 수열에서 치환, 좀 더 엄밀하게 이야기하면 치환의 함수값을 차례로 늘어놓은 수열로 바꿔서 정의될 수 있다. 이것을 치환수열이라 하자. 오일러의 수는 원래 길이가 서로 다른 막대기들의 순증가 배열에 대한 계수(counting)에서 유례 되었지만 이 책에서는 보다 기술이 간편하고 대수적인 치환 위에서 정의된 오일러의 수에 대해 알아보기로 한다. 오일러 수에 대한 수학적 정의는 다음과 같다.

정의 4-4-1 $n < k$ 인 두 자연수 n과 k에 대하여 다음 조건을 만족하는 치환$\sigma \in \Sigma_n$을 k-순증가 치환수열이라 하자.

$$k = \left|\{i \in [n] : \sigma(i) < \sigma(i+1)\}\right|$$

$\left\langle\left\langle {n \atop k} \right\rangle\right\rangle$ 를 $[n]$ 위에서 정의된 k-순증가 치환수열의 집합이라고 정의하고 $\left\langle {n \atop k} \right\rangle = \left|\left\langle\left\langle {n \atop k} \right\rangle\right\rangle\right|$라 정의한다. 이때, $\left\langle {n \atop k} \right\rangle$ 를 n에서 k를 택하는 오일러 조합(Eulerian combination 혹은 Eulerian n choose k)라고 한다.

[예 시]

(1) 5항 수열 $(1,5,4,2,3)$에서 우순증가 원소는 1, 2이고 우순감소 원소는 5, 4가 된다. 여기서 끝점인 3은 어느 쪽에도 속하지 않는다.

(2) n항 수열 $(1, 2, \cdots, n)$ 의 우순증가 성분의 개수는 $n-1$이고 이러한 치환수열은 유일하다.

(3) n항 수열 $(n, n-1, \cdots, 2, 1)$의 우순증가 성분의 개수는 0이고 이러한 치환수열은 유일하다.

정의 4-4-1에 따라 (2)와 (3)에 의해서 일반적으로 오일러 조합의 다음 경곗값이 성립한다.

$$\left\langle {n \atop n-1} \right\rangle = 1, \qquad \left\langle {n \atop 0} \right\rangle = 1$$

또한 다음과 같은 정의를 덧붙이면, 오일러 조합은 임의의 정수 n과 k에 대하여 일반적으로 정의될 수 있다.

(i) $n<0$인 경우거나 $k<0$ 혹은 $k \geq n$일 때 $\left\langle {n \atop k} \right\rangle = 0$이다.

(ii) $k \neq 0$이면 $\left\langle {0 \atop k} \right\rangle = 0$으로 정의한다.

여기에서는 n과 k을 $n<k$을 만족하는 두 자연수라 하기로 하자.

[예 시]

$n=3$인 경우의 n에서의 k-순증가 치환수열의 집합을 각각 구해보면 다음과 같다.

$\left\langle \left\langle {3 \atop 0} \right\rangle \right\rangle = \{(3,2,1)\}$

$\left\langle \left\langle {3 \atop 1} \right\rangle \right\rangle = \{(1,3,2), (3,1,2), (2,1,3), (2,3,1)\}$

$\left\langle \left\langle {3 \atop 2} \right\rangle \right\rangle = \{(1,2,3)\}$

여기서, $\left\langle {3 \atop 0} \right\rangle + \left\langle {3 \atop 1} \right\rangle + \left\langle {3 \atop 2} \right\rangle = 1+4+1 = 6 = |\Sigma_3|$ 이 된다. 이 사실을 일반화하면 다음과 같은 정리가 유도된다. 증명은 자명하므로 연습문제로 돌린다.

정리 4-4-2 n과 k을 $n<k$을 만족하는 두 자연수라 하자.

(1) $\left\langle {n \atop n-1} \right\rangle = 1, \qquad \left\langle {n \atop 0} \right\rangle = 1$

(2) $\displaystyle\sum_{k=0}^{n-1} \left\langle {n \atop k} \right\rangle = n!$

(3) $\left\langle {n \atop k} \right\rangle = \left\langle {n \atop n-k-1} \right\rangle$

오일러조합 또한 앞 절의 스털링 수, 정수의 분할수 등과 마찬가지로 다음과 같은 오일러 수 삼각형 형태의 점화식으로 나타낼 수 있다.

정리 4-4-3 n과 k을 $n<k$을 만족하는 두 자연수라 하자.

$$\left\langle {n \atop k} \right\rangle = (k+1)\left\langle {n-1 \atop k} \right\rangle + (n-k)\left\langle {n-1 \atop k-1} \right\rangle$$

| 증명 |

n항의 k-순증가 치환수열의 집합은 다음 두 집합 (i)과 (ii)로 분할된다.

(i) 최대자연수 n을 제외한 k-순증가 치환수열의 집합

(ii) 최대자연수 n을 포함한 k-순증가 치환수열의 집합

먼저 (i)의 경우를 보면, 제외시킨 n을 제일 앞에 놓거나 k개의 우순증가 성분 바로 뒤에 넣어

서 생긴 치환수열 각각은 모두 k-증가 치환수열이다. 따라서 이런 치환수열의 개수는 다음과 같다.

$$(k+1)\left\langle {n-1 \atop k} \right\rangle$$

다음으로 (ii)의 경우, n을 제외시켜서 얻는 치환수열은 $n-1$항의 $(k-1)$-순증가 치환수열이 되며 이것은 $n-2-(k-1)=n-k-1$개의 우순감소 성분을 가진다. 따라서 $n-k$자리에 n을 끼워 넣어서 생성되는 치환수열이 k개의 우순증가 성분을 가질 수 있게 된다. 따라서 이런 유형의 치환수열의 개수는 다음과 같다.

$$(n-k)\left\langle {n-1 \atop k-1} \right\rangle$$

(i)과 (ii)의 합으로 n에서 k를 택하는 오일러 조합을 이루게 된다. □

앞선 절과 마찬가지로 위의 정리 4-4-2와 정리 4-4-3를 귀납적으로 적용하여 다음과 같은 오일러 조합의 삼각형을 만들 수 있다.

n\k	0	1	2	3	4	5	6	$n!$
0	1							1
1	1							1
2	1	1						2
3	1	4	1					6
4	1	11	11	1				24
5	1	26	66	26	1			120
6	1	57	302	302	57	1		720
7	1	120	1191	2416	1191	120	1	5040

표 145 $1 \le n \le 7$에 대한 오일러조합

다음으로 오일러 조합의 생성함수 표현에 대해서 알아보기로 한다. 아래 제시된 생성함수의 닫힌 형식으로부터 수열의 생성함수와 오일러 조합의 관계식을 추정할 수 있다. 위 표 145의 가로줄과 아래의 생성함수의 닫힌 형식의 다항 계수를 비교해 보자.

$$\sum_{k\ge 0} x^k = \frac{1}{1-x}$$

$$\sum_{k\ge 1} kx^k = x\left(\sum_{k\ge 0} x^k\right)' = \frac{x}{(1-x)^2}$$

$$\sum_{k\ge 1} k^2x^k = x\left(\frac{x}{(1-x)^2}\right)' = \frac{x(1+x)}{(1-x)^3}$$

$$\sum_{k\ge 1} k^3x^k = \frac{x(1+4x+x^2)}{(1-x)^4} \ ,$$

$$\sum_{k \geq 1} k^4 x^k = \frac{x(1+11x+11x^2+x^3)}{(1-x)^5}$$

$$\sum_{k \geq 1} k^5 x^k = \frac{x(1+26x+66x^2+26x^3+x^4)}{(1-x)^6}, \quad \cdots$$

이들을 일반화하면 다음을 얻는다. 증명은 수학적 귀납법을 적용하면 되므로 연습문제로 남긴다.

정리 4-4-4 n과 k을 $n < k$을 만족하는 두 자연수라 하자.

$$\sum_{k \geq 1} k^n x^k = \frac{x}{(1-x)^{n+1}} \sum_k \left\langle {n \atop k} \right\rangle x^k$$

위의 정리 4-4-4로부터 오일러 조합에 대한 일종의 일반항을 다음 정리 4-4-5에서 제시하고 있다. 또한 마치 제2 스털링 수와 다항식의 관계와 유사한 오일러 조합과 다항식의 관계를 나타낸 등식을 증명 없이 제시한다.

정리 4-4-4 n과 k을 $n < k$을 만족하는 두 자연수라 하자.

(1) $\left\langle {n \atop k} \right\rangle = \sum_{j=0}^{k} (-1)^j \binom{n+1}{j} (k+1-j)^n$

(2) [Worpitzky identity, 1884]

$$x^n \equiv \sum_{j=0}^{k} \left\langle {n \atop k} \right\rangle \binom{x+k}{n} \ (n \geq 1)$$

4.5 분배와 점유(Distribution and Occupation)

앞선 절을 통해 언급한 바와 같이 대부분의 계수(counting)의 문제는 주어진 조건의 공들을 주어진 조건의 바구니에 담는 문제로 치환해서 생각할 수 있는데 이러한 문제를 통칭하여 분배와 점유의 문제라고 한다. 4.2절에서 제 2 스털링 수를 분배와 점유의 문제로 치환해 정의하고 그 예를 들은 바 있다. 이와 같은 시도의 연장선에서 공과 바구니의 조건에 따라 계수문제를 정의하고 이들의 결과를 기존에 살펴 본 조합수학의 여러 변수를 분배와 점유의 문제로 해석하거나 역으로 분배와 점유의 문제를 살펴 본 조합수와의 동치문제 정리해 보려고 한다.

공과 바구니의 주어진 조건은 다음 세 가지로 나뉜다.

(i) 공은 서로 구별되는가? (색깔, 번호, 모양 등)/공에 번호(순서)가 있는가?

(ii) 바구니는 서로 구별되는가?/바구니의 순서가 있는가?

(iii) 빈 바구니가 있어도 되는가?

이러한 세 조건의 유무에 따라 n개의 공을 k개의 바구니에 넣는 계수 문제는 다음 정리 4-5-1과 같이 일목요연하게 정리될 수 있다.

정의 4-5-1 공과 바구니의 구별 여부에 따라 주어지는 각 경우의 수는 표 149에 따른다.

	공이 구별 여부	바구니의 구별 여부	빈 바구니 구별 여부	n개의 공을 k개의 바구니에 넣는 방법의 개수
경우 1				
1a	O	O	O	k^n
1b	O	O	X	$k!\,S(n,\ k)$
경우 2				
2a	X	O	O	(중복조합) $C^R(k,\ n)=C(k+n-1,\ n)$
2b	X	O	X	$C(n-1,\ k-1)$
경우 3				
3a	O	X	O	$S(n,\ 1)+\ \cdots\ +S(n,\ k)$
3b	O	X	X	$S(n,\ k)$
경우 4				
4a	X	X	O	$p(n)$: 자연수 n의 분할수
4b	X	X	X	$p(n,k)$: 자연수 n의 k-분할수

표 149 정리 4-5-1

| 증명 |

(1a) 각각의 공에 대해 k개의 선택 가능한 방법이 있기 때문에 곱셈 법칙에 의해 성립한다.

(1b) 바구니가 구별되지 않는다고 하면 방법의 수는 두 번째 스털링 수인 $S(n,\ k)$와 같다. 하지만, 바구니가 구별되기 때문에 각 바구니에 담는 순서를 생각하면 각 분배마다 $k!$만큼의 경우가 더 생긴다. 따라서 총 경우의 수는 $k!\,S(n,\ k)$이다.

(2a) n개의 구별 불가능한 공을 k개의 구별 가능한 바구니에 넣는 방법의 수는 k개의 바구니를 중복을 허용하여 n개 뽑는 방법의 수와 같다. 따라서 총 경우의 수는 $C^R(k,\ n)$이다.

(2b) 바구니가 비어 있을 수 없으므로 공 하나씩을 먼저 각 바구니에 배정을 하고 남아 있는 $n-k$개의 구별 불가능한 공을 k개의 바구니에 넣는 방법의 수이다. (2a)에 의해 그 방법의 수는 다음과 같다.

$$C(k+(n-k)-1,\ n-k)=C(n-1,\ n-k)=C(n-1,\ k-1)$$

(3a) n개의 구별가능한 공을 k개의 똑같은 바구니에 분배하되 빈 바구니의 개수에 따라 각 경우로 다시 나누어 경우를 구한다. 즉, 빈 바구니가 하나도 없게 하는 방법, 바구니 하나만 비게 하는 방법, 바구니 두 개만 비게 하는 방법 등으로 나누어 경우를 계산하면, 덧셈법칙에 의해 다음을 얻는다.

$$S(n,\ k)+S(n,\ k-1)+\ \cdots\ +S(n,\ 2)+S(n,\ 1)$$

여기서 $S(n,\ k-i)$는 i개의 바구니는 빈 채로 두고, $k-j$개의 바구니는 빈 바구니 없이 n개의 구별되는 공을 분배하는 방법을 말한다.

(3b) 빈 바구니 없이 구별되지 않는 바구니에 구별되는 공 n개를 나누어 담는 방법이므로 $S(n,\ k)$가 된다.

(4a) 빈 바구니를 허용하면서 n개의 구별 불가능한 공을 k개의 구별 불가능한 바구니에 분배하는 방법은 빈 바구니가 없다면 n을 정확히 k개의 자연수의 합으로 나타낼 수 있는 방법의 수와 같고, 빈 바구니가 하나 있다면, n을 정확히 $k-1$개의 자연수의 합으로 나타낼 수 있는 방법의 수와 같다. 이와 같이 빈 바구니의 수를 늘려가면서 모든 경우를 구하면, 빈 바구니를 허용하면서 n개의 구별 불가능한 공을 k개의 구별 불가능한 바구니에 분배하는 방법은 n을 k개 혹은 k보다 작은 개수의 자연수의 합으로 나타낼 수 있는 모든 경우의 합이 된다.

(4b) 빈 바구니 없이 n개의 구별 불가능한 공을 k개의 구별 불가능한 바구니에 분배하는 방법의 수는 n을 정확히 k개의 자연수의 합으로 나타내는 방법의 수와 같다. □

[예 시]

(1) 1부터 4까지의 번호가 쓰여 있는 공 4개를 바구니 $A,\ B,\ C,$ 3개에 넣는 방법을 생각하면, 빈 바구니가 없는 경우는 $3!S(4,\ 3)=6\cdot6=36$이 되지만, 빈 바구니가 있어도 되는 경우라면 $3^4=81$가 된다. □

(2) 구별되지 않는 공 4개를 바구니 $A,\ B,\ C,$ 세 개에 담는 방법의 수는 빈 바구니가 없는 경우라면, 일단 공을 바구니에 하나씩 담고, 나머지를 다시 바구니에 담아야 하므로 $C(3,\ 2)=3$이므로 모두 3가지이다. 빈 바구니를 허용한다고 하면, 총 경우의 수는 $C(3+4-1,\ 4)=C(6,\ 4)=15$가지이다. □

(3) 1부터 4까지의 번호가 쓰여 있는 공 4개를 바구니 $A,\ B,\ C,$ 3개에 넣는 방법을 생각하면, 빈 바구니가 없는 경우는 $3!S(4,\ 3)=6\cdot6=36$이 되지만, 빈 바구니가 있어도 되는 경우라면 $3^4=81$가 된다. □

(4) 구별되지 않는 공 4개를 바구니 A, B, C, 세 개에 담는 방법의 수는 빈 바구니가 없는 경우라면, 일단 공을 바구니에 하나씩 담고, 나머지를 다시 바구니에 담아야 하므로 $C(3,\ 2)=3$이므로 모두 3가지이다. 빈 바구니를 허용한다고 하면, 총 경우의 수는 $C(3+4-1,\ 4)=C(6,\ 4)=15$가지이다. □

(5) 1부터 4까지의 번호가 쓰여 있는 공 4개를 구별이 되지 않는 바구니 세 개에 넣는 방법을 생각하자. 빈 바구니가 없는 경우는 각 바구니에 들어갈 공의 수는 4를 3개의 자연수의 합으로 나타낼 수 있는 방법의 수와 같으므로, 각 바구니엔 1개, 1개, 2개씩 공을 담아야 한다. 따라서 $S(4,\ 3)=\binom{4}{1}\binom{3}{1}\binom{2}{2}\frac{1}{2!}=6$이므로 6가지이다. 만일 빈 바구니가 있어도 된다면, 각 바구니에 들어갈 공의 수는 $S(4,\ 1)$, $S(4,\ 2)$, $S(4,\ 3)$의 합과 같으므로, 답은 14가지이다. 즉, $S(4,\ 1)+S(4,\ 2)+S(4,\ 3)=1+7+6=14$ □

(6) 똑같은 모양과 크기의 공 4개를 구별이 되지 않는 바구니 세 개에 넣는 방법을 생각하자. 빈 바구니가 없는 경우는, 4를 정확하게 3개의 자연수의 합으로 표현할 수 있는 유일한 방법이 $4=1+1+3$ 밖에 없으므로 답은 1가지이다. 그런데 빈 바구니가 있어도 된다면, 1개 바구니에 모두 담는 경우, 2개 바구니에 나누어 담는 경우, 3개에 나누어 담는 경우로 각각 생각할 수 있고, 따라서 4를 1개의 자연수, 2개의 자연수의 합, 3개의 자연수의 합으로 나타낼 수 있으므로, $4=4=1+3=2+2=1+1+2$와 같이 4가지이다. 따라서 빈 바구니가 있어도 되는 경우는 모두 4가지의 방법이 있다. □

4.6 치환의 계수(Counting Permutations)

정의 4-6-1 $[n]=\{1,\ \cdots,\ n\}$ 위에서 치환과 치환군에 대해서 다음과 같이 정의한다.

(i) $[n]$ 위에서 정의된 일대일대응함수 $\sigma:[n]\to[n]$를 치환이라 한다.

(ii) Σ_n 혹은 S_n을 $[n]$ 위에서 정의된 모든 일대일대응함수의 집합으로 표시한다.

(iii) S_n 위에서의 이항연산 $\circ : S_n\times S_n\to S_n$을 일반적인 합성함수로 정의한다. 즉, $\sigma,\tau\in S_n$에 대하여 $(\sigma\circ\tau)(k)=\sigma(\tau(k))$으로 정의한다.

합성함수의 역방향 계산 순서를 피하기 위하여 편의를 위하여 $\circ$없이 순서를 바꿔서 $\sigma\circ\tau=\tau\sigma$로 표시하기로 한다.

치환(permutation)이라고 불리는 일대일대응함수의 존재는 계수의 상등을 말해주는 유일한 단서로 사용되고 있다. 간단한 예를 들어, 손가락 다섯 개와 1부터 5까지의 자연수집합 사이에 일대일대응관계(함수)가 존재하므로, 한손의 손가락의 개수와 1부터 5사이의 자연수의 집합은 원소의 개수가 5개로 같다. 무한집합의 원소의 개수를 상대적으로 비교함에 있어서도 일대일대응함수의 존재성으로 결정된다.

[예 시]

함수 $f:\mathbb{N}\rightarrow\mathbb{Z}$을 다음과 같이 정의하면 f는 일대일대응 함수임을 쉽게 알 수 있다.

$$f(n)=\begin{cases}\dfrac{n}{2}, & \text{짝수 } n\in\mathbb{N}\\ -\dfrac{n-1}{2}, & \text{홀수 } n\in\mathbb{N}\end{cases}$$

따라서 자연수의 집합 $\mathbb{N}$과 정수의 집합 $\mathbb{Z}$의 원소의 개수(기수 cardinality)는 같다. 이러한 무한대를 $\aleph_0$(aleph 0)이라고 한다.(무한집합의 cardinality에 대한 자세한 내용은 [36]을 참조)

□ 치환의 표현법

$[n]$ 위에서의 치환 σ는 다음 4가지 표현법으로 나타낼 수 있다.

(i) $2\times n$ 행렬 A_σ: $(A_\sigma)_{1j}=j$ 이고 $(A_\sigma)_{2j}=\sigma(j)$

(ii) $n\times n$ $(0,1)$행렬 $P:(P)_{ij}=\begin{cases}1, \text{if } j=\sigma(i)\\ 0, else\end{cases}$,

(iii) 치환 $n-$항 수열 $a_n=(\sigma(1),\sigma(2),\cdots,\sigma(n))$

(iv) 사이클 표현법 $\sigma=\sigma_1\sigma_2\cdots\sigma_t$ 여기서 $\sigma_i\,(i=1,\cdots,t)$는 각각 사이클이다.

치환 $\tau=(a_1a_2\cdots a_k)$가 치환 σ의 사이클이라는 것은 다음 두 조건을 만족시키는 치환을 의미한다.

(1) $i=1,\cdots,k$에 대하여 $a_i\in[n]$들은 서로 다르며 $a_i=\sigma^{i-1}(a_1)$이 성립한다.

(2) $\sigma(a_k)=\sigma^k(a_1)=a_1$

동일 치환에 대한 서로 다른 표현법을 다음의 간단한 예시를 들어 살펴보기로 하자.

[예 시]

다음 그림과 같이 $[6]$ 위에서 치환 σ가 정의되었다고 하자.

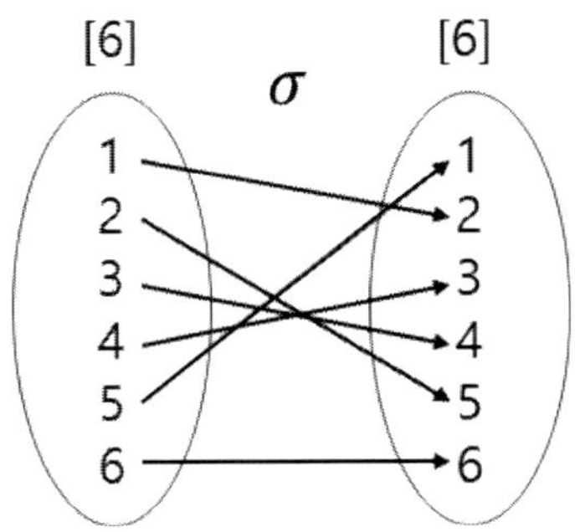

그림 12 치환 σ

(i) $2 \times n$ 행렬로 표현된 $\sigma = \begin{bmatrix} 1\,2\,3\,4\,5\,6 \\ 2\,5\,4\,3\,1\,6 \end{bmatrix}$,

(ii) $n \times n$ $(0,1)$-행렬 $\sigma = \begin{bmatrix} 0\,1\,0\,0\,0\,0 \\ 0\,0\,0\,0\,1\,0 \\ 0\,0\,0\,1\,0\,0 \\ 0\,0\,1\,0\,0\,0 \\ 1\,0\,0\,0\,0\,0 \\ 0\,0\,0\,0\,0\,1 \end{bmatrix}$

(iii) $n-$항 치환 수열 $\sigma = \langle 2, 5, 4, 3, 1, 6 \rangle$,

(iv) 사이클로 표현된 $\sigma = (125)(34)(6)$
$= (125)(34) = (34) \circ (125)$
$= (12)(15)(34) = (34) \circ (15) \circ (12)$

□ 치환군

정의 4-6-1 (iii)에서 주어진 이항연산과 함께 S_n은 군(group)을 이루고 이를 치환군(permutation group) 혹은 대칭군(symmetric group)이라고 한다. 군에 관한 기초적인 내용은 6장의 대수구조를 참조하기 바란다.

정리 4-6-2 임의의 자연수 n에 대한 대칭군 S_n은 비가환군(non-abelian group)을 이룬다. 이때, $|S_n| = n!$ 이다.

| 증명 |

(i) $\sigma, \tau \in S_n$은 각기 일대일대응함수이므로 이들의 합성함수 $\sigma \circ \tau$ 또한 일대일대응함수이고 따라서 $\sigma \circ \tau \in S_n$이다.(즉, S_n은 $\circ$에 대해 닫혀있다)

(ii) $\sigma, \tau, \delta \in S_n$에 대하여, $(\sigma \circ \tau) \circ \delta = \sigma \circ (\tau \circ \delta)$이다.(결합법칙 성립)

(iii) 항등함수 $e \in S_n$에 존재하여 모든 $\sigma \in S_n$에 대해 $\sigma \circ e = e \circ \sigma = \sigma$가 성립한다.(항등원의 존재성)

(iv) 모든 $\sigma \in S_n$에 대하여 σ는 일대일대응함수이기 때문에 항상 σ^{-1}가 S_n에 존재하여 $\sigma \circ \sigma^{-1} = \sigma^{-1} \circ \sigma = e$를 만족한다.(역원의 존재성)

(v) S_3에서 $(12) \circ (123) = (23) \neq (13) = (123) \circ (12)$인 반례가 존재하므로 $(S_n, \circ)$은 비가환군이다.

(i) ~ (v)에 의하여 S_n은 비가환군을 이룬다.

한 편, $\sigma \in S_n$은 치환 n-항 수열로 표현되고 이러한 1 부터 n 까지 자연수를 한 줄로 늘어놓은 수열의 경우의 수는 $n!$이므로 $|S_n| = n!$이다. □

[예 시]

$|S_3| = 3! = 6$이고 구체적으로 $S_3 = \{e, (12), (13), (23), (123), (132)\}$임을 알 수 있다.

이들 치환간의 연산표 표 152와 같다. 또한, $\sigma = (123)$, $\tau = (12) \in S_3$이라 할 때 σ와 τ 의 합성으로 S_3의 모든 치환은 생성될 수 있으며 그들의 연산표는 표 153와 같다.

	e	(12)	(13)	(23)	(123)	(132)
e	e	(12)	(13)	(23)	(123)	(132)
(12)	(12)	e	(123)	(132)	(13)	(23)
(13)	(13)	(132)	e	(123)	(23)	(12)
(23)	(23)	(123)	(132)	e	(12)	(13)
(123)	(123)	(23)	(12)	(13)	(132)	e
(132)	(132)	(13)	(23)	(12)	e	(123)

표 152 사이클로 표현된 S_3의 연산표

	e	τ	$\tau\sigma$	$\tau\sigma^2$	σ	σ^2
e	e	τ	$\tau\sigma$	$\tau\sigma^2$	σ	σ^2
τ	τ	e	σ	σ^2	$\tau\sigma$	$\tau\sigma^2$
$\tau\sigma$	$\tau\sigma$	σ^2	e	σ	$\tau\sigma^2$	τ
$\tau\sigma^2$	$\tau\sigma^2$	σ	σ^2	e	σ	$\tau\sigma$
σ	σ	$\tau\sigma^2$	σ	$\tau\sigma$	σ^2	e
σ^2	σ^2	$\tau\sigma$	$\tau\sigma^2$	σ	e	σ

표 153 σ와 τ로 생성된 $S_3 = D_3$의 연산표

□ 강체운동 군(rigid motions, dihedral groups)

강체운동이란 주어진 평면도형을 모양을 유지한 채, 즉 찢거나 늘리거나 뒤틀림 없이 운동시켜 다시 제 자리로 놓을 수 있는 운동을 뜻한다. 즉 물리적 변형 없이 제 자리로 내려 놓을 수 있는 운동이다. 정삼각형의 꼭짓점을 $1,2,3$이라 하면, 그림 14와 같이 각각 120도, 240도를 무게중심을 따라 회전시키는 강체운동 σ_1, σ_2가 있고, $1,2,3$ 각 점과 마주 보는 대변의 중점을 통과하는 직선을 축으로 하여 180도 뒤집는 강체운동인 τ_1, τ_2, τ_3가 있으며, 마지막으로 각 점을 그대로 유지하는 항등치환(e 혹은 1로 표현)을 포함하여 총 6가지의 강체운동이 존재한다.

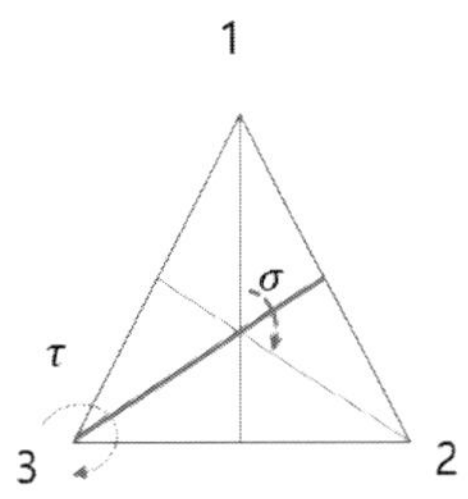

$\sigma = \sigma_1 = (123)$:
중심으로 120° 회전

$\tau = \tau_3 = (12)$:
점 3을 지나고 12에 수선을
축으로 180° 대칭

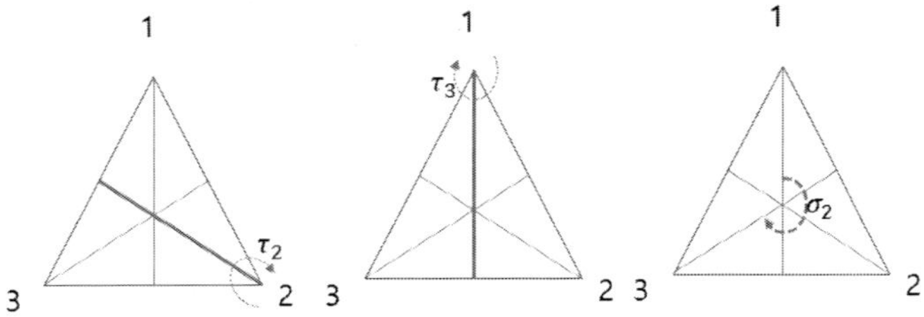

그림 14 정삼각형 위에서의 강체운동

각 운동을 치환으로 표현하면 $e=(1)(2)(3)=1$, $\tau_1=(23)$, $\tau_2=(13)$, $\tau_3=(12)$, $\sigma_1=(123)$, $\sigma_2=(132)$가 되고 이들의 집합은 S_3와 일치한다. 즉 치환군을 이룬다. 이를 D_3라고 표시하면 $D_3=S_3$이므로 D_3의 연산표는 표 153로 나타낼 수 있다.

일반적으로 정다각형에 대한 강체운동의 집합은 치환군 S_n의 부분집합이 되며 합성함수라는 이항연산과 함께 S_n의 부분군(subgroup)이다. 또한 D_n은 다음 예에서 보듯이 교환법칙이 성립하지 않기 때문에, 대표적인 유한인 비가환군(finite non-abelian group)이 된다.

$$\tau\sigma=(23)(123)=(12)\neq(13)=(123)(23)=\sigma\tau$$

이러한 D_n의 일반적인 성질에 대해 정리하기 전에 D_3의 예시를 확장하여 D_4의 치환과 합성의 작동에 대해 자세히 알아봄으로써 강체운동 군에 익숙할 수 있는 체험 기회를 갖기로 한다.

다음 그림 15에서 볼 수 있듯이, D_4는 주어진 정사각형의 외접원의 중심에 대하여 90도, 180도, 270도, 360도를 회전하여 얻어지는 4개의 치환(이중 360도 회전은 다시 제자리로 돌아오므로 항등함수 즉 e가 됨)과 더불어 4개의 대칭축 각각에 대한 180도 대칭시키는 4가지의 치환으로 이루어져 있다.

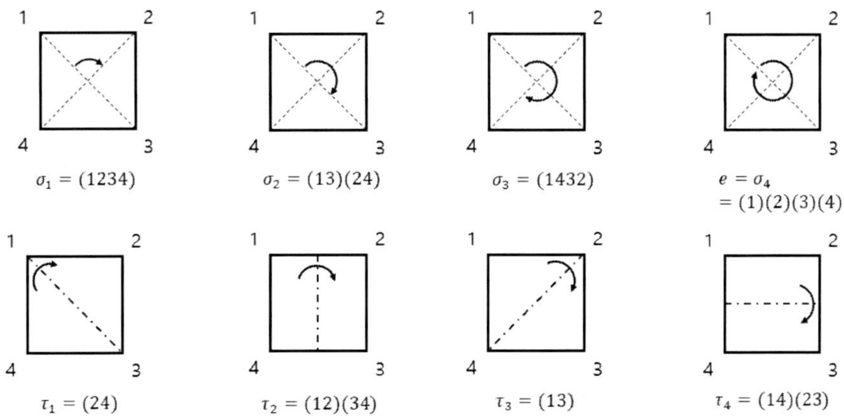

그림 15 정사각형 위에서의 강체운동군 D_4

여기서 $\sigma_1 = \sigma$라 하고 $\tau_1 = \tau$라 놓으면 위의 8 가지 운동 모두가 σ와 τ의 합성으로 나타낼 수 있음을 알 수 있다. 구체적으로 내용은 다음과 같다.

$$\sigma_1 = \sigma,\ \ \sigma_2 = \sigma^2,\ \ \sigma_3 = \sigma^3,\ \ e = \sigma^4,\ \ \tau_1 = \tau,\ \ \tau_2 = \tau\sigma,\ \ \tau_3 = \tau\sigma^2,\ \ \tau_4 = \tau\sigma^3$$

위의 사실을 실제 계산에 의해 확인해 보도록 하자.

$$\sigma^2 = (1234)(1234) = (13)(24) = \sigma_2$$

$$\sigma^3 = (1234)(1234)(1234) = (1432) = \sigma_3$$

$$\tau\sigma = (24)(1234) = (12)(34) = \tau_2$$

$$\tau\sigma^2 = (24)(1234)(1234) = (13) = \tau_3$$

$$\tau\sigma^3 = (24)(1234)(1234)(1234) = (14)(23) = \tau_4$$

위의 사실을 적용하여 D_4의 연산표를 만들면 다음과 같다.

	e	σ	σ^2	σ^3	τ	$\tau\sigma$	$\tau\sigma^2$	$\tau\sigma^3$
e	e	σ	σ^2	σ^3	τ	$\tau\sigma$	$\tau\sigma^2$	$\tau\sigma^3$
σ	σ	σ^2	σ^3	e	$\tau\sigma^3$	τ	$\tau\sigma$	$\tau\sigma^2$
σ^2	σ^2	σ^3	e	σ^2	$\tau\sigma^2$	$\tau\sigma^3$	τ	$\tau\sigma$
σ^3	σ^3	e	σ	σ^2	$\tau\sigma$	$\tau\sigma^2$	$\tau\sigma^3$	τ
τ	τ	$\tau\sigma$	$\tau\sigma^2$	$\tau\sigma^3$	e	σ	σ^2	σ^3
$\tau\sigma$	$\tau\sigma$	$\tau\sigma^2$	$\tau\sigma^3$	τ	σ^3	e	σ	σ^2
$\tau\sigma^2$	$\tau\sigma^2$	$\tau\sigma^3$	τ	$\tau\sigma$	σ	σ^3	e	σ
$\tau\sigma^3$	$\tau\sigma^3$	τ	$\tau\sigma$	$\tau\sigma^2$	σ^3	σ^2	σ^2	e

표 154 σ와 τ로 생성된 D_4의 연산표

위의 D_4의 연산표를 채우기 위해서 그림 15에서 사이클로 정의된 두 치환을 실제로 합성하여 이와 일치하는 D_4의 원소를 합성 연산의 결과로 정할 수 있다. 하지만 다음 사실을 적절히 이용하여 계산하면 $\tau^j\sigma^j$꼴의 두 강체운동의 합성의 결과를 $\tau^{i'}\sigma^{j'}$꼴로 직접 얻게 된다.

(i) $\sigma^4 = e$　　　(ii) $\tau^2 = e$　　　(iii) $\tau\sigma\tau = \sigma^3 (= \sigma^{-1})$

이것에 대한 계산의 예로서, 표 154의 9행 7열의 $\tau\sigma^3$과 $\tau\sigma$의 합성결과를 다음과 같이 쉽게 구할 수 있다.

$$\begin{aligned}
(\tau\sigma^3)(\tau\sigma) &= (\tau\sigma^3)(\sigma^3\tau) && (iii)\text{에 의하여 } \tau\sigma = \sigma^3\tau \text{ 이므로}\\
&= \tau\sigma^6\tau \\
&= \tau\sigma^2\tau && (ii)\text{에 의하여 } \sigma^6 = \sigma^2 \text{ 이므로}\\
&= \sigma^3\tau\sigma\tau && (iii)\text{에 의하여 } \tau\sigma = \sigma^3\tau \text{ 이므로}\\
&= \sigma^3\sigma^3 && (iii)\text{에 의하여 } \tau\sigma\tau = \sigma^3 \text{ 이므로}\\
&= \sigma^2 && (ii)\text{에 의하여 } \sigma^6 = \sigma^2 \text{ 이므로}
\end{aligned}$$

D_4에 대한 위의 성질들은 정n각형 위에서 정의된 강체운동군 D_n로 쉽게 확장될 수 있다. 먼저 D_n의 모든 원소는, $2\pi k/n$ $(k=1, \cdots ,n)$ 만큼 회전하는 운동 σ와 정n각형에 존재하는 n개의 대칭축 중 한 개의 축을 중심으로 180도 뒤집는 운동 τ의 합성 나타낼 수 있다. 이 운동은 정의에 따라 $\sigma^n=e$가 되며 $\tau^2=e$이 되며 이들의 합성은 $\tau^i\sigma^j(i=0,1,\ j=0,1,\cdots,n-1)$와 같은 꼴로 나타낼 수 있다. 정리 4-6-3 는 다음과 같이 요약될 수 있다.

정리 4-6-3 D_n을 1부터 n까지의 자연수를 꼭짓점으로 하는 정n각형 위에서 정의된 강체운동군이라 하고, $\sigma\in D_n$을 $2\pi/n$ 만큼 회전하는 운동 중 하나라 하고, $\tau\in D_n$을 정n각형의 대칭축을 중심으로 180도 뒤집는 한 강체운동이라고 하자. 이때, 다음이 성립한다.

(1) $\sigma^n=e$ (여기서 $e\in D_n$은 항등치환을 표시한다)

(2) $\tau^2=e$ (3) $\tau\sigma\tau=\sigma^{n-1}(=\sigma^{-1})$ (4) $|D_n|=2n$

(5) $D_n=\langle\tau,\sigma:\sigma^n=e=\tau^2,\tau\sigma\tau=\sigma^{n-1}\rangle$

군론에서는 $[n]$위에서 정의된 치환군 S_n의 부분군인 강체 운동군 D_n을 위의 정리 4-6-3 (5)와 같이 정의한다. 즉, $D_n=\langle\tau,\sigma:\sigma^n=e=\tau^2,\tau\sigma\tau=\sigma^{n-1}\rangle$으로 정의한다.

[예 시]

위의 정리에 의하면 D_5에 속하는 두 치환 $\sigma=(12345)$, $\tau=(25)(34)$에 대하여 D_5는 다음과 같이 표현될 수 있다.

$$\begin{aligned} D_5 &= \langle\tau,\sigma:\sigma^5=e=\tau^2,\tau\sigma\tau=\sigma^4\rangle \\ &= \{e,\sigma,\sigma^2,\sigma^3,\sigma^4,\tau,\tau\sigma,\tau\sigma^2,\tau\sigma^3,\tau\sigma^4\} \end{aligned}$$

따라서, $|D_5|=10$ 임을 알 수 있다. $\tau\sigma\tau=\sigma^4$을 적용하여 D_5에서의 치환들의 연산의 예를 들면 다음과 같다.

$$\begin{aligned} \sigma^3\tau &= \sigma^2(\sigma\tau)=\sigma^2\tau\sigma^4=\sigma(\sigma\tau)\sigma^4 \\ &= \sigma(\tau\sigma^4)\sigma^4=\tau\sigma^4\sigma^4\sigma^4=\tau\sigma^{12} \\ &= \tau\sigma^2 \end{aligned}$$

연 습 문 제 4.6

1. 표 119를 이용하여 다음이 성립함을 확인하라.
   (1) $p(5,2)=p(3,1)+p(3,2)$
   (2) $p(5,3)=p(2,1)+p(2,2)+p(2,3)$

2. 자연수 7의 분할을 모두 구하고 $p(7)$이 표125의 값과 일치하는지 확인하라.

3. 2 보다 큰 자연수 n에 대하여, $n+1$의 분할 중에서 다음과 같은 꼴의 분할의 개수는 $p(n+1)-p(n)$임을 증명하라.
   $n+1=n_1+\cdots+n_k \quad (2 \le n_1 \le \cdots \le n_k)$

4. 2 보다 큰 자연수 n에 대하여, 다음이 성립함을 보여라.
   $p(n) \le \dfrac{p(n+1)+p(n-1)}{2}$

5. 외국에서 오는 바이어 6명을 세 대의 자동차에 나누어 태워 회사까지 데리고 가려고 할 때, 누구와 함께 타고 가는 가를 고려하여 나누어 타고 가는 총 방법의 수를 구하라.

6. 회사의 중역 5명을 데리고 3개의 회의실에 나누어서 회의를 하려고 할 때, 3개의 회의실에서 5명이 회의할 수 있는 모든 경우의 수를 구하라. 단, 각 회의실엔 5명이 모두 들어갈 수 있으며, 5명은 같은 시간에 반드시 회의를 해야 한다.

7. 구별이 되지 않는 버스 5대를 구별이 되지 않는 3 군데의 차고에 나누어 주차할 때, 다음 물음에 답하라.
   (1) 각 차고에 적어도 한 대의 버스가 주차되도록 할 때, 주차할 수 있는 모든 경우의 수를 구하라.
   (2) 빈 차고가 있어도 되면, 주차할 수 있는 모든 경우의 수를 구하라.

8. (1) 선형 방정식 $x+y+z=14$를 만족시키는 음이 아닌 정수해 $x, y, z \le 7$을 모두 구하라.
   (2) 선형 방정식 $x+y+z=20$에서 x가 홀수이고, $2 \le y \le 5$이고, z가 소수인 음이 아닌 정수해의 개수를 구하라.

9. $S(4,1)=1,\ S(4,2)=7,\ S(4,3)=6,\ S(4,4)=1$임을 보여라.

10. 자연수 n과 $0 \le k \le n$에 대하여 다음이 성립함을 증명하라.
    $S(n,k)=\sum_{j=0}^{n}\binom{n-1}{j}S(j,k-1)$

11. 표 126과 정리 4-2-5를 이용하여 다항식 $f(x)=x+2x^2+3x^3+4x^4+5x^5$을 $f(x)=\sum_{k=1}^{n}a_k x^{\underline{k}}$으로 전개하였을 때, $x^{\underline{k}}$의 계수 a_k $(k=1,\cdots,5)$를 구하라.

12. 표 134를 이용하여 다항식 $g(x)=x^{\underline{1}}+2x^{\underline{2}}+3x^{\underline{3}}+4x^{\underline{4}}+5x^{\underline{5}}$을 다항식의 오름차수로 전개했을 때, 즉

$g(x)=\sum_{k=1}^{n} b_k x^k$으로 전개하였을 때, x^k의 계수 b_k $(k=1, \cdots, 5)$를 구하라.

13. 제 2 스털링 수 $S(n,k)$에 대한 표 126의 11번째 행을 정리 4-2-3을 적용하여 완성하라.

14. 제 1 스털링 수 $s(n,k)$에 대한 표 134의 9 번째 행을 정리 4-2-8을 적용하여 완성하라.

15. 다음과 같이 정의된 수열 E_n, F_n, G_n, H_n, I_n은 $C_n=\frac{1}{n+1}\binom{2n}{n}$으로 정의되는 카탈란 수열과 같은 수열임을 증명하라.

(1) 모든 $k=1, \cdots 2n$에 대하여 $a_1+\cdots+a_k \geq 0$을 만족하면서 n개의 '+1'과 n개의 '-1'로 이루어진 수열 $\{a_k\}_{k\in[2n]}$의 개수 E_n

(2) 볼록 $(n+2)$각형을 서로 교차하지 않게 대각선을 그어 모두 삼각형으로 분해하는 방법의 개수 F_n

(3) 등간격으로 있는 원주 위에 $2n$개의 점에 두 점씩 n개의 선분을 서로 교차하지 않고 그릴 수 있는 방법의 개수 G_n

(4) n개의 선을 갖는 번호 없는 근평면수형도의 개수 H_n

(5) $n+1$개의 정사각형 행렬을 결합법칙을 이용하여 곱셈연산을 할 수 있는 전체 방법의 개수 I_n

16. 강체운동군 D_{10}에서 σ를 정십각형의 중심으로 $2\pi/10$ 만큼 회전하여 얻어지는 치환이라하고 τ를 점 1을 지나는 정십각형의 대칭축을 중심으로 180도 회전하여 얻어지는 치환이라고 할 때, $(\sigma\tau\sigma)^{33}(\sigma\tau)^{22}\sigma^{11}$을 정리 4-6-3 (5)으로 표현된 D_{10}의 원소로 나타내어라. (즉, $\tau^i\sigma^j$ $(i=0,1, j=0, \cdots, 9)$ 꼴로 나타내어라)

17. 1부터 4까지의 숫자로 표시된 4개의 꼭짓점으로 이루어진 정사면체의 강체운동군을 구현하라.

18. 1부터 8까지의 숫자로 표시된 8개의 꼭짓점으로 이루어진 정육면체 위에서 주어지는 강체운동군(group of rigid motion)을 구현하라. 이 군은 몇 개의 치환으로 생성되는가?

5장.

그래프 이론
(graph theory and its application)

5.1 그래프의 정의와 용어

□ 그래프 개념과 표현방법

그래프 G는 유한 꼭짓점의 집합 V와 V의 2-집합(2-set: V에 속하는 두 원소로 이루어진 집합)으로 이루어진 모서리 집합 E의 순서쌍 $G=(V, E)$으로 정의된다. 이때, V의 원소를 '꼭짓점(vertex)' 혹은 '점(point)'라 부르며 E의 원소인 2-집합을 '모서리(edge)' 혹은 '선(line)'이라 명명한다. 이때, 선 $\{u,v\}\in E$을 간단히 $uv\in E$로 표시하기로 한다. 또한 주어진 그래프 G의 꼭짓점 집합을 $V(G)$라고 표시하고 그래프 G의 모서리 집합을 $E(G)$로 표시한다.

다중그래프(multi-graph) $G=(V, E)$는 점집합 V와, V의 2-중복집합(2-multi-set)을 원소로 하는 적당한 중복집합(multi-set) E의 순서쌍으로 정의된다. 즉, 중복그래프 G의 E는 같은 선을 중복해서 원소로 가질 수 있음을 뜻한다. 이때, 같은 선이 두 번 나타날 때 그 선을 이중선(double edge)라고 하고, 같은 선이 세 번 반복해서 나타나면 삼중선(triple edge)이라고 한다. 또한 $v\in V(G)$에 대하여 $vv\in E(G)$이면 이러한 vv를 G에서의 v의 루프(loop)라 한다. (다중)그래프 G의 어떤 선에도 포함되지 않은 꼭짓점 $v\in V(G)$를 고립점(isolated point)이라 한다.

방향그래프 $G=(V, Arc)$는 V를 유한 집합이라고 하고 A를 V의 두 점으로 이루어진 순서쌍(order pair)의 집합이라 하자. 이때, 방향그래프 G는 V와 A로 이루어진 순서쌍 (V,Arc)로 정의된다. 여기서, Arc의 원소인 순서쌍 (u,v)를 'uv-유향선분(arc)', 혹은 'uv-호'라 부르며 이를 $\overrightarrow{uv}$로 표시하고 Arc를 G의 유향선분 집합이라고 한다. 주어진 방향그래프 G의 점의 집합을 $V(G)$라 표현하며, 그 호의 집합을 $Arc(G)$라 표시한다.

위와 같이 집합의 용어로 정의된 그래프 G는 다음과 같은 세 가지 표현법으로 나타낼 수 있다.

(i) **집합 표현법(정의)** :

$V(G)=\{v_1, v_2, \dots, v_n\}$와 이들 원소의 2-집합으로 이루어진 모서리 집합$E(G)$를 제시함으로서 표현 한다.

(ii) **다이어그램 표현법** :

평면에 V의 원소를 점으로 표현하고 E의 원소인 모서리는 양 끝점을 잇는 선으로 표현한다.

(iii) **행렬 표현법** : $V(G)=\{v_1, v_2, \dots, v_n\}$라 할 때, 다음과 같이 만들어지는 $n\times n$ 행렬(인접행렬, adjacent matrix) A로 표현한다.

$$A(G)=(a_{ij})=\begin{cases}1, & v_iv_j\in E\\ 0, & v_iv_j\not\in E\end{cases}$$

이러한 세 가지 표현법에 대하여 다음과 같이 주어진 간단한 예를 통하여 이해하도록 하자.

그래프 $G=(V,E)$는 다음의 집합 V와 V의 2-집합의 집합 E로 정의되었다고 하자.

$$V=\{a,b,c,d\},\quad E=\{ab,bc,bd,cd\}$$

이때 그림 16와 같이 G는 다이어그램과 인접행렬로 나타낼 수 있다.

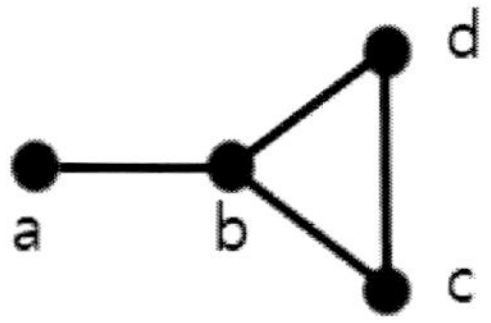

$$\begin{array}{c} \\ a\\ b\\ c\\ d \end{array}\begin{array}{c} a\,b\,c\,d \\ \begin{bmatrix} 0&1&0&0\\ 1&0&1&1\\ 0&1&0&1\\ 0&1&1&0 \end{bmatrix} \end{array}=A$$

그림 16 다이어그램과 인접행렬

다이어그램과 인접행렬에 의한 그래프의 표현법은 다중 방향그래프로도 확장하여 표현할 수 있다. 다이어그램에서는 유향선분은 시점에서 종점으로 가는 화살표로 나타내고 루프도 점에서 점으로 돌아오는 닫힌곡선으로 나타낸다. $V=\{v_1,\ v_2,\ \dots,\ v_n\}$ 위에서 정의된 다중 방향그래프 $G=(V,\ Arc)$의 행렬표현은 그래프와 유사하게 다음과 같이 정의된 행렬 $A=(a_{ij})$로 표현된다.

$$a_{ij}=\left|\left\{v_j\in V:\overrightarrow{v_iv_j}\in Arc\right\}\right|$$

그림 17은 다중 방향그래프의 다이어그램과 인접행렬 표현에 대한 간단한 예이다.

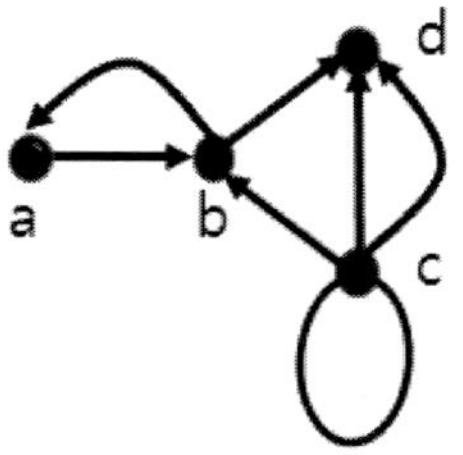

$$\begin{array}{c} \\ a\\ b\\ c\\ d \end{array}\begin{array}{c} a\,b\,c\,d \\ \begin{bmatrix} 0&1&0&0\\ 1&0&0&1\\ 0&1&1&2\\ 0&0&0&0 \end{bmatrix} \end{array}=A$$

그림 17 다중방향그래프의 표현

이 책에서는 그래프라 함은 특별히 표시하지 않는 한, 단순그래프 즉 꼭짓점과 모서리의 집합으로 표현될 수 있는 다중이거나 유향이 아닌 그래프를 뜻한다.

□ 그래프 용어 정리

그래프 이론에서 쓰이는 용어들을 정리하고 그 예로서 이들을 이해해 보기로 한다.

- 주어진 그래프 G에서 $|V(G)|=n$을 G의 **위수(order)**라 하고 $|E(G)|=m$을 G의 크기(size)라고 한다. 이러한 그래프 G를 (m,n)그래프라고 하자.

- $u,v\in V(G)$에 대하여 $uv\in E(G)$이면 u와 v가 **'이웃'**(u **is adjacent to** v)에 있다 혹은 u는 v와 연결되어 있다고 한다. 두 선 $e,f\in E(G)$가 한 꼭짓점을 공유하면 e와 f가 **'만난다'**(혹은 '이웃하다')(e and f are adjacent)라고 말한다. 만약 어떤 점 x에 대하여 $e=vx$이면

점 x가 선 e **'위에 있다'**(u **is incident to** e) 혹은 선 e가 점 x '위에 있다'(incident)라고 말한다.

- $v \in V(G)$에 대하여 $N(v)$를 v의 **이웃집합(neighborhoods)이**라 하고 다음과 같이 정의한다.

$$N(v) = \{x \in V(G) \mid vx \in E(G)\}$$

이때, $u \in N(v)$를 v의 이웃점(a neighbor of v)이라 한다. $U \subseteq V(G)$에 대하여 U의 이웃집합을 다음과 같이 정의할 수 있다.

$$N(U) = \cup_{x \in U} N(x)$$

같은 방식으로 $\overline{N(v)}$를 v의 탈 이웃집합(anti-neighborhoods)라 하고 다음과 같이 정의한다.

$$\overline{N(v)} = \{x \in V(G) - \{v\} \mid vx \notin E(G)\} = V(G) - (N(v) \cup \{v\})$$

$v \in V(G)$에 대하여 $\deg v$를 v의 차수(degree of v)라 하고, 이는 v와 이웃하고 있는 선의 개수를 의미한다. 즉, $\deg v = |N(v)|$으로 정의된다. G의 차수 수열(degree sequence)은 각 점의 차수를 큰 순서대로 늘어놓은 수열을 뜻하고 $\deg_G$로 나타낸다. 위수가 n인 그래프 G의 $\deg_G$는 길이가 n인 유한수열 $(d_1, \cdots, d_n)$을 이룬다.

- $v \in V(G)$에 대하여 $\deg v$가 짝수이면 짝수점(even vertex)이라 하고, 홀수이면 홀수점(odd vertex)이라 한다. 또한 $\deg v = 0$이면 이 점을 고립점(isolated vertex)이라 하고, $\deg v = 1$이면 끝점(end-vertex, leaf)이라 한다.
- $\Delta(G) = \max\{\deg v \mid v \in V(G)\}$, $\delta(G) = \min\{\deg v \mid v \in V(G)\}$로 정의하고 이를 각각 그래프 G의 최대 차수, 최소 차수로 부른다.

다음 그림 18로 주어진 그래프에 대하여 용어들을 적용해 보기로 하자.

(1) $N(\{a,e\}) = \{b,d,h,f\}$, $N(\{a,c\}) = \{b,d,h\}$

(2) $\deg(c) = 2$, $\Delta(G) = 5$, $\delta(G) = 2$

(3) $\deg_G = (5,5,4,3,3,3,3,2)$

(4) G의 짝수점의 집합은 $\{c, g\}$이고 G의 홀수점의 집합은 $V - \{c,g\}$이다.

(5) $\Delta(G) = 5 = \deg(b) = \deg(d)$, $\delta(G) = 2 = \deg(c)$

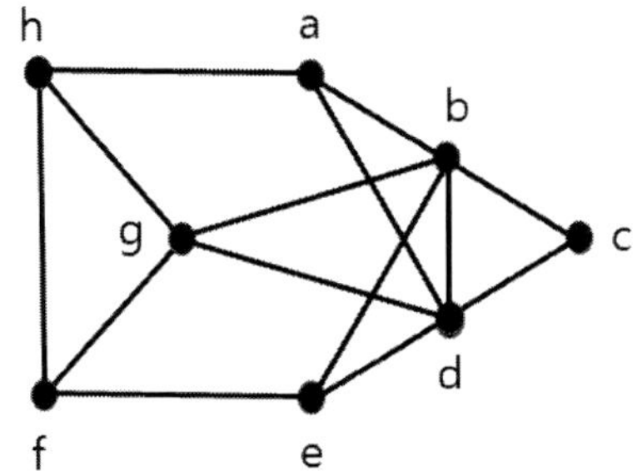

그림 18 그래프 $G = (V, E)$

연 습 문 제 5.1

1. 아래 그림이 나타내는 그래프에 대하여 다음 물음에 답하여라.

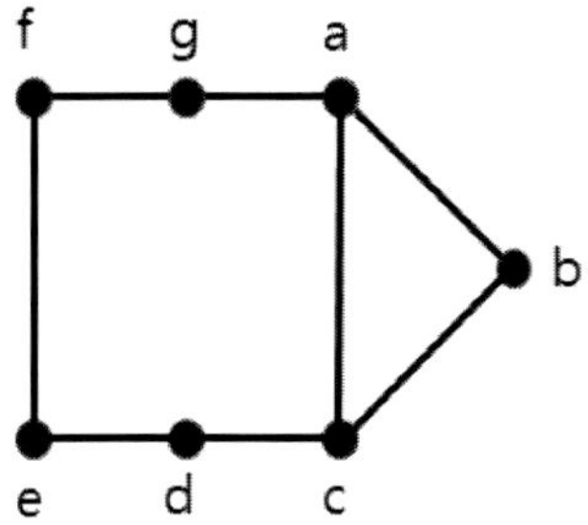

G

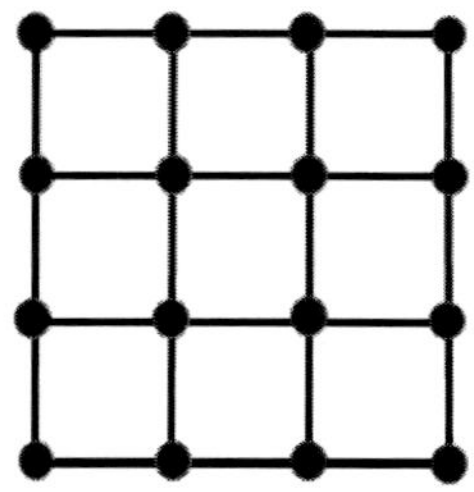

H

(1) 그래프 G와 H의 위수와 크기를 각각 구하라.

(2) H의 꼭짓점에 0 ~ 3까지의 정수의 순서쌍으로 이름을 부여하고 이를 이용하여 모서리의 집합 $E(H)$를 조건제시법으로 표현하라.

2. 위수가 n인 모든 그래프는 많아야 $\binom{n}{2}$ 이하의 선을 가지고 있음을 보여라.

3. $V=\{1,2,3,4,5,6\}$를 점집합으로 하고 크기가 14인 그래프의 개수를 구하라. 또한 이들 그래프를 모두 그려라.

4. 아래 인접행렬 $A(G)$, $A(H)$로 주어진 두 그래프 G와 H의 개형을 각각 그려라.

$$A(G)=\begin{bmatrix} 0&1&1&1&1&1 \\ 1&0&1&1&1&1 \\ 1&1&0&1&1&1 \\ 1&1&1&0&1&1 \\ 1&1&1&1&0&1 \\ 1&1&1&1&1&0 \end{bmatrix}, \qquad A(H)=\begin{bmatrix} 0&1&1&0&1&0&0&0 \\ 1&0&0&1&0&1&0&0 \\ 1&0&0&1&0&0&1&0 \\ 0&1&1&0&0&0&0&1 \\ 1&0&0&0&0&1&1&0 \\ 0&1&0&0&1&0&0&1 \\ 0&0&1&0&1&0&0&1 \\ 0&0&0&1&0&1&1&0 \end{bmatrix}$$

5. 아래 두 그래프의 인접행렬을 각각 구하라.

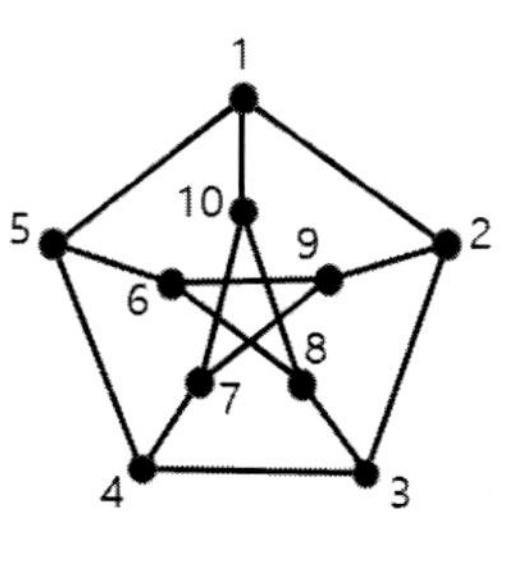

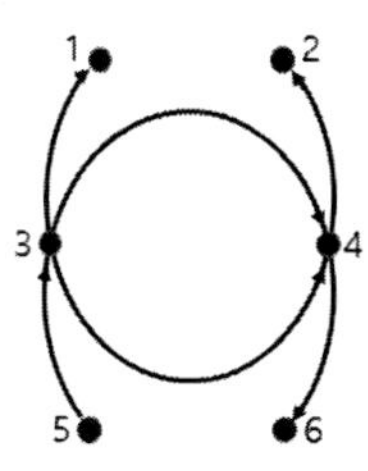

5.2 그래프의 기본 계수(counting)정리

주어진 조건을 만족하는 그래프의 개수를 세는 문제는 매우 중요한 조합수학의 대상으로 다루어져 왔다. 이 절에서는, 그래프의 계수 문제를 다루는데 있어서 가장 기본이 되는 정리들에 대해서 알아보기로 한다. 이러한 기본정리들은 그래프이론을 창시한 오일러(Leonhard Euler, 1707~1783)에 의해서 제시되었기에 '오일러의 그래프 계수정리'(Euler's counting lemmas)라고도 불린다. 이들 결과는 대부분이 조건이 없는 모든 그래프의 일반적인 성질에 대해서 말하고 있어서, 대부분의 특수한 그래프의 계수 문제에 적용될 수 있는 기본적인 내용을 담고 있다. 먼저, 주어진 위수를 가진 그래프 개수를 세는 것으로부터 시작하자.

정리 5-2-1 위수가 n 인 점집합 V 위에서 정의될 수 있는 그래프의 총 개수는 다음과 같다.

$$2^{\binom{n}{2}}=2^{\frac{n(n-1)}{2}}$$

| 증명 |

주어진 n개의 점집합을 갖는 임의의 그래프 G에서는 $N=\binom{n}{2}$개의 포함 가능한 모서리가 있는데 이들 각 각이 $E(G)$에 포함되는지 여부에 따라 하나의 그래프가 결정된다. 다시 말해, N개의 존재 가능한 선은 각각 그래프에 포함되거나 포함되지 않는 두 가지 경우를 가지고 있다. 즉, 구하는 그래프의 총개수는 2^N이다. □

정리 5-2-2 위수가 n 인 점집합 V 위에서 정의될 수 있는 크기가 m 인(m개의 모서리를 갖는) 그래프의 총 개수는 $\binom{\binom{n}{2}}{m}$이다.

| 증명 |

구하는 각각의 그래프의 선의 개수는 m이고 V 위에서 존재 가능한 선의 총개수는 $N=\binom{n}{2}$이므로, 구하는 그래프의 총개수는 N개의 선 가운데 m개의 선을 뽑는 경우의 수가 된다. □

정리 5-2-3 점집합이 $V=\{v_1, v_2, \dots, v_n\}$인 그래프의 이웃 표현 행렬이 $A=(a_{ij})_{n\times n}$으로 주어졌다면, $\deg v_i=\sum_{j=1}^{n} a_{ij}$가 성립한다.

| 증명 |

$a_{ij}=1$은 v_i와 v_j가 이웃함을 의미한다. 그러므로 고정된 i에 대한 a_{ij}를 $j=1, \cdots, n$에 대하여 모두 합하면 이것은 v_i와 이웃한 v_j의 개수, 즉 $\deg v_i$를 의미한다. □

정리 5-2-4 점집합이 $V=\{v_1, v_2, \dots, v_n\}$이고 크기가 m인 그래프의 이웃 표현 행렬이 $A=(a_{ij})_{n\times n}$라 할 때, 다음이 성립한다.

$$\sum_{i=1}^{n}\deg v_i = 2m = \sum_{i,\, j=1}^{n} a_{ij}$$

| 증명 |

집합 I를 다음과 같은 순서쌍의 집합으로 정의하자.

$$I=\{(v, e) : v\in e, v\in V(G), e\in E(G)\}$$

이제 I 의 크기 즉 $|I|$을 다음 두 가지 방법으로 센다.

(i) 임의의 점 v_i에 대하여 v_i를 포함한 선의 개수는 $\deg v_i$ 이고 서로 다른 v_i는 n개가 존재하므로 집합 I에 속하는 순서쌍의 개수는 다음과 같다.

$$|I|=\sum_{i=1}^{n}\deg v_i$$

(ii) 하나의 선 e는 두 개의 점으로 이루어져 있으므로 주어진 e에 대한 서로 다른 순서쌍의 개수는 2개가 된다. 그런데 서로 다른 선의 총개수는 $|E|=m$이므로 I 에 속하는 순서쌍의 총 개수는 다음과 같다.

$$|I|=2|E|=2m$$

(i)과 (ii)에 의하여 $\sum_{i=1}^{n}\deg v_i = 2m$ 이 성립한다.

한편, G의 이웃 표현 행렬에서 보면 $a_{ij}=1$은 v_i와 v_j가 만나는 선이 있음을 의미하고 $a_{ij}=a_{ji}$이므로 $\sum_{i,\, j=1}^{n} a_{ij}$는 v_i와 v_j가 만나는 선을 두 번씩 세었음을 뜻한다. 따라서 $2m=\sum_{i,\, j=1}^{n} a_{ij}$ 이므로 원하는 관계식은 성립한다. □

위의 정리에 대한 증명은 중복계수법(double counting)으로서 조합론의 계수법에서 가장 중요한 셈의 기법이다. 중복계수법은 깃발 집합(Flags)이라 불리는 집합 I를 설정한 후, 이 I의 크기를 두 가지 방법으로 셈을 함으로써 알고자 하는 미지수를 포함하는 등식(방정식)을 세우고, 이 방정식을 풀어서 원하는 답을 얻게 되는 절차로 이루어진다. 독자는 정리 5-2-4의 증명을 통하여 중복계수법에 대하여 익숙할 수 있는 경험이 되기를 바란다.

정리 5-2-5 임의의 그래프 G 의 홀수점의 개수는 짝수 개이다.

| 증명 |

그래프 G의 크기 즉 선의 개수를 m이라 하자. V_o를 G의 홀수점 집합이라 하고 V_e를 G의 짝수점 집합이라 하면, V의 모든 점은 홀수점이거나 짝수점 둘 중 하나이므로, V는 V_o와 V_e로 분할된다. 따라서 정리 5-2-4에 의하여 다음이 성립한다.

$$2m = \sum_{v \in V} \deg v = \sum_{v \in V_e} \deg v + \sum_{v \in V_o} \deg v$$

여기서 좌변의 $2m$은 짝수이고 우변의 $\sum_{v \in V_e} \deg v$ 또한 짝수이므로 $\sum_{v \in V_o} \deg v$는 짝수가 된다. 그런데 $\sum_{v \in V_o} \deg v$는 홀수인 $\deg v$을 $|V_o|$번 더한 것이 짝수가 되어야 하므로 $|V_o|$은 짝수가 되어야 한다. 즉, 홀수점의 개수 $|V_o|$은 짝수이다. □

정리 5-2-3 위수가 2 이상인 모든 그래프 G는 적어도 2개 이상의 차수가 같은 점을 갖는다.

| 증명 |

2 이상의 위수 n을 갖는 그래프 G에서 모든 점의 차수가 각각 다르다고 가정하자. 이때 $D(G) = \{\deg(v) \mid v \in G\}$라 하면 $|D(G)| = n$이다.

한편 임의의 $v \in V(G)$에 대하여 $0 \leq deg(v) \leq n-1$이므로 차수 함수 $\deg : V(G) \to \{0, 1, \cdots, n-1\}$는 일대일대응함수가 된다. 따라서 $\deg(v_1) = 0$ 과 $\deg(v_2) = n-1$을 만족하는 서로 다른 점 v_1과 v_2가 $E(G)$에 존재함을 알 수 있고, 이는 모순이다. 왜냐하면, $\deg(v_2) = n-1$이면 $v_1 v_2 \in E(G)$이므로 $\deg(v_1) = 0$임에 모순이고, 같은 이유로 $\deg(v_1) = 0$일 때에도 $\deg(v_2) = n-1$을 만족하는 v_2의 존재성은 모순이 되기 때문이다. □

정리 5-2-4와 유사한 결과는 G가 방향그래프일 때도 성립한다. 방향그래프에 관한 용어와 기호를 좀 더 자세히 알아보면 다음과 같다. 방향그래프(digraph, directed graph) $D=(V, A)$는 그래프의 정의를 일반화하여 점집합 V와, V에 속하는 두 원소의 순서쌍으로 이루어진 집합 A로 이루어진 '순서쌍'으로 정의된다. 그래프의 정의에서와는 달리 A의 원소는 호(arc)라 부르며, 또한 일반 그래프에서 선을 '$e=uv$'로 표시하는 대신 방향 그래프에서는 호를 '$e=\overrightarrow{uv}$'로 표시한다. 따라서 그래프의 선 집합에서는 두 선 uv와 vu은 동일한 선을 의미하지만, 방향 그래프의 호 집합에서는 호의 방향이 서로 다르므로 $\overrightarrow{vu} \neq \overrightarrow{uv}$이다.

방향 그래프 $D(V, A)$에서 $e=\overrightarrow{uv} \in A$일 때 '점 u가 점 v로 이어져 있다'(혹은 이웃한다)고 말하며 '점 v가 점 u로부터 이어져있다'(이웃한다)고 한다. 또한 '호 e는 점 u를 점 v로 이어준다(연결한다)' 혹은 '호 e는 점 v를 점 u로부터 이어준다(연결한다)'라고 부른다. 편의에 따라, 벡터의 명명법과 똑같이 'e는 시점을 u, 종점을 v로 하는 호'라고 부르기도 한다.

방향그래프에서는 꼭짓점의 차수(degree)를 다음과 같이 두 종류의 차수로 구분하게 된다. $D=(V, A)$를 위수 2 이상인 방향그래프라고 하고 $v \in V(D)$라 하자. 이때, v의 '안 차수'(indegree of v)을 $ideg(v)$로 표시하고, D의 호(arc) 중에서 v를 종점으로 하는 호의 개수로 정의한다. 즉, $ideg(v) = \left|\{\overrightarrow{xy} \in A : y=v\}\right|$. 또한 v의 '밖 차수'(outdegree of v)을 $odeg(v)$로 표시하고, D의 호(arc) 중에서 v를 시점으로 하는 호의 개수로 정의한다. 즉, $odeg(v) = \left|\{\overrightarrow{xy} \in A : x=v\}\right|$. 이때, $\deg(v)$를 v의 총 차수라 하고 다음과 같이 정의한다.

$$\deg(v) = ideg(v) + odeg(v)$$

이제 정리 5-2-4를 다음과 같이 방향 그래프로 확장해 보기로 하자. 증명은 그래프의 경우와 유사하므로 생략하기로 한다.

정리 5-2-7 $|A|=m$인 방향 그래프 $D=(V, A)$는 다음 식을 만족시킨다.

$$\sum_{v \in V} i\deg(v) + \sum_{v \in V} o\deg(v) = 2m$$

연 습 문 제 5.2

1. 위수가 n인 모든 그래프는 많아야 $\binom{n}{2}$ 이하의 선을 가지고 있음을 보여라.

2. 다음 명제가 참이면 증명하고 거짓이면 반례를 들라.
"그래프 G가 홀수 점을 정확히 두 개 가지고 있다고 가정하면 이 두 홀수 점을 잇는 모서리가 반드시 존재한다."

3. 모든 점의 차수가 3인 위수 9인 그래프는 존재하지 않음을 증명하라.

4. 다음을 차수 수열로 갖는 위수 5인 그래프는 존재하는가? 존재하면 예시하고 존재하지 않으면 그 이유를 밝혀라.
(1) $(4,4,3,2,2)$
(2) $(4,1,1,1,1)$
(3) $(4,2,2,1,1)$
(4) $(1,1,1,1,0)$

5. 임의의 길이가 n인 0이 아닌 짝수 d_i를 항으로 하는 수열 $(d_1, d_2, \cdots, d_n) = D$에 대하여 D를 차수 수열로 가지는 위수 n의 그래프가 항상 존재함을 보여라.

6. 다음 수열을 차수 수열로 갖는 그래프를 그려라.
$$(5,4,3,3,3,2,2)$$

7. G를 $(d_1, d_2, \cdots, d_n)$을 차수 수열로 가지는 그래프라 하자. $0 < k < n$을 만족하는 정수 k에 대하여 다음 부등식이 성립함을 증명하라.
$$\sum_{i=1}^{k} d_i \leq k(k-1) + \sum_{i=k+1}^{n} \min\{k, d_i\}$$

8. 음이 아닌 정수 항으로 이루어진 수열 $(d_1, d_2, \cdots, d_n)$가 짝수인 $d_1 + d_2 + \cdots + d_n$을 이룰 때,위의 수열을 차수 수열로 가지는 위수 n의 그래프를 구현하는 알고리즘을 제시하라.

5.3 그래프의 길(walk)

먼저 그래프 $G=(V, E)$에서 점 사이 및 선 사이의 이동에 관한 용어를 먼저 정의하기로 하자. 다음의 용어들은 영문의 영어를 국문으로 번역하여 사용하는 것이다. 그래프 이론에서 쓰이는 영문 용어들은 누구나 쉽게 쓰는 생활 단어를 그대로 채택하고 있다. 다음의 용어들은 그래프의 점들 사이를 모서리를 따라 산책을 하거나 자동차로 드라이브를 한다고 생각한다면 더 자연스럽게 다가 올 것이다.

[길(walk), 닫힌 길(closed walk)]

주어진 그래프 G에 대하여 길이 n의 $u-v$ 길(walk) W란, 주어진 점 $u, v \in V$에 관하여 $v_0=u,\ v_n=v,\ v_iv_{i+1} \in E$, (단, $i=0, 1, \cdots, n-1$)을 만족시키는 G의 점 수열

$$W : v_0, v_1, \cdots, v_n$$

로 정의한다. 이때, W의 길이는 W 위의 선의 개수, 즉 W 위의 (점의 개수-1)을 뜻한다. 길 W이 시점과 종점이 같으면 (즉, $v_0=v_n$) 이 길 W는 '닫혀 있다'라고 하며, 닫혀 있지 않은 길 W을 '열려 있다'라고 한다. 참고로, 길에서는 점과 선이 반복되어 나타낼 수 있음에 주의하도록 하자.

[산책로(trail), 회로(circuit)]

주어진 그래프 G에 대하여 선들이 반복되어 나타나지 않는 길 W를 산책로(trail)라고 한다. 특히 닫혀있는 산책로를 회로(circuit)라고 한다. 이때 회로의 길이를 '주기'라고도 부른다.

[경로(path), 순환로(cycle)]

점들이 반복되어 나타나지 않는 산책로 W를 경로(path)라 한다. 특히 종점이 시점과 같은 것을 허용하는 닫혀있는 길이가 k인 경로를 사이클(cycle) 혹은 순환로라 하고 $W=C_k$으로 표시한다. 이때 사이클의 길이를 '주기'라고도 한다. 또한 길이가 홀수인 순환로를 홀수 순환로(odd cycle), 길이가 짝수인 순환로를 짝수 순환로(even cycle)이라 한다.

[해밀턴 순환로(Hamiltonian cycle), 오일러 회로(Euler circuit)]

위수가 n인 그래프 G에서 주기가 n인 순환로를 G의 해밀턴 순환로라 한다. 또한 G에서 주기가 $|E(G)|$인 회로가 존재하면 이를 오일러 회로라고 한다. 정의에 의하면 그래프 G의 해밀턴 순환로는 n개의 모든 점들을 한 번만 지나는 순환로임을 의미한다. 반면에 G의 오일러 회로는 주기 내에서 G의 모든 선(모서리)을 한 번만 지나는 회로를 의미한다.

이제 다음의 예시를 통해서 위의 용어들을 숙달해보기로 한다.

[예 시]

n 개의 점 위에서 이들로부터 나올 수 있는 모든 2-집합을 모서리로 가지고 있는 그래프를 완전 그래프(complete graph of order n)라고 하고 K_n이라고 쓴다. 이제 K_5 위에서 연결성에 관한 위의 용어들을 살펴보기로 하자.

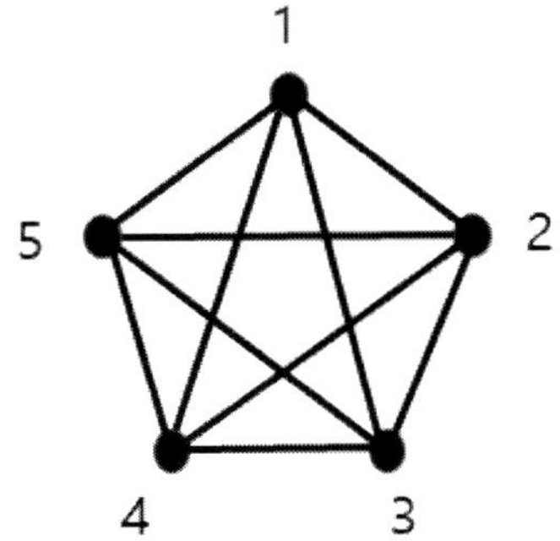

그림 23 K_5의 연결성

(1) 길이가 5인 $1-3$ 길(walk)의 예 : W_1: 1,2,1,5,4,3, W_2: 1,4,2,5,3,4,3

(2) 길이가 3인 $1-3$ 경로(path)의 예: P_1: 1,2,5,3

길이가 1인 $1-3$ 경로(path)의 예: P_2: 1,3

(3) 길이가 4인 $1-3$ 산책로(trail)의 예: T_1: 1,2,5,1,3 T_2: 1,3,5,2,3

(4) 해밀턴 순환로의 예: H: 1,2,3,4,5,1

(5) 오일러 회로의 예: E: 1,3,5,2,4,1,2,3,4,5,1

(순환로와 회로는 때로는 한 주기만 쓰기 때문에 시점과 같은 종점은 제하고 표현하기도 한다.)

[예 시]

그래프 G에서 경로와 순환로를 찾아보자.

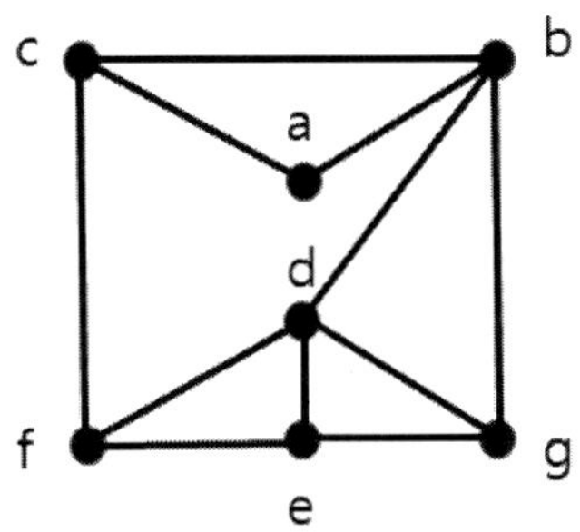

d,d는 길이 0의 경로이고 b,g는 길이 1인 경로, b, d, e, f, c는 길이 4인 경로이다. 반면,

c, b, d, g, b, a는 경로가 아니다. a, b, c, a는 길이 3의 순환로(홀수)이고 a, c, f, d, g, b, a는 길이 6의 순환로이다. 정의에 의하여 주어진 그래프의 각각의 경로는 산책로이다. 왜냐하면 점이 반복되지 않는다는 것은 자연스럽게 선이 반복되지 않음을 의미하기 때문이다.

또한 모든 $u-v$ 산책로는 반복된 점과 선을 제외함으로서 $u-v$경로가 된다. 다시 말해서, 모든 $u-v$ 산책로는 $u-v$ 경로를 포함한다고 말할 수 있다.

길이나 산책로, 경로 등은 수열로 표현될 수 있고 순환로나 회로는 닫혀있는 경로와 산책로이기 때문에 표현되는 수열은 주기수열로 표현되고 주기수열은 한 주기(period)만으로 표현된다. 따라서 길이가 3인 순환로 a, b, c, a는 $ca \in E(G)$이므로 순환수열이며 이 수열은 주기수열이므로 a, b, c로 한 주기만을 표현하는 것이 타당하다. 하지만 순환성을 강조하기위해 시점과 종점을 일치시켜 a를 중복하여 표시하기도 한다는 점에 유의하자.

정리 5-3-1 그래프 G의 모든 $u-v$길(walk)은 $u-v$ 경로(path)를 반드시 포함한다.

| 증명 |

$w_i \in V(G)$에 대하여, $W: (u=)w_0, w_1, \cdots, w_k(=v)$ 가 길이 k인 $u-v$ 길이라고 하자. 길이 k에 대해 수학적 귀납법을 적용하기로 하자. 먼저 $k=1$인 경우, 자명하게 W는 길이 1인 경로이다.

다음으로 길이가 k 미만인 모든 $u-v$ 길은 $u-v$ 경로를 포함한다고 가정하자.(수학적 귀납법의 가정) 이제, W가 길이 k인 $u-v$ 길이라고 하자.

(i) W에 있는 모든 w_i가 서로 다른 경우: W는 그 자체로 경로이므로 명제는 성립한다.

(ii) W에 두 개 이상의 같은 점이 존재하는 경우: j를 $w_j = w_r \ (r > j)$를 만족하는 가장 작은 정수라고 하자. 이때,

$$W' = \langle (u=)w_0, w_1, \cdots, w_j, w_{r+1}, \cdots, w_k(=v) \rangle$$

를 길이가 k보다 작은 길이라고 하면 수학적 귀납법의 가정에 의해 W'에 $u-v$ 경로 P가 존재한다. W'은 W의 부분수열이므로 W는 $u-v$ 경로 P를 포함한다. □

그래프의 인접행렬을 이용하여 그래프 내부의 세부적인 정보를 구할 수 있다. 다음 정리는 인접행렬로부터 차수와 길의 개수에 대한 계산법을 제시하고 있다. 증명은 간단하므로 연습문제로 대신하기로 한다.

정리 5-3-2 위수가 n이고 $V(G)=\{v_1, \cdots, v_n\}$.인 그래프 G에 대하여 G의 인접행렬을 $A=[a_{ij}]_{n\times n}$라 할 때, 다음이 성립한다.

(1) $\deg v_i = \sum_{k=1}^{n} a_{ik} = \sum_{k=1}^{n} a_{kj}$

(2) 길이가 m인 서로 다른 $v_i - v_j$ 길의 개수는 $(A^m)_{ij}$이다.

[예 시]

그림 25와 같이 주어진 그래프 G의 인접행렬 A는 다음과 같다.

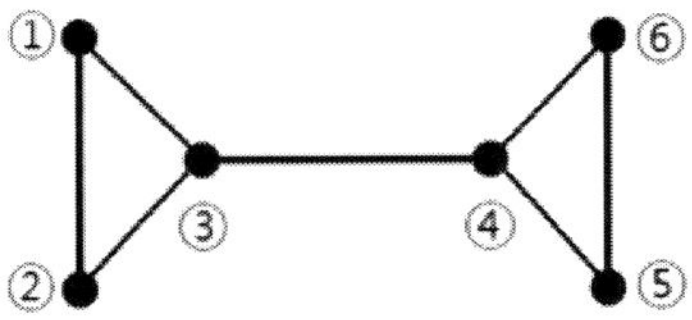

$$A = \begin{bmatrix} 0 & 1 & 1 & 0 & 0 & 0 \\ 1 & 0 & 1 & 0 & 0 & 0 \\ 1 & 1 & 0 & 1 & 0 & 0 \\ 0 & 0 & 1 & 0 & 1 & 1 \\ 0 & 0 & 0 & 1 & 0 & 1 \\ 0 & 0 & 0 & 1 & 1 & 0 \end{bmatrix}$$

(행과 열의 번호: ① ② ③ ④ ⑤ ⑥)

그림 25 그래프 G와 인접행렬 A

(i) 정리 5-3-2의 (1)에 의하여 A의 ①번, ②번, ⑤번, ⑥번 행에 있는 성분의 합은 각각 2이므로 deg①=deg②=deg⑤=deg⑥=2가 된다. 또한 ③번, ④번 행의 성분의 합은 3이 되므로 deg③=deg④=3 임을 얻는다. 이들 차수를 직접 그래프 G에서 확인하면 일치함을 확인할 수 있다.

(ii) 정리 5-3-2의 (2)에 의하여 A로부터 A^2, A^3, A^6을 계산하고 하면 다음과 같다. 이제 선택된 $u, v \in V(G)$에 대하여 각각의 길이 2,3,6을 가지는 $u-v$ 길의 개수를 다음과 같이 구할 수 있다.

$$A^2 = \begin{bmatrix} 2 & 1 & 1 & 1 & 0 & 0 \\ 1 & 2 & 1 & 1 & 0 & 0 \\ 1 & 1 & 3 & 0 & 1 & 1 \\ 1 & 1 & 0 & 3 & 1 & 1 \\ 0 & 0 & 1 & 1 & 2 & 1 \\ 0 & 0 & 1 & 1 & 1 & 2 \end{bmatrix} \quad A^3 = \begin{bmatrix} 2 & 3 & 4 & 1 & 1 & 1 \\ 3 & 2 & 4 & 1 & 1 & 1 \\ 4 & 4 & 2 & 5 & 1 & 1 \\ 1 & 1 & 5 & 2 & 4 & 4 \\ 1 & 1 & 1 & 4 & 2 & 3 \\ 1 & 1 & 1 & 4 & 3 & 2 \end{bmatrix} \quad \cdots \quad A^6 = \begin{bmatrix} 32 & 31 & 35 & 35 & 18 & 18 \\ 31 & 32 & 35 & 35 & 18 & 18 \\ 35 & 35 & 63 & 36 & 35 & 35 \\ 35 & 35 & 36 & 63 & 35 & 35 \\ 18 & 18 & 35 & 35 & 32 & 31 \\ 18 & 18 & 35 & 35 & 31 & 32 \end{bmatrix}$$

(행과 열의 번호: ① ② ③ ④ ⑤ ⑥)

길이가 2인 경우	길이가 3인 경우	길이가 6인 경우
②-⑤길의 개수 : 0	②-⑤길의 개수 : 1	②-⑤길의 개수 : 18
④-②길의 개수 : 1	④-②길의 개수 : 1	④-②길의 개수 : 35
⑤-⑤길의 개수 : 2	⑤-⑤길의 개수 : 2	⑤-⑤길의 개수 : 32
③-③길의 개수 : 3	③-③길의 개수 : 2	③-③길의 개수 : 63

이제 오일러 회로에 관해서 알아보기로 하자. 오일러는 당시 쾨니히스베르크에 있었던 7개의

다리를 한 번 씩 모두 건너 제 자리로 돌아 올 수 있는 산책로(trail)가 있겠는가에 하는 문제를 제기했는데 이것을 계기로 이러한 산책로를 오일러 닫힌 산책로 즉 오일러 회로(Euler circuit)라고 불리게 되었다. 이에 대한 정의를 다시 한번 확인하면 다음과 같다.

(i) 그래프 G의 모든 선을 지나는 산책로(trail)을 오일러 산책로라 한다.

(ii) 그래프 G의 모든 선을 지나는 순환산책로를 오일러 회로라 한다.

(iii) 그래프가 오일러 회로를 포함하면 그 그래프를 오일러 그래프라 한다.

위의 정의에 따르면 모든 그래프가 오일러 회로를 가지고 있는 것이 아니다. 즉, 모든 그래프가 오일러 그래프는 아님을 의미한다. 1873년 히어홀처(Hierholzer)는 한 그래프가 오일러 그래프이기 위한 필요충분조건을 다음과 같이 제시하였다.

(여기서, 연결 그래프 G의 임의의 서로 다른 두 점 u, v에 대하여 $u-v$ 경로가 반드시 존재하는 그래프를 뜻한다. 끊어지지 않은 그래프를 의미하는 것이다. 이에 대한 자세한 내용은 5.7절에서 다루기로 한다.)

정리 5-3-3 그래프 G가 오일러 그래프이기 위한 필요충분조건은 G는 각 점의 차수가 짝수인 연결 그래프다.

|증명|

먼저 G가 오일러 그래프이면 G는 오일러 회로를 가지게 된다. 정의에 따라 오일러 회로는 G의 모든 선과 점을 통과해야 하므로 G는 연결 그래프다. 또한 회로의 위의 각 점은 경로의 시점과 종점이 동시에 되어야 하므로 그 차수는 짝수이다. (즉 어떤 한 점에 대해서도 들어오는 경로가 있다면 동시에 빠져나가는 경로가 있어야 한다.)

이제 역명제를 증명하자. 그래프 G가 연결 그래프고 모든 점에서 차수가 짝수라 가정하자. 이제 그래프의 한 점 x에서 시작하여 더 이상 경로를 그릴 수 없을 때까지 경로를 진행시킨다. 이 그래프 각 점의 차수는 짝수이므로 이 경로의 끝점은 반드시 x가 될 것이다. 즉 하나의 회로가 된다. 이 회로 위에 놓여있지 않은 선이 있다면 그 위의 점 y에서 시작하여 위와 같은 과정에 의하여 경로를 만들면 결국은 y를 끝점으로 하는 또 하나의 회로가 생겨나게 된다.

이 동작을 반복하면 우리는 유한개의 회로를 갖게 된다. 마지막으로 이 그래프는 연결 그래프이므로 서로 다른 두 회로를 연결시키는 경로가 존재할 것이며 또한 그래프 G는 모든 점에서 차수가 짝수이므로 이런 경로는 갔다가 올 수 있는 또 하나의 회로가 된다. 따라서 위의 두 회로와 이 연결 회로 등 세 회로를 연결하는 또 하나의 큰 회로를 얻을 수 있게 된다. 이런 방법을 귀납적으로 반복하면 그래프 G는 모든 선을 통과하는 오일러 회로를 가지게 된다. □

위의 정리의 증명으로부터 다음 결과가 자연스럽게 유도될 수 있다.

정리 5-3-4 G를 연결 그래프라 하자. 이때 G가 오일러 그래프이기 위한 필요 충분 조건은 다음 조건을 만족하는 순환로의 집합 $\{E_i\}$가 존재하는 것이다.
$E(G) = E_1 \cup E_2 \cup \cdots \cup E_k$, 이고, $1 \le i \ne j \le k$에 대하여 $E_i \cap E_j = \varnothing$.

책에 따라서는 G가 연결 그래프가 아닌 경우에 있어서도 서로소인 회로들의 합집합이 모든 선을 통과하면 이를 오일러 그래프로 간주하기도 한다. 할 수 도 있지만 이 책에서는 연결되어있고 오일러 회로를 가지는 그래프만을 오일러 그래프로 취급하기로 한다.

이제, n개의 점으로 이루어진 오일러 그래프의 개수에 대해 알아보기로 하자. 현재까지 주어진 위수에 대한 오일러 그래프의 개수를 나타내는 수열 e_n에 대한 일반항이나 점화식은 알려지지 않고 있다. 여기서 e_n은 위수 n인 '번호 없는' 오일러 그래프의 개수를 의미한다. 번호 없는 그래프란 서로 동형인 그래프, 즉 형태와 구조가 같은 그래프는 하나의 그래프로 취급하는 그래프 '묶음'을 뜻한다. 이는 대개 이름을 붙이지 않고 그림으로 표현한다. 그래프의 동형성(isomorphism)에 대해서는 다음 절인 5.4절에서 자세히 다루기로 하자.

[예 시]

작은 위수에 대한 오일러 그래프의 리스트는 다음과 같다.

(i) $n=3$ 일 때 유일한 오일러 그래프는 다음과 같으므로 $e_3 = 1$이다.

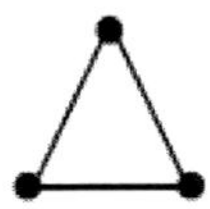

(ii) $n=4$ 일 때 오일러 그래프는 다음과 같이 유일하게 존재한다. 따라서 $e_4 = 1$.

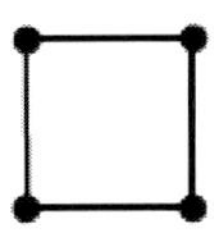

(iii) $n=5$ 일 때 서로 동형이 아닌 오일러 그래프 종류는 다음과 같다. 따라서 $e_5 = 4$.

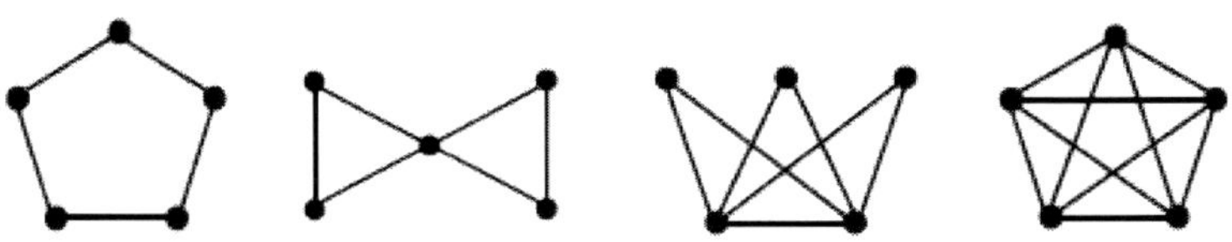

(iv) $n=6$ 일 때 서로 동형이 아닌 오일러 그래프는 다음과 같다. 따라서 $e_6 = 8$.

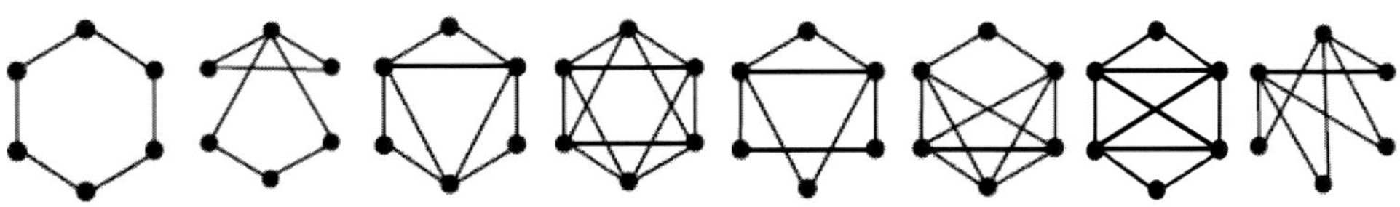

$n \leq 18$의 위수를 가진 오일러그래프의 개수는 다음 표 173과 같다. 60이하에 대해서는 다음을 참고하기 바란다.

(OEIS A003049; Robinson 1969; Liskovec 1972; Harary and Palmer 1973, p.117)

위수 n	e_n =위수 n인 연결오일러 (번호없는)그래프의 개수
1	1
2	0
3	0
4	0
5	4
6	8
7	37
8	184
9	1782
10	32126
11	1148626
12	86539128
13	12798435868
14	3620169692289
15	1940367005824561
16	1965937435288738165
17	3766548132138130650270
18	13666503289976224080346733

표 173 $n=18$까지의 위수 n인 연결오일러 (번호없는)그래프의 개수

이제, 해밀턴의 순환로(Hamiltonian cycles)에 대해서 알아보기로 하자. 1857년 해밀턴은 다음과 같은 질문을 하였다. '한 점을 출발하여 모든 점을 한 번 씩 통과하여 다시 출발점으로 돌아올 수 있는가?' 이 문제는 1855년 토마스 커크만(Thomas Kirkman)이 먼저 제시하였으나 현재에는 해밀턴의 이름으로 명명되고 있다. 이에 관해서 구체적으로 다시 정의해 보면 다음과 같다.

(i) 그래프 G의 모든 점을 지나는 경로(path)를 해밀턴경로라 한다.

(ii) 그래프 G의 모든 점을 지나는 순환로(cycle)를 해밀턴 순환로라 한다.

(iii) 해밀턴 순환로를 가지는 그래프를 해밀턴 그래프(Hamiltonian graph)라 한다.

이때, 해밀턴 순환로는 모든 선들을 포함할 필요가 없음에 유의하도록 하자.

[예 시]

작은 위수 n에 대한 해밀턴 그래프와 그 개수 h_n는 다음과 같다.

(i) $n=3$ 일 때 존재가능한 해밀턴 그래프는 다음뿐이므로, $h_3=1$ 이다.

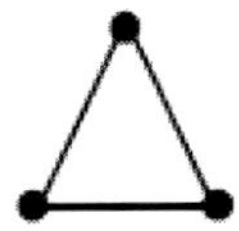

(ii) $n=4$일 때 서로 동형이 아닌 해밀턴 그래프는 다음과 같으므로 $h_4=3$ 이다.

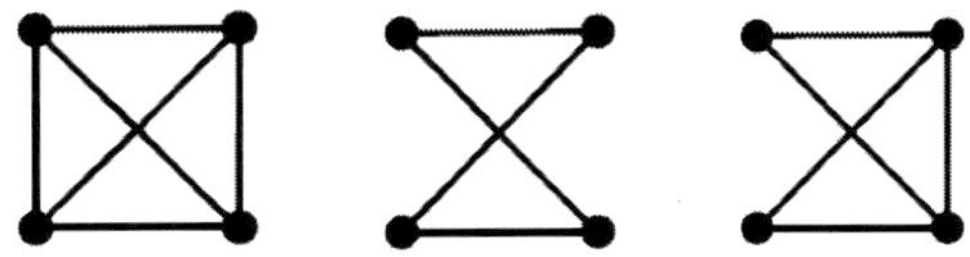

(iii) $n=5$일 때 서로 동형이 아닌 해밀턴 그래프는 다음과 같으므로 $h_5=8$ 이다.

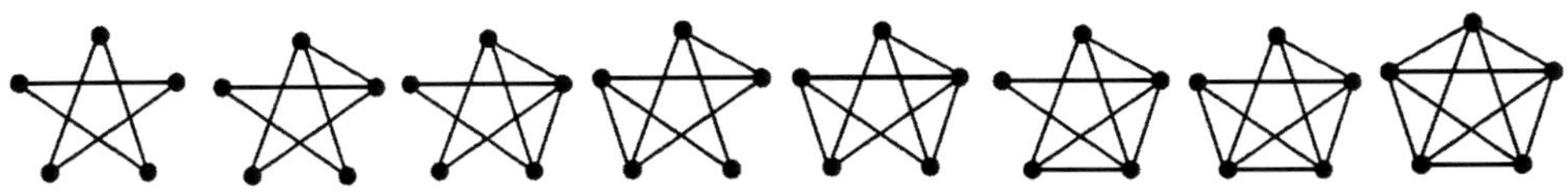

조금 더 h_n에 대한 예를 들어보면 다음과 같이 해밀턴 그래프의 개수들이 알려져 있다.

$h_5=8,\ h_6=48,\ h_7=383,\ h_8=6196,\ h_9=177083,\ \cdots$

$n \le 13$의 위수를 가진 해밀턴그래프의 개수는 다음 표 174와 같다. 이후의 h_n에 대해서는 다음을 참고하기 바란다.(https://oeis.org/A003216)

위수 n	h_n =위수 n인 해밀턴(번호없는)그래프의 개수
1	1
2	0
3	1
4	3
5	8
6	48
7	383
8	6196
9	177083
10	9305118
11	883156024
12	152522187830
13	48322518340547

표 174 $n=13$까지의 위수 n인 해밀턴 (번호없는)그래프의 개수

각 선의 길이가 주어진 가중치 완전 그래프 K_n에서 가중치의 총합이 최소인 해밀턴 순환로를 찾는 문제를 TSP(세일즈맨의 여행 문제, traveling salesman problem)라고 한다. 5.9절의 표 210

에는 서해안 여섯 섬에 관한 거리 정보가 제시 되어있다. TSP를 이 경우에 적용하면, 이들 섬을 운항하는 우편 운송선을 생각할 수 있다. 정기적으로 여섯 군데 섬을 모두 한 번씩 방문하여 우편물을 배달하고 수령하는 우편 수송선의 경우, 연료를 가장 적게 소모하면서도 모든 섬을 들러 임무를 수행하고 귀환할 수 있는 경제적인 닫힌 항로(cycle)를 개발해야만 할 것이다. 이 예와 같은 실제적인 효율성 덕분에 TSP는 경제와 사회 각 분야에서 그 해법을 요구하고 있다. 하지만 최소연결 문제와는 달리 TSP는 그 문제의 복잡도가 NP-Complete 계열에 속하는 매우 어려운 문제로 알려져 있다. 간단한 경우의 TSP 문제를 다룬 다음과 같은 예시를 살펴보도록 하자.

[예 시]

(1) 그림 55과 같이 가로 5 세로 5의 단위길이가 1인 격자 위에 25개의 점이 있다. TSP에 따라 모든 점을 한 번씩 지나 제자리로 돌아오는 해밀턴 순환로의 유클리드 길이의 최소값은 오른편의 순환로의 길이인 $24+\sqrt{2}$ 이다.

(2) 이 문제를 일반화하여 단위길이가 1인 $m \times n$ 격자위에 놓여있는 mn개의 점을 모두 한 번씩 지나 제자리로 돌아오는 해밀턴 순환로의 유클리드 길이의 최소값을 구하라. (연습문제)

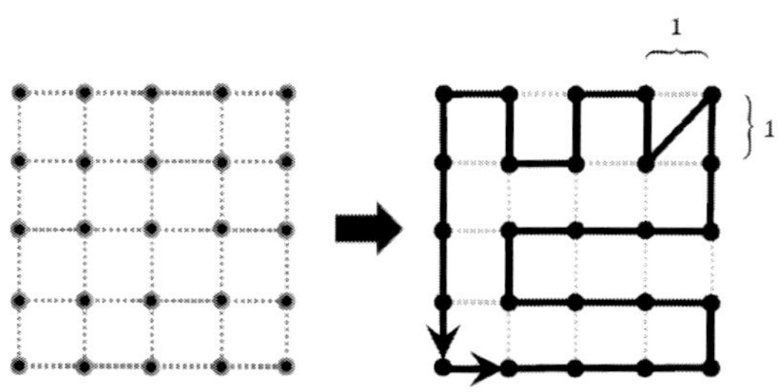

그림 55

연 습 문 제 5.3

1. 어떤 그래프 G에서 아래와 같은 길 W_i가 정의되어 있다고 하자. 각각의 길(walk) W_i에 대하여 열림과 닫힘을 결정하고, 산책로(trail), 경로(pass), 사이클(cycle), 회로(circuit) 등으로 구분하라.

$W_1 : v_1,\ v_2,\ v_3,\ v_6,\ v_4,\ v_5,\ v_1$

$W_2 : v_1,\ v_2,\ v_3,\ v_{10},\ v_9,\ v_7$

$W_3 : v_4,\ v_8,\ v_5,\ v_7,\ v_8,\ v_3,\ v_2$

$W_4 : v_3,\ v_2,\ v_4,\ v_8,\ v_2,\ v_5,\ v_6,\ v_4,\ v_7,\ v_3$

2. 아래의 그래프가 연결 그래프인지 아닌지를 판별하라.

(1) (2) (3) (4)

3. 그래프 G에 대하여 다음 물음에 답하라.

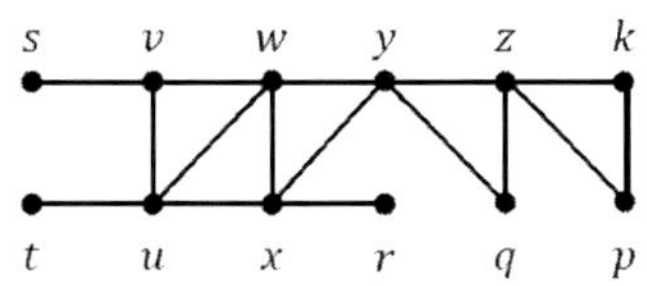

그래프 G

(1) 제일 긴 회로를 찾아라.

(2) 회로가 되지 않는 산책로을 찾아라.

(3) 길이가 6인 회로를 모두 찾아라.

(4) $d(s,\ r)$을 구하고 점 s와 r의 지오데식을 구하라.
(여기서 $d(s,r)$은 점 s와 r의 최소 경로거리를 뜻하며, s와 r의 지오데식(geodesic)은 최소경로를 뜻한다. 자세한 정의는 5.8절을 참고한다)

(5) 점 t와 점 p사이의 경로를 모두 구하라.

(6) 선 wy를 지나는 회로를 모두 구하라.

4. 위수가 n이고 $V(G)=\{v_1,\ \cdots,v_n\}$.인 그래프 G에 대하여 G의 인접행렬을 $A=[a_{ij}]_{n\times n}$라 할 때, 다음이 성립함을 증명하라.

(1) $\deg v_i = \sum_{k=1}^{n} a_{ik} = \sum_{k=1}^{n} a_{kj}$

(2) 길이가 m인 서로 다른 $v_i - v_j$ 길의 개수는 $(A^m)_{ij}$이다.

5. 단위길이가 1인 $m \times n$ 격자위에 놓여있는 mn개의 점을 모두 한 번씩 지나 제자리로 돌아오는 해밀턴 순환로의 유클리드 길이의 최소값을 구하라.(TSP 값 찾기)

5.4 그래프의 동형

이 절에서는 두 그래프의 꼭짓점 집합과 그림표현이 서로 다름에도 그 접합구조가 같음을 의미하는 '동형'(isomorphism)이라는 개념에 관하여 알아본다. 또한 주어진 그래프에서 생각할 수 있는 여러 가지 부분 구조와 부분그래프에 대하여 살펴보기로 하자. 먼저 동형 관계에 대해서 정의하면 다음과 같다.

두 그래프 G와 H에 대하여 함수 $f: V(G) \to V(H)$가 다음 두 조건을 만족할 때, 이 함수 f를 G에서 H로의 **동형사상(isomorphism)**이라고 한다.

(i) $f: V(G) \to V(H)$는 일대일대응함수

(ii) $uv \in E(G) \iff f(u)f(v) \in E(H)$

두 그래프 G와 H 사이에 하나 이상의 동형사상 f가 존재할 때, '**G는 H와 동형이다**'(G is isomorphic to H)라 하고 $G \cong_f H$ (혹은 간단히 $G \cong H$)라 표기한다.

실제로 그래프 G와 H의 꼭짓점의 구성과 관계없이 이들 두 그래프가 같은 '구조'를 가지고 있는가에 대한 질문은 매우 보편적이다. 이런 두 그래프의 '본질적'으로 같음을 의미하는 수학적 용어가 바로 '동형'인 것이다. 즉, 두 그래프 G와 H의 동형성은, G의 점을 H의 점으로 보내며 이 점들의 접합 관계로 주어진 G의 모서리를 이들의 상으로 이루어진 H의 모서리로 보존하는 일대일대응함수의 존재성으로 정의되고 있음을 알 수 있다.

[예 시]

아래의 그래프를 차례로 G_1, G_2, G_3라 할 때, 이들 간의 동형관계에 관하여 살펴보자.

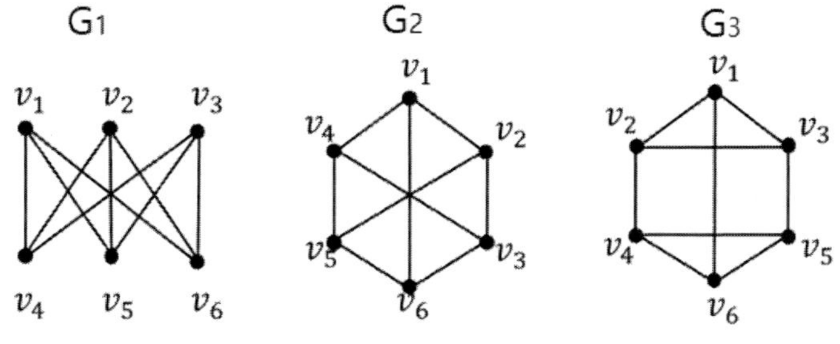

그림 64 그래프의 동형성

(1) $G_1 \cong G_2$:

다음과 같이 함수 $\phi: \{v_1, \cdots, v_6\} \to \{v_1, \cdots, v_6\}$를 정의하자.

$$\phi(v_1) = v_1,\ \phi(v_2) = v_3,\ \phi(v_3) = v_5,\ \phi(v_4) = v_2,\ \phi(v_5) = v_4,\ \phi(v_6) = v_6$$

이때, 동형함수의 정의에 따라 함수 ϕ는 일대일대응함수이고, $v_iv_j \in E(G_1)$에 대하여 $\phi(v_i)\phi(v_j) \in E(G_2)$임을 쉽게 확인할 수 있으므로 ϕ는 동형사상이고 $G_1 \cong_{\phi} G_2$ 임을 알 수 있다.

(2) $G_1 \ncong G_3$:

만약 두 그래프가 동형이라면 한 그래프의 내부 연결구조가 동형함수에 의하여 옮겨진 다른 그래프에서 정확히 보존되어야 한다. 하지만 그래프 G_3는 삼각형의 구조를 포함하고 있는 반면, G_2는 삼각형 구조를 가지고 있지 않기 때문에 $G_1 \ncong G_3$임을 쉽게 알 수 있다.

하지만 정의적 측면에서 이를 검증하기는 쉽지 않다. 왜냐하면 두 그래프는 모두 6개의 점 위에 정의되어 있고 각각의 점의 차수(degree)가 모두 3으로 같으므로, 6개의 점 위에서 정의될 수 있는 6! 의 치환이 모두 동형사상이 될 수 없음을 밝혀야 하기 때문이다.

일반적으로 주어진 두 그래프가 동형인지를 판정하는 쉬운 알고리즘은 존재하지 않고, 비동형을 밝히기 위해서는 모든 경우의 치환에서 보존하지 않는 모서리를 일일이 확인할 수 밖에 없을 것이다.

[예 시]

아래 그림 65와 같이 쌍으로 배열된 그래프는 서로 동형이다.

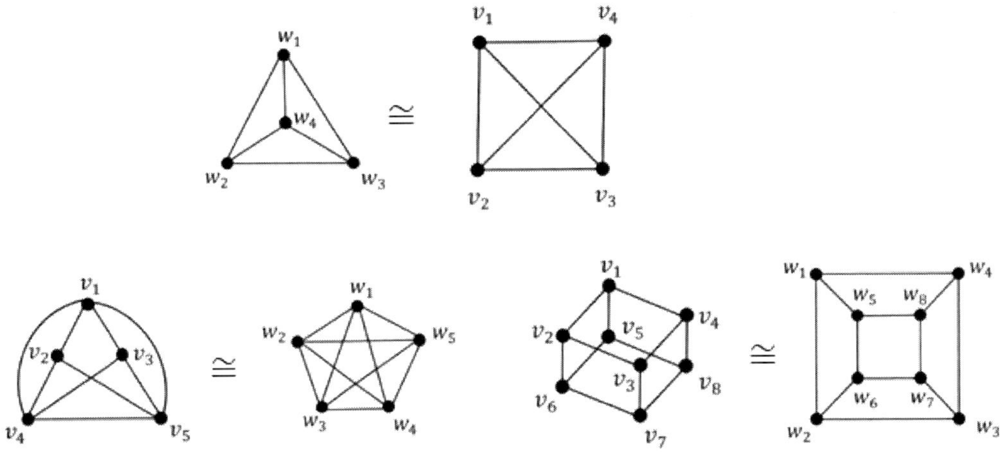

그림 65 동형인 그래프들

두 그래프 사이의 동형관계는 다중/방향그래프의 동형관계로 쉽게 일반화 될 수 있을 것이다. 다중그래프의 경우 동형사상은 모서리를 보존하는 것 외에도 중복선의 개수도 보존해야 한다. 또한 방향 그래프 사이의 동형함수는 그래프에서의 모서리 대신에 방향선을 보존해야 하므로 출발점과 도착점을 보존시키는 1-1대응함수로 정의되어야 할 것이다. (연습문제 참조)

이제 동형관계가 주어진 위수의 모든 그래프의 집합 위에서 동치관계라는 것을 보임으로써 번호없는 그래프(unlabeled graph)를 이 동치관계로 결정되는 동치류로 다음과 같이 정의하기로 하자.

정리 5-4-1 $\mathbb{G}_n$을 $V=[n]=\{1,2,\cdots,n\}$ 위에서 정의된 모든 그래프의 집합이라 할 때, $\mathbb{G}_n$위에서 정의된 동형관계 $\cong$은 동치관계이다.

| 증명 |

(i) $G\in\mathbb{G}_n$에 대하여 $e(v)=v$ 로 정의 되는 항등함수 $e:[n]\to[n]$는 G에서 G로의 동형사상이다. 따라서 $G\cong G$,

(ii) $G,H\in G_n$에 대하여 $G\cong H$라 가정하자. 그러면 $G\cong_f H$ 이 되는 동형사상 $f:[n]\to[n]$가 존재한다. 여기서 f는 일대일대응함수이므로 f^{-1}가 항상 존재하고 f^{-1}은 또한 H에서 G로의 동형사상이 된다. 따라서 $H\cong_{f^{-1}}G$이다, 즉 $H\cong G$ 이다.

(iii) $G,H,D\in G_n$에 대하여 $G\cong H$ 이고 $H\cong D$라 가정하자. 그러면 $G\cong_f H$ 이고 $H\cong_g D$가 되게하는 동형사상 f와 g가 각각 존재한다. f와 g는 일대일대응함수이기 때문에 합성함수 $g\circ f$도 일대일대응함수이다. 한편, f가 G에서 H로의 동형사상이므로 $uv\in E(G)$ 이면 $f(u)f(v)\in E(H)$ 이 성립하고, 또한 g가 H에서 D로의 동형사상이고 $f(u)f(v)\in E(H)$ 이므로 $g(f(u))g(f(v))\in E(D)$ 가 성립한다. 따라서 $g\circ f$는 G에서 D로의 동형사상이다. 즉 $G\cong_{g\circ f}D$. □

$\mathbb{G}_n$ 위에서 정의된 동형관계는 동치관계이기 때문에 이에 관한 동치류를 얻게 된다. 즉, $1\le\alpha\le n$인 적당한 정수 α가 존재하여 $\mathbb{G}_n$위에서 정의된 동치관계 $\cong$에 의해서 생성된 동치류 $\overline{G_1},\cdots,\overline{G_\alpha}$이 존재하여 $\mathbb{G}_n$을 분할한다. 즉, 다음이 성립한다.

(i) $\overline{G_i}=\{G\in\mathbb{G}_n | G\cong G_i\}$,

(ii) $\mathbb{G}_n=\bigcup_{k=1}^{\alpha}\overline{G_k}$,

(iii) $i\neq j$인 $i,j\in[\alpha]$에 대하여 $\overline{G_i}\cap\overline{G_j}=\varnothing$

이러한 사실은 점집합을 $[n]$으로 하는 그래프들은 동형관계 $\cong$으로부터 주어지는 α 개의 동치류들로 분할됨을 의미한다. 이때, 동치류 $\overline{G_i}$에 속해 있는 그래프들은 점들에게 번호 매김에 상관없이 같은 유형의 그래프로 분류할 수 있다는 사실을 알 수 있다. 이렇듯 점의 이름에 상관없이 주어진 위수에 대해 동형인 그래프의 동치류를 하나의 유형으로 같게 볼 수 있게 하는 그래프를 **'번호 없는 그래프(unlabeled graph)'**라고 부르기로 한다.

그래프이론에서 위수 n에 대하여 번호 없는 그래프의 개수로 정의되는 수열은 현재까지 그 일반항이 알려지지 않고 있다. 다시 말하자면, 동형관계에 의한 동치류들로 $\mathbb{G}_n$분할하였을 때, 동치류의 개수 즉 α를 구하는 문제는 난제임을 뜻한다.

다음은 꼭짓점 $\{1,2,3\}$ 위에서 번호 없는 그래프의 개수를 구하는 자세한 과정을 보여준 것이다. 여기서 번호 없는 그래프와 (번호 있는)그래프 사이의 관계에 관해서 살펴보기로 하자.

[예 시]
위수 3을 갖는 번호 없는 그래프를 추정하고 검증하는 과정을 요약하면 다음 표 177과 같다.

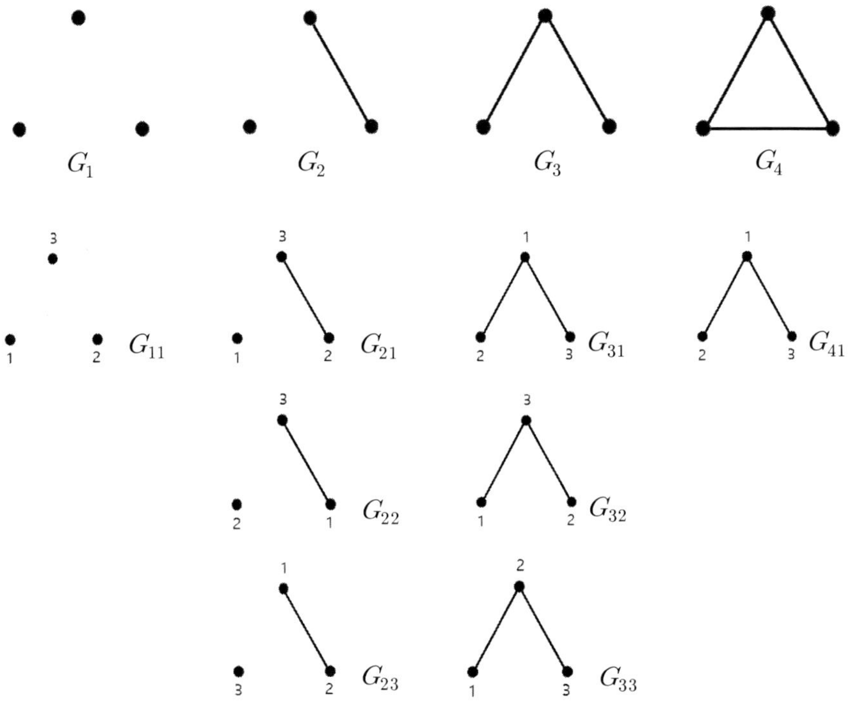

표 177 위수 3의 번호 없는 그래프와 동치류

각 열은 위수 3인 그래프를 선의 개수에 따라 분류한 것이다. 이때, G_1, G_2, G_3, G_4는 번호 없는 위수 3의 그래프를 뜻한다. 즉, $G_i\,(i=1,2,3,4)$는 같은 선의 개수를 가진 위수 3인 그래프의 동치류를 의미한다. 구체적으로,

$$G_1 = \{G_{11}\}, \quad G_2 = \{G_{21}, G_{22}, G_{23}\}, \quad G_3 = \{G_{31}, G_{32}, G_{33}\}, \quad G_3 = \{G_{31}\}$$

으로 4개의 번호 없는 그래프(동치류)를 얻을 수 있으며, 각 동치류의 원소를 모두 더하면 정리

5-2-1에서 예상한 전체 그래프의 개수 $2^{\binom{3}{2}} = 8$과 일치하므로 더 이상의 번호 없는 그래프는 없다는 것을 검증할 수 있게 된다.

일반적으로, 그래프 G를 $(n,\ m)$그래프라고 가정하면 $n \geq 1$이고 $0 \leq m \leq \binom{n}{2}$을 만족시킨다. 먼저 G가 $(1,\ 0)$그래프라면 이것은 오직 하나만 존재하고 따라서 그것의 동치류의 크기는 1이다. 이러한 $(1,\ 0)$그래프를 자명한 그래프(trivial graph)라 하고, $n \geq 2$이면 $(m,\ n)$그래프는 비자명한 그래프(non-trivial graph)라고 한다. $\left(n,\binom{n}{2}\right)$-그래프인 경우에도 이런 그래프는 유일하게 존재하고 따라서 그것의 동치류의 크기도 1이다. 이러한 유형의 그래프를 완전그래프(complete graph of order n)라고 한다.

[예 시]

위수가 4인 번호 없는 그래프를 모두 구해보자.

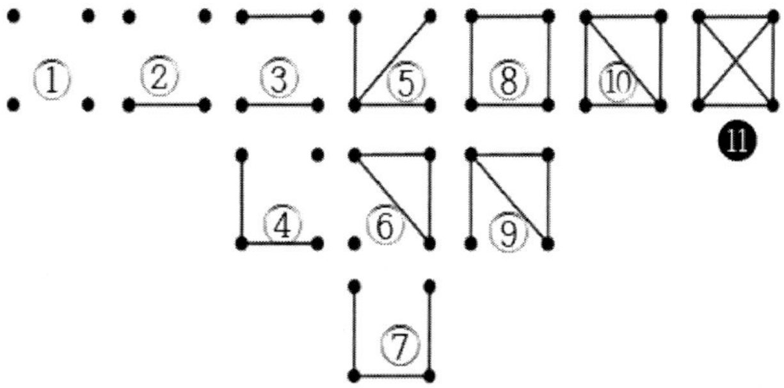

그림 78 위수가 4인 번호 없는 그래프

그림 78은 위수가 4인 번호 없는 그래프의 다이어그램을 선의 개수에 따라 분류하여 세로로 나열하였다. 위의 그래프의 개수는 11개로서 위수 4의 번호 없는 그래프의 개수로 추정할 수 있다. 이러한 추정치는 위에서 예시된 위수 3을 갖는 번호 없는 그래프의 경우와 같은 방법으로 검증해 보도록 하자. 각 번호 별로 그래프 유형의 번호 있는 그래프의 개수를 세면 다음과 같다.

① $\binom{4}{0}=1$, ② $\binom{4}{2}=6$, ③ $\frac{1}{2}\binom{4}{2}=3$, ④ $4\times\binom{3}{2}=12$, ⑤ $\binom{4}{1}=4$,

⑥ $\binom{4}{1}=4$, ⑦ $\frac{4!}{2}=12$, ⑧ $\frac{4!}{4\times 2}=12$, ⑨ $4\times 3=12$, ⑩ $\binom{4}{2}=6$, ⓫ $\binom{4}{4}=1$

이제 이들을 모두 더하여 이들의 총합이 위수 4인 그래프의 개수와 일치함을 보이자.

$$1+6+3+12+4+4+12+3+12+6+1=64=2^{\binom{4}{2}}$$

따라서 위수가 4인 번호 없는 그래프의 개수는 11개라는 추정 값이 참으로 검증되었다.

G를 n개의 꼭지점의 집합 V에서 정의된 그래프라고 하자. 이때, V에서 $[n]=\{1,2,\cdots,n\}$위로의 일대일대응함수 f를 그래프 G의 번호 붙임(labelling)이라고 한다. 또한 f가 그래프 G의 번호 붙임이라고 할 때, $v\in V(G)$에 대하여 $f(v)$를 v의 번호(the label of v with respect to a labelling f of G)라 부르기로 한다. 이러한 그래프 G의 번호 붙임(labelling)은 G의 n개의 꼭지점의 집합 V에서 정의된 그래프는 번호 붙임값을 그들의 꼭짓점 집합 $V=[n]=\{1,2,\cdots,n\}$으로 하는 그래프로 취급해도 무방하다는 것을 말해주고 있다. 따라서, 별도의 언급이 없을 시에는 n개의 꼭지점을 가지고 있는 그래프의 꼭지점 집합 V를 $\{1,2,\cdots,n\}$으로 통일해 사용하기로 한다.

일반적으로 주어진 위수에 대한 번호 없는 그래프의 개수에 대한 점화식이나 일반항 등의 공식은 알져져있지 않다. 현재까지 알려진 번호 없는 그래프의 개수는 난제로 알려져있다. $a(n)$을 위수 n에 따른 번호 없는 그래프의 개수라 하자. 다음 표 178은 현재까지 알려진 $a(n)$의 값을 소개하고 있다.([13] : http://oeis.org/A000088/list 참조)

위수	$a(n)$
0	1
1	1
2	2
3	4
4	11
5	34
6	156
7	1044
8	12346
9	274668
10	12005168
11	1018997864
12	165091172592
13	50502031367952
14	29054155657235488
15	31426485969804308768
16	64001015704527557894928
17	245935864153532932683719776
18	1787577725145611700547878190848
19	24637809253125004524383007491432768

표 178 작은 위수에 대한 번호 없는 그래프의 개수

이제 주어진 그래프의 차수 수열과 동형 관계에 대해 공부하기로 하자. 5.1절에서 소개한 바와 같이, G를 위수가 n인 그래프라 하자. G의 각 점의 차수를 큰 것부터 차례로 늘어놓으면 길이가 n인 수열인 $\deg_G=(d_1, \cdots, d_n)$ 을 생성하게 되는데, 이때 이 수열 $\deg_G$를 그래프 G의 **차수 수열**(degree sequence)이라 정의한다.

그림 79와 주어진 위수가 7인 두 그래프 G와 H에 대해서 차수 수열을 구해보자.

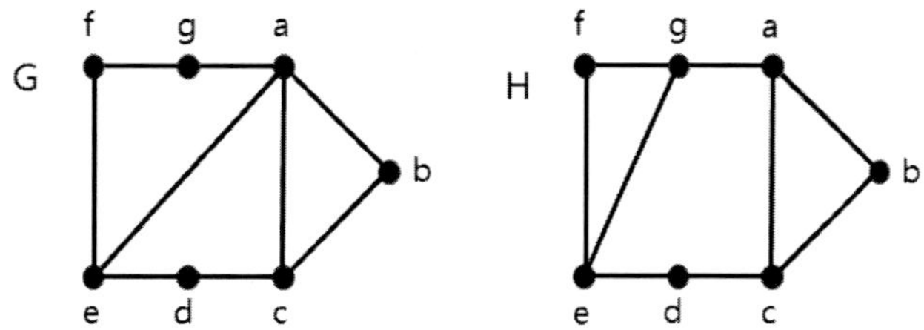

그림 79

먼저 꼭짓점별 차수를 나열하면 다음과 같다.

$\deg_G a=4,\ \deg_G b=2,\ \deg_G c=3,\ \deg_G d=2,\ \deg_G e=3,\ \deg_G f=2,\ \deg_G g=2$

$\deg_H a=3,\ \deg_H b=2,\ \deg_H c=3,\ \deg_H d=2,\ \deg_H e=3,\ \deg_H f=2,\ \deg_H g=3$

여기서 정의에 의하여 차수 수열 d_G와 d_H를 구하면 각각 다음과 같다.

$$d_G=(4,3,3,2,2,2,2),\quad d_H=(3,3,3,3,2,2,2)$$

두 그래프의 동형과 차수 수열의 관계는 다음과 같이 쉽게 얻어질 수 있다.

정리 5-4-2 위수가 n인 두 그래프 G와 H가 동형이고 함수 $f: V(G)\to V(H)$를 동형사상이라 할 때, 다음 사실이 성립한다.

(1) 각각의 $v\in V(G)$에 관하여 $\deg v=\deg f(v)$

(2) $\deg_G=\deg_H$

하지만 정리 5-4-2의 역이 항상 성립하는 것은 아니다. 즉, 두 그래프가 동형임을 밝히기 위해서 조건 (1)과 (2)는 충분치 않음을 알 수 있다. 예시로 다음을 들 수 있다.

[예 시]

다음 그림 80과 같이 주어진 두 그래프 G와 H의 차수 수열을 비교해 보자.

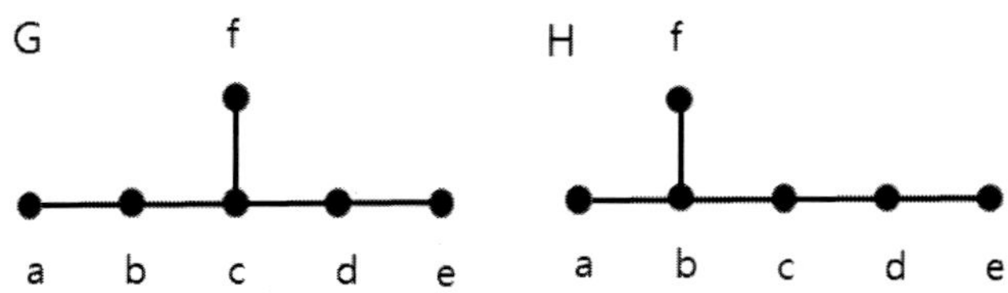

그림 80

6개의 점으로 이루어진 두 그래프 G와 H의 차수 수열은 다음과 같이 일치한다.

$$\deg_G = (3,\ 2,\ 2,\ 1,\ 1, 1) = \deg_H$$

하지만 다음 이유에서 이 두 그래프는 동형이 아님을 알 수 있다.

만약 두 그래프가 동형이라면 동형사상 ϕ가 존재하여 모든 $v \in V(G)$에 대하여 $\deg v = \deg \phi(v)$로 차수를 보존한다. 그런데 차수가 3인 G의 꼭짓점은 c가 유일하고, H에서도 차수가 3인 점은 b가 유일하다. 따라서 ϕ가 동형사상이라면 반드시 $\phi(c) = b$가 성립해야 한다. 또한 ϕ는 동형사상이므로 G에서의 c의 이웃집합 $N_G(c) = \{b, d, f\}$에 속하는 점들의 차수 수열과 H에서 $N_H(\phi(c)) = N_H(b) = \{a, f, c\}$에 속하는 점들의 차수 수열은 일치해야 한다.(정리 5-4-2) 하지만 두 차수 수열은 각각 $(2,2,1)_G$과 $(2,1,1)_H$로서 서로 다르다. 이는 모순이며. 따라서 ϕ는 동형사상이 아니다. 즉, $G \not\cong H$이다.

차수 수열이 같지만 동형이 아닌 그래프의 예는 자연계에서 다수 발견할 수 있다. 화학에서 분자식은 같지만 서로 다른 물리적/화학적 성질을 갖는 분자들을 이성질체(isomer)라고 한다. 이러한 분자식은 원자들의 결합을 모서리로 한 분자모형으로 나타내어지고 이것은 그래프가 된다. 이렇게 그래프로 표현된 이성질체의 두 분자모델은 차수 수열은 같지만 동형이 아닌 두 그래프라고도 생각할 수 있다. 다음은 C_4H_{10}의 분자식을 갖는 이성질체로 부탄(butan)과 이소부탄(isobutan)를 예로 든 것이다.

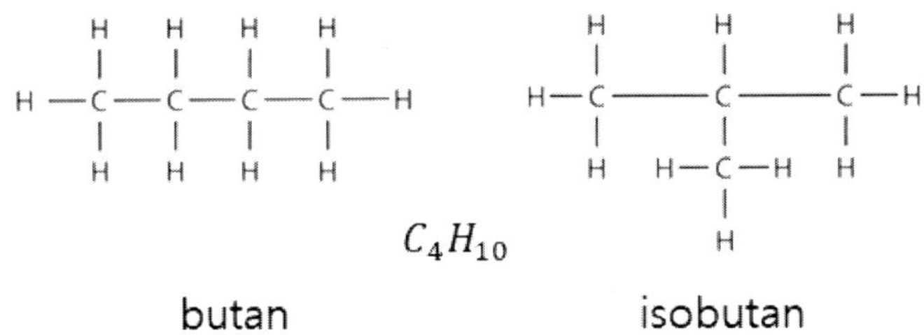

그림 81 이성질체

실제로 부탄과 이소부탄의 두 이성질체는 동일한 차수 수열

$$(4,4,4,4,1,1,1,1,1,1,1,1,1,1)$$

을 갖지만, 서로 전혀 다른 특성을 가지고 있다. 부탄은 캔으로 포장되어서 연료용 부탄가스로 시판되고 있는 반면 이소부탄은 대체 냉각제로 에어컨에 쓰이고 있다.

위의 예에서 보듯이 두 그래프가 동형임을 말하고자 차수 수열의 상등은 별다른 효과를 가질 수 없다. 하지만 두 그래프가 비동형임을 증명하려고 할 때 차수 수열이 서로 다르다는 것만으로 충분한 증명이 된다. 다음 따름 정리는 정리 5-4-2의 대우명제로서 자명하게 성립한다.

따름정리 5-4-3 위수가 n인 두 그래프 G와 H에 대하여 각각의 차수 수열이 같지 않으면, 즉 $\deg_G \neq \deg_H$이면 두 그래프는 동형이 아니다.

[예 시]

1. 그림 79에 제시된 그래프 G와 H는 위수가 같음에도 불구하고 그들의 차수 수열은 같지 않음을 알 수 있다. 즉,

$$\deg_G = (4, 3, 3, 2, 2, 2, 2) \neq (3, 3, 3, 3, 2, 2, 2) = \deg_H$$

이므로 따름정리 5-4-3에 의해 G와 H는 동형이 아니다.

2. 그림 82과 같이 세 그래프 G, H, R이 주어졌을 때 이들의 동형의 여부는 쉽게 판단할 수 없을 것이다. 이러한 경우 우선 각각의 차수 수열을 구해봄으로써 비동형성을 판단할 수 있을 것이다.

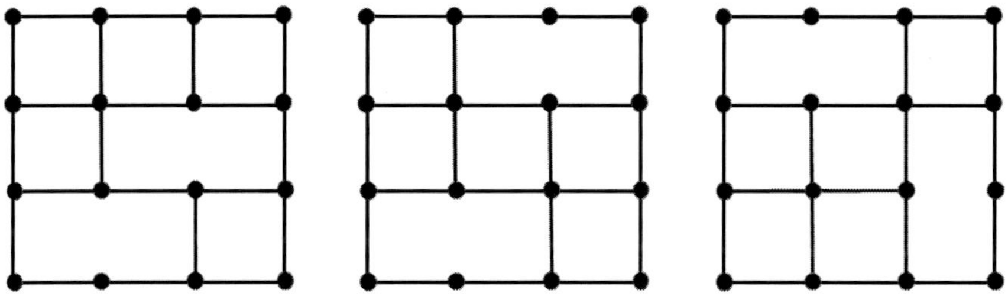

G　　H　　R

4 3 3 3 3 3 3 3 3 3 3 2 2 2 2 2　　4 4 3 3 3 3 3 3 3 3 2 2 2 2 2 2　　4 4 3 3 3 3 3 3 3 3 2 2 2 2 2 2

그림 82 차수 수열과 동형

이들 차수 수열을 구해서 비교하면 아래와 같다.

$$\deg_G = (4, 3, 3, 3, 3, 3, 3, 3, 3, 3, 3, 2, 2, 2, 2, 2)$$
$$\deg_H = (4, 4, 3, 3, 3, 3, 3, 3, 3, 3, 2, 2, 2, 2, 2, 2)$$
$$\deg_R = (4, 4, 3, 3, 3, 3, 3, 3, 3, 3, 2, 2, 2, 2, 2, 2)$$

G와 H의 경우와 G와 R의 경우는 이들의 차수 수열을 비교하면 $\deg_G \neq \deg_H$이고 $\deg_G \neq \deg_R$임을 쉽게 알 수 있다. 실제로 G의 차수 수열에는 4가 한 번 존재하고 H와 G는 4가 두 개씩 존재한다. 이는 정리 5-4-2의 대우명제인 따름 정리 5-4-3에 의하여 각 쌍의 그래프는 각각 비동형이라고 결론 내릴 수 있다.

반면에, 차수 수열이 같다는 사실이 두 그래프가 동형임을 말해주는 것은 아니다. H와 R의 경우 $\deg_H = \deg_R$이지만 두 그래프는 동형그래프가 아니다. 만약 두 그래프가 동형이라면, 두 그래프의 부분그래프들 간에도 일대일대응관계가 성립하여야 한다. 하지만 자세히 관찰해보면 R에는 포함되어 있지만 H에는 포함되어 있지 않은 특정 생성 부분그래프가 존재한다. 따라서 ϕ는 동형 사상이 될 수 없음을 쉽게 알 수 있다. 자세한 증명은 연습문제로 남긴다.

5.5 부분그래프와 그래프 연산자

벡터공간이나 군(group), 환(ring) 등과 같은 대수구조에서 부분공간, 부분군, 부분환 등의 부분구조가 각각 정의되는 것과 마찬가지로, 그래프라는 이산구조에서도 주어진 그래프에 대한 여러 의미를 가진 부분그래프를 다음과 같이 정의하도록 하자.

[부분그래프(subgraph)]

주어진 그래프 G에 대하여 다음 두 조건을 만족하는 그래프 H를 G의 부분그래프(subgraph)라 하고 $H \leq G$로 표시한다.

(i) $V(H) \subseteq V(G)$

(ii) $E(H) \subseteq E(G)$

[확장 부분그래프(spanning subgraph)]

그래프 G의 부분그래프 H가 $V(H) = V(G)$를 만족시키면 H를 G의 확장 부분그래프라 한다.

[(점)생성 부분그래프(induced subgraph)]

$U \subseteq V(G)$에 대하여 다음 조건에 의하여 정의되는 그래프 G의 부분그래프 G_U (혹은 $\langle U \rangle_G$로 표기)를 'U에 의해 생성된 생성 부분그래프'(induced subgraph of G by U)라고 정의한다.

(i) $V(G_U) = U \subseteq V(G)$

(ii) $E(G_U) = \{xy \in E(G) \mid x,\ y \in U\} \subseteq E(G)$,

(즉, $E(G_U)$는 G의 선들 중에서 집합 U 위에 정의된 선들을 모두 모은 집합임)

또한, 그래프 G의 한 부분그래프 H가 $V(H)$의 부분 집합 U에 의해 생성되었으면, 즉 $H = G_U$이면 H를 (점)생성 부분그래프라 한다.

[(선)생성 부분그래프(induced subgraph by some edges)]

$\mathbb{W} \subseteq E(G)$에 대하여 다음 조건에 의하여 정의되는 G의 부분그래프 $G_{\mathbb{W}}$를 $\mathbb{W}$에 의해 생성된 G의 생성 부분그래프(induced subgraph of G by $\mathbb{W}$)라 정의한다.

(i) $V(G_{\mathbb{W}}) = \bigcup_{xy \in \mathbb{W}} \{x, y\} \subseteq V(G)$

(ii) $E(G_{\mathbb{W}}) = \mathbb{W} \subseteq E(G)$

즉, $G_{\mathbb{W}}$란, $\mathbb{W}(\subseteq E(G))$를 선집합으로 하고, 이 선들의 각 끝점들의 합집합을 점집합으로 하는 G의 부분그래프를 뜻한다. 또한, 그래프 G의 한 부분그래프 H가 $E(G)$의 부분집합 $\mathbb{X}$에 의해 생성되었으면, 즉 $H=G_{\mathbb{X}}$이면, H를 $\mathbb{X}$에 의한 G의 (선)생성 부분그래프라 한다.

표 181에 주어진 그래프 G에 대하여 위에서 정의한 부분그래프를 확인해 보도록 하자.

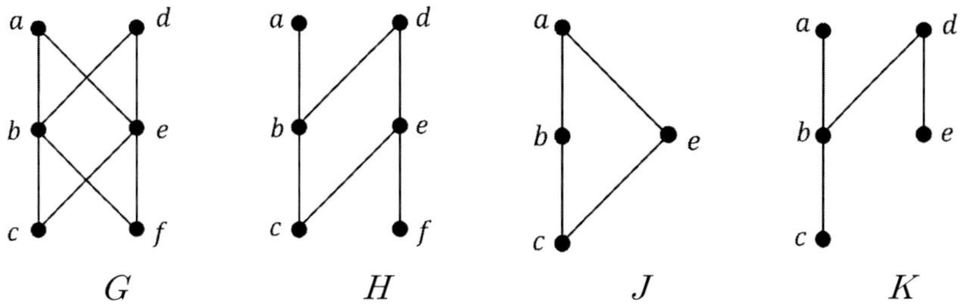

표 181 G의 여러 가지 부분그래프들

먼저, $V(G)=V(H)$이고 $E(H)\subseteq E(G)$이므로 H는 G의 확장 부분그래프다. 그래프 J를 보면, $V(J)\subseteq V(G)$이고 $E(J)$는 $V(J)$ 위에서 생길 수 있는 G의 모든 선들의 집합이므로 J는 G의 생성 부분그래프다. 한편, $E(K)\subseteq E(G)$이고 $V(K)$는 K의 선들과 만나는 G의 모든 점들의 집합이므로 K는 G의 (선)생성부분그래프다.

일반적으로 생성부분그래프는 이를 생성하는 집합의 종류가 점 집합인가 선 집합인가에 따라 점 생성과 선 생성으로 자연스럽게 분류되므로 일반적으로 '점'과 '선'을 빼고 생성 부분그래프라 쓰기로 한다. 또한 특별히 언급이 없는 경우 생성 부분그래프는 관례적으로 점 생성 부분그래프를 의미한다.

주어진 그래프들에 일종의 연산(operation)을 통해서 새로운 그래프를 생성하거나 조합하여 얻을 수 있는데, 여기에서는 여 그래프, 점 제거 그래프, 합 그래프, 더하기 그래프, 곱하기 그래프 등의 그래프 연산을 정의하고 그 예를 들어 보기로 한다.

[G의 여그래프(the complement graph of G)]

그래프 G의 여그래프 $\overline{G}$는 $V(\overline{G})=V(G)$이고 $xy\in E(\overline{G})\Leftrightarrow xy\notin E(G)$을 만족시키는 그래프를 뜻한다. 또한 $G=\overline{G}$인 그래프를 자기 여 그래프(self-complement)라 한다.

[점/선-제거그래프(vertex-deleted graph)]

주어진 그래프 G와 점 $v\in V(G)$에 대하여 $G-v$란, 점 v와 v를 지나는 모든 선을 G에서 제거시켜 얻은 그래프이다. 또 선 $e\in E(G)$에 대하여 $G-e$란, G의 선집합에서 e만을(양 끝점은 제거하지 않는다) 제거하여 얻은 그래프를 뜻한다. 이를 일반화하여, $U\subseteq V(G)$에 대하여

$G-U$란, G에서 U에 속하는 모든 점과 그 각점들을 지나는 모든 선을 제거시켜 얻은 그래프를 뜻한다. 마찬가지로, $\mathbb{E} \subseteq E(G)$에 대하여 $G-\mathbb{E}$란, $V(G-\mathbb{E}) = V(G)$이고, G의 선집합에서 $\mathbb{E}$에 속하는 모든 선을 제거한 집합을 선집합으로하는 그래프를 뜻한다. 즉, $G-\mathbb{E}$란, $V(G-\mathbb{E}) = V(G)$이고 $E(G-\mathbb{E}) = E(G)-\mathbb{E}$인 그래프로 정의된다.

예를 들어, 아래의 G에 대하여 위에서 정의한 여러 가지 부분그래프들을 구성해 보자.

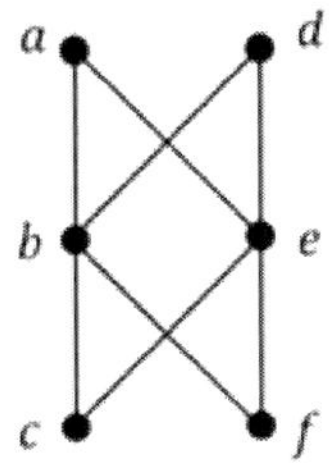

G

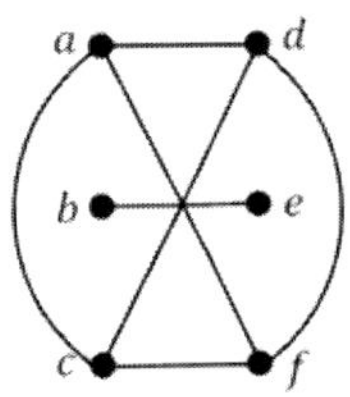

$\overline{G}$

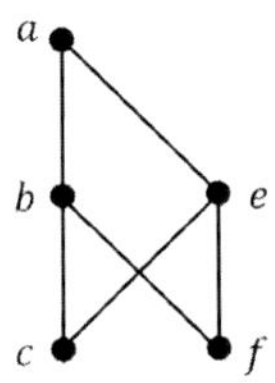

$G-d$

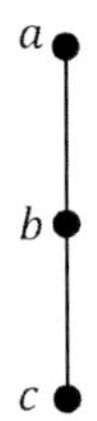

$G-\{d,e,f\}$

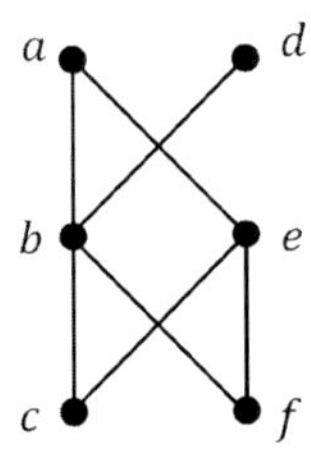

$G-de$

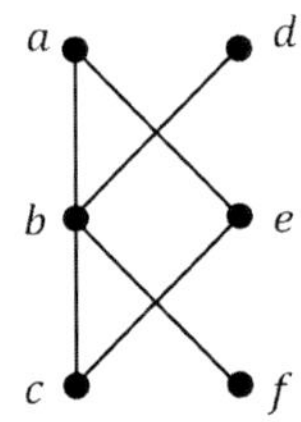

$G-\{de, ef\}$

이제 두 그래프 G와 H에 대한 이항연산을 정의하고 그 결과로 생성되는 그래프에 대해서 이해하기로 한다.

[G와 H의 합그래프(union)]

G와 H를 그래프라 하면 그래프 $G \cup H$를 다음과 같이 정의한다.

$$V(G \cup H) = V(G) \cup V(H),\ E(G \cup H) = E(G) \cup E(H)$$

$$V(G \cup H) = V(G) \cup V(H),\ E(G \cup H) = E(G) \cup E(H)$$

[G와 H의 덧셈(join)그래프]

G와 H를 그래프라 하면 그래프 $G+H$를 다음과 같이 정의한다.

$$V(G+H) = V(G) \cup V(H),$$

$$E(G+H) = E(G) \cup E(H) \cup \{uv \mid u \in V(G),\ v \in V(H)\}$$

[곱(product) 그래프]

두 그래프 G와 H의 그래프 $G \times H$를 다음과 같이 정의한다.

$$V(G \times H) = \{(s,\ v) \mid s \in V(G),\ v \in V(H)\},$$

$$E(G \times H) = \{(s,\ v)(t,\ v) \mid st \in E(G)\} \cup \{(s,\ v)(s,\ w) \mid vw \in E(H)\}$$

이들 덧셈과 곱에 대한 연산의 여러 가지 예는 표 183과 같고, 주어진 두 그래프의 합 그래프의 예는 표 184과 같다.

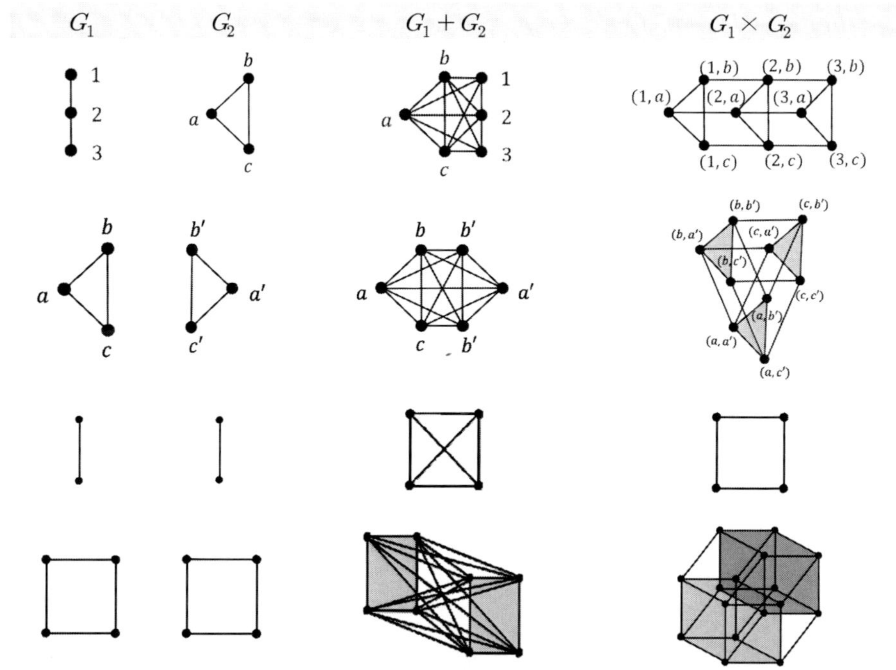

표 183 그래프들의 덧셈과 곱(product)그래프

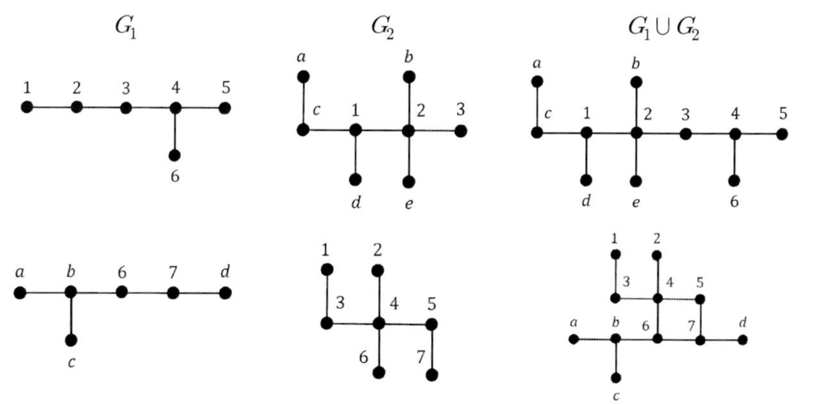

표 184 그래프들의 합(join)그래프

5.6 특수 유형의 그래프($K_n, P_n, C_n, Q_n, B_{m,n}$)

잘 알려져 있고 자주 쓰이는 여러 유형의 그래프들을 정의하고 그 예를 살펴보도록 하자.

[완전그래프(complete graph) K_n]

완전 그래프 K_n은 n개의 점집합과 이 위에서 정의될 수 있는 모든 가능한 선을 선집합으로 갖는 그래프를 뜻한다. 반면, n개의 점집합과 공집합을 선집합으로 갖는 그래프를 여완전그래프(혹은 완전불연속그래프)(empty or trivial graph)라 부른다. 또한 이 두 그래프를 자명한 그래프라고 부른다. 작은 위수의 완전그래프와 여완전그래프를 보면 다음과 같다.

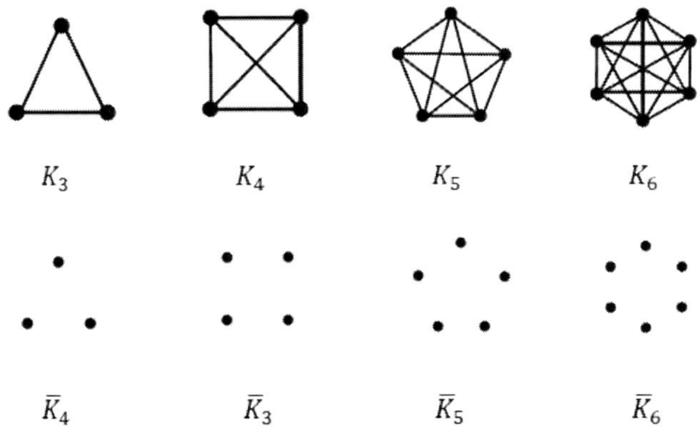

그림 115 완전그래프와 여완전그래프

[경로(path graph) 그래프 P_n]

n개의 점 위의 경로(path) P_n은 다음과 같은 점집합과 선집합으로 정의된 그래프를 뜻한다. 이는 그래프의 길(walk)로부터 정의된 경로(path)와 같은 정의를 갖는다. 단, 여기서 P_n은 길이가 $n-1$인 경로가 된다.

$$V=\{v_1,\ v_2,\ \cdots,\ v_n\},\quad E=\{v_1 v_2,\ v_2 v_3,\ \cdots,\ v_{n-1} v_n\}$$

[원형그래프(cycle graph) C_n]

점 n개 위에서 정의된 원형그래프(cycle) C_n이란, $V=\{v_1,\ \cdots,\ v_n\}$를 점집합으로 하고 $E=\{v_1 v_2,\ v_2 v_3,\ \cdots,\ v_{n-1} v_n,\ v_n v_1\}$을 선집합으로 하는 그래프를 뜻한다. 여기서 정의한 C_n은 길이가 $n-1$인 순환로(cycle)이다.

[바퀴그래프(wheel graph) W_n]

C_n을 위수 n의 원형그래프라 하고 P를 한 점 그래프라고 할 때, 위수 n의 바퀴그래프 W_n은 $W_n = C_n + P$로 정의된다.

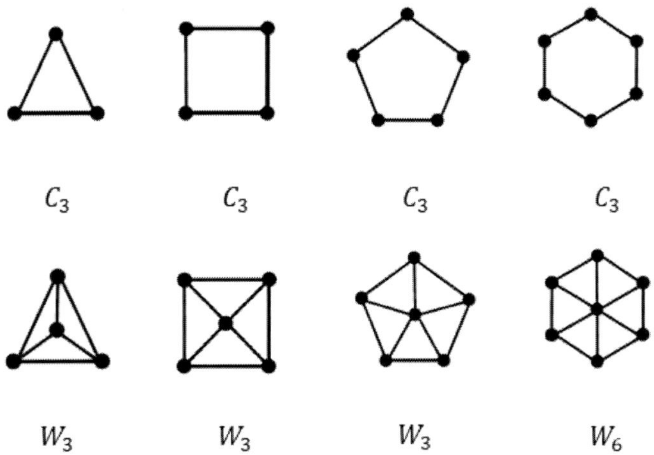

그림 116 원형그래프와 바퀴그래프

[정규 그래프(r-regular graph)]

차수 r의 정규 그래프 G는 모든 점 v에 대하여 $\deg v = r$인 그래프로 정의하고 r-정규 그래프라 부른다. 특히 $r = 3$인 그래프를 큐빅(cubic)그래프라 한다. 다음은 페터슨 그래프로 알려진 3-정규 그래프이다.

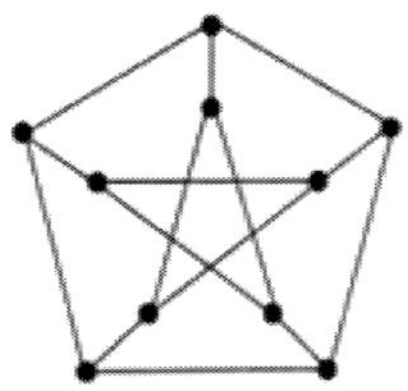

그림 117
페터슨 그래프

[n-큐브(n-cube) Q_n]

$Q_n = K_2 \times \cdots \times K_2$ (n번 곱)를 n-큐브(cube)라 한다.

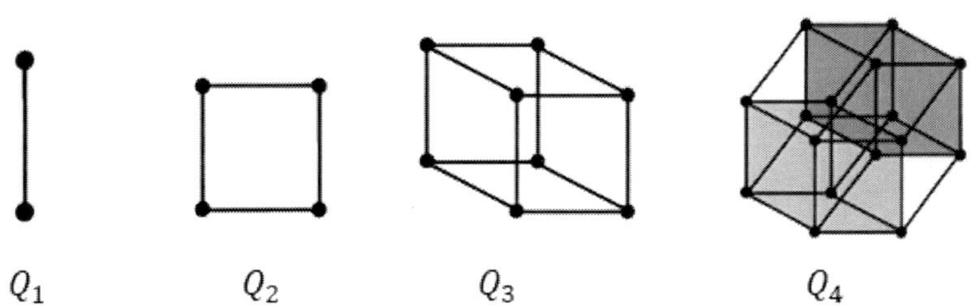

그림 118 n-큐브

다음 정리는 모든 그래프로부터 정규 그래프는 항상 생성될 수 있음을 보여주고 있다.

정리 5-6-1 모든 그래프 G와 모든 정수 $r \geq \Delta(G)$에 대하여 G를 생성 부분그래프로 갖는 r-정규 그래프 H가 존재한다.

| 증명 |

만약 G가 r-정규 그래프일 때 우리가 구하는 H는 G로 택하면 되므로 위의 명제는 성립한다. G가 r-정규 그래프가 아니라고 가정하고 G'을 G의 복사본이라 하자. 이때 G와 G'의 차수가 r보다 작은 원본의 각 점 $x \in V(G)$에 대응하는 복사된 점을 $x' \in V(G')$이라 하고 이들 점 x, x'를 선으로 이어준다. 이 결과로 얻는 그래프를 G_1이라 하자. 만약 G_1이 r-정규이면 우리가 원하는 그래프 H를 G_1으로 취하면 명제는 성립한다. 그렇지 않다면 이 작업을 반복하여 r-정규 그래프 G_k가 얻어질 때까지 계속 반복 진행한다. 단, 여기서 $k = r - \delta(G)$이다.

정리 5-6-1의 알고리즘에 따라 원하는 정규 그래프를 구하는 과정을 나타낸 예는 다음과 같다.

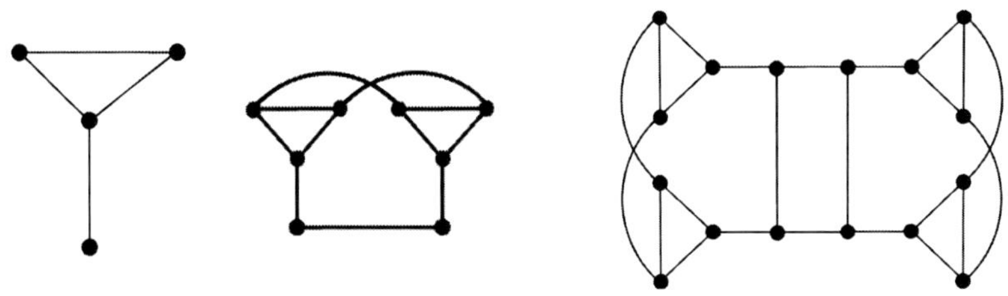

G_1 G_2 G_3

[다분 그래프(n-partite) $B_{m_1, \cdots, m_n}$]

우선 이분그래프에 대해 정의하고 다분 그래프로 확장시키기로 한다.

다음을 만족시키는 그래프 G를 V_1, V_2의 이분 그래프(bipartite graph)라 한다.

(i) 점집합 V가 두 집합 V_1, V_2로 분할(partition)되고,

(즉 $V = V_1 \cup V_2$이고 $V_1 \cap V_2 \neq \varnothing$)

(ii) $e = uv \in E$이면 $u \in V_1$, $v \in V_2$ 또는 $v \in V_1$, $u \in V_2$

특히, $|V_1| = m$, $|V_2| = n$ 에 위에서 정의된 V_1, V_2의 이분 그래프가 V_1과 V_2 사이의 가능한 모든 선을 선집합으로 가지면, 이를 완전 이분 그래프(complete bipartite graph)라 부르고 B_{mn}으로 표시한다. 이러한 이분그래프의 정의를 다분으로 확장시키면 다음과 같다.

그래프 G의 점 집합 V의 분할을 이루는 $V_1, \cdots, V_n$와 모든 $i, j(i \neq j)$에 대하여, $V_i \cup V_j$으로 이루어진 점생성 부분그래프가 이분그래프가 되면, 이러한 그래프 G를 n-다분할 그래프(n-partite graph)라 한다. 특히, 임의의 $i, j(i \neq j)$에 대하여 점집합 $V_i \cup V_j$으로 이루어진 점생성 부분그래프가 완전 이분 그래프가 되면 이것을 n-완전 다분할 그래프(n-partite graph)라 한다.

다음은 이분그래프와 다분그래프의 예이다.

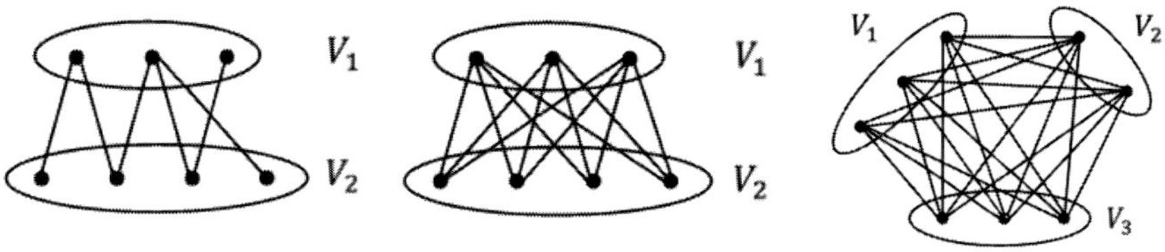

$|V_1| = 3, |V_2| = 4$
이분그래프

완전 이분 그래프
$B(3,4)$

3-완전 다분할 그래프
$B(3,3,2)$

표 187 다분그래프

이분 그래프에 관한 성질을 알아보기 전에 연결 그래프를 위에서 정의한 경로그래프라는 용어를 빌어 정의하면 다음과 같다. 그래프 G의 임의의 다른 두 꼭짓점 u와 v에 대하여 이 두 점을 끝점으로 하는 경로그래프 P가 G의 부분그래프로 반드시 존재하면, 그래프 G를 연결 그래프(connected graph)라고 한다.

다음 정리를 통하여 이분그래프와 짝수 길이의 순환로의 존재성에 대한 필요충분조건을 살펴보도록 하자.

정리 5-6-2 위수가 적어도 2인 그래프 G가 이분 그래프일 필요충분조건은 이 그래프 G에 홀수 길이의 순환로가 존재하지 않는 것이다.

| 증명 |

($\Rightarrow$) G를 $V(G)$가 X, Y로 분할된 이분그래프라 가정하고, C를 길이가 k인 순환로 $v_1, v_2, \cdots, v_k, v_1$라 하자. 편의상 $v_1 \in X$라 하면 이분 그래프의 정의에 따라 모든 홀수 i에 대하여 $v_i \in X$이고 모든 짝수 j에 대하여 $v_j \in Y$이다. 특히 이 순환로의 마지막 선이 $v_k v_1$이므로 $v_k \in Y$가 되며 이것은 k가 짝수임을 의미한다. 그러므로 C는 짝수 순환로이다.

($\Leftarrow$) G를 위수가 2이상이고 홀수 순환로를 포함 하지 않는 그래프라 하자. 일반성을 잃지 않고 편의상 G를 연결 그래프라 하자. (그렇지 않다면 G의 성분 연결 그래프 각각에 관하여 나누어 증명할 수 있을 것이다) 이제 임의의 점 $v \in V(G)$에 관하여 집합 X와 Y를 다음과 같이 정의하도록 하자.

$$X = \{x \in V(G) \mid d(x,\ v) = \text{짝수}\}, \quad Y = V(G) - X$$

(여기서, $d(x,\ y)$란 점 x에서 점 y사이의 최소 연결 경로의 거리를 뜻한다. 즉, $d(x,\ y)$는 x 로부터 y 까지의 최소 길이를 가진 경로(geodesic)의 선의 개수가 된다. 이는 다음절에서 자세히 다루기로 한다.)

이제 서로 다른 두 점 $x,\ x' \in X$에 관하여 $xx' \notin E(G)$임을 귀류법으로 증명하기로 하자. 모순을 끌어내기 위하여 $xx' \in E(G)$라 가정하자. 우선, 만약 $x = v$라 가정하면 $xx' \in E(G)$이므로 $d(x',\ v) = 1$(홀수)가 되고, 이것은 $x' \in Y$임을 의미하므로 $x' \in X$라는 가정에 모순이 된다. 그러므로 $x \neq v$임을 알 수 있다. 또한 위와 마찬가지 이유에서 $x' \neq v$임도 알 수 있다.

이제 적당한 양의 정수 s와 t에 관해서, P_1을 $d(v,\ x) = 2s$인 v에서 x로 가는 최소 경로 $v = v_0,\ v_1,\ \cdots,\ v_{2s} = x$라 하고, P_2를 $d(v,\ x') = 2t$인 v에서 x'로 가는 최소 경로 $v = w_0,\ w_1,\ \cdots,\ w_{2t} = x'$라 하자. 그러면 $d(v,\ x) = 2s$(짝수), $d(v,\ x') = 2t$(짝수), $d(x',\ v) = 1$(홀수)이므로, 다음과 같은 회로 $v = v_0,\ v_1,\ \cdots,\ v_{2s},\ w_{2t},\ w_{2t-1},\ \cdots,\ w_0 = v$는 길이가 홀수 회로가 되고, 정의 5-3-1에 의해 이 회로는 홀수 길이의 순환로를 갖는다. 이것은 G가 홀수 순환로를 포함하지 않은 그래프라는 가정에 모순이다. 그러므로 X에 속한 어떤 두 점도 서로 연결되어 있지 않는다는 점이 증명되었다. 마찬가지 방법으로, Y에 속한 어떤 두 점도 서로 연결되어 있지 않음을 증명할 수 있다. 결과적으로, G가 짝수 길이의 순환로만을 갖는 그래프이면, G는 X와 Y로 분할된 이분 그래프가 됨을 알 수 있다. □

연 습 문 제 5.6

1. 다음 그래프가 서로 동형임을 증명하라.

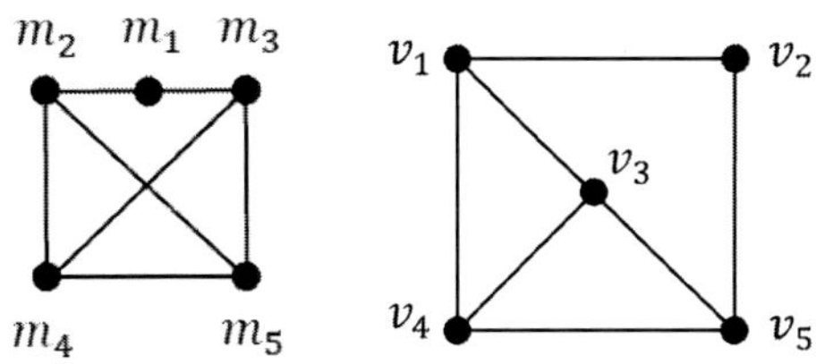

2. 주어진 두 그래프 H와 R은 동형이 아님을 증명하라.

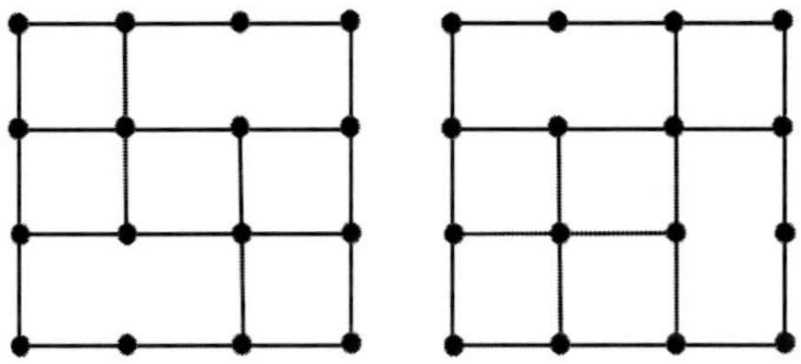

H R

3. 다음 두 그래프가 동형인지 아닌지를 판정하라.

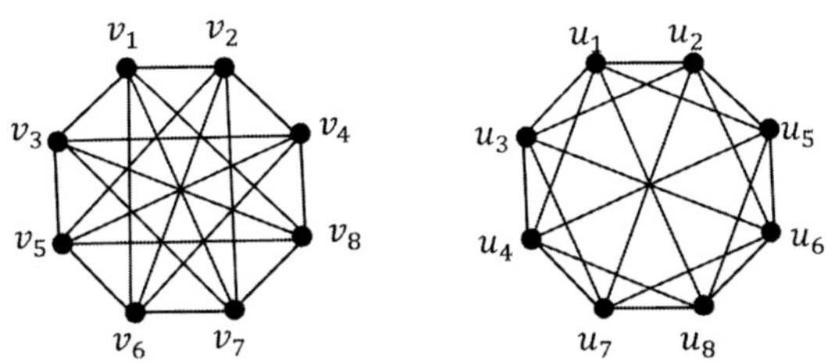

4. 다음 중 그래프 G의 부분그래프가 아닌 것을 모두 골라라.

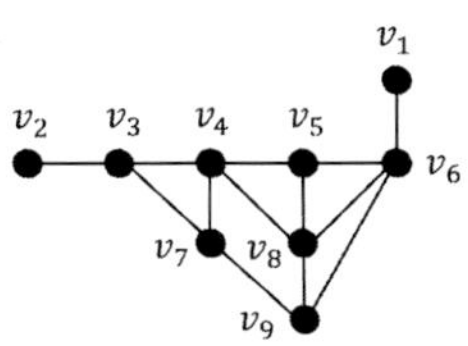

G

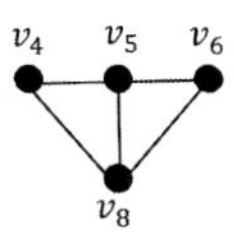

G_1

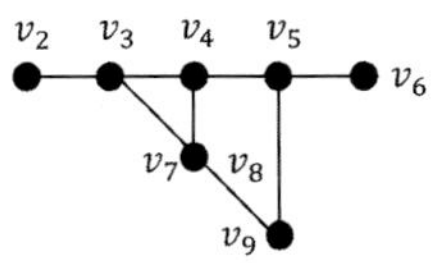

G_2

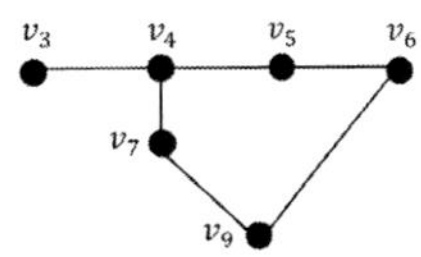

G_3

5. 다음 두 그래프 A, B에 대하여 $A \cup B$, $A \times B$. $B \times B$, $A+B$, $\overline{A \cup B}$을 각각 그려라.

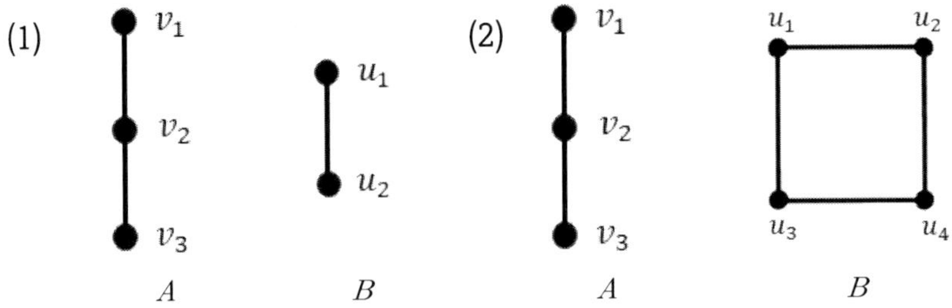

6. 다음 그래프에 관하여 각 부분그래프를 제시하라.

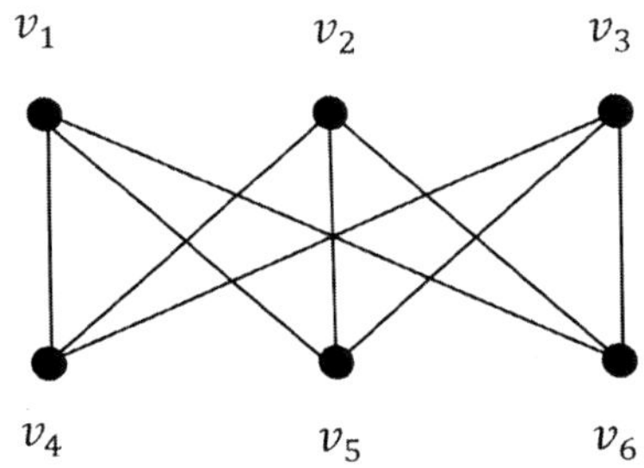

(1) 확장 부분그래프
(2) 점생성 부분그래프
(3) 선생성 부분그래프

7. 5, 2, 1, 1, 1을 차수 수열로 가지는 그래프는 존재하지 않음을 보여라.

8. 다섯 개의 점을 가진 번호 없는 그래프는 총 34개 임을 증명하라.

(힌트: 직접 34가지의 구별되는 그래프를 그려서 추정하고, 34가지 그래프의 동치류의 크기를 각각 계산하여 이들의 총합이 $2^{10}=1024$가 됨을 보인다.).

G를 n개의 점과 m개의 선으로 구성된 그래프라고 하자. G의 각 점의 차수가 k 또는 $k+1$이면, 그래프
9. G에서 차수가 k인 점의 개수는 $(k+1)n-2m$임을 보여라.

5.7 그래프의 연결성(graph connectivity)

주어진 그래프 G의 각각의 점 u, v에 대하여 $u-v$ 경로가 G안에 존재할 때, 이 그래프 G를 연결 그래프(connected graph)라 한다. 역으로 $u-v$ 경로가 존재하지 않는 적당한 두 점 u, v가 $V(G)$에 있으면 이 그래프 G를 단절 그래프(disconnected graph)라 한다. 연결 그래프 $G=(V, E)$의 두 점 $u, v \in V$에 관하여 $u-v$ 경로의 길이 중 최솟값을 u와 v 사이의 거리(distance)[9]라고 정의하고 이것은 $d(u, v)$라고 표기한다. 또한 길이가 $d(u, v)$인 $u-v$ 경로를 u, v의 지오데식(geodesic)이라 정의한다. 그래프 G의 성분(component of G)는 G의 극대 연결 부분그래프(maximal connected subgraph)로 정의한다. 또한 $k(G)$를 그래프 G의 성분의 개수라 표기한다. 이때,

(i) $k(G-v) > k(G)$를 만족시키는 점 $v \in V$를 G의 단절점(cut-vertex)라 한다.

(ii) $k(G-e) > k(G)$를 만족시키는 선 $e \in E$를 G의 다리(bridge)라 한다.

(iii) 단절점을 갖지 않는 연결 그래프를 블록(block)이라 한다. 그래프 G에 대하여 $V(G)$의 진 부분집합 S에 대하여 $G-S$가 단절 그래프이면 이때 S를 단절점 집합이라고 한다. 완전그래프가 아닌 그래프 G에 대하여 단절점 집합의 최소 크기를 연결성이라 하고, $\kappa(G)$로 표기한다. 여기서 양의 정수 k에 대하여 $k \leq \kappa(G)$이면 그래프 G를 k-연결 그래프라 한다. 정의에 의하여 모든 연결 그래프는 1-연결 그래프이다. 일반적으로 1-연결 그래프를 연결 그래프라 한다.

[예 시]

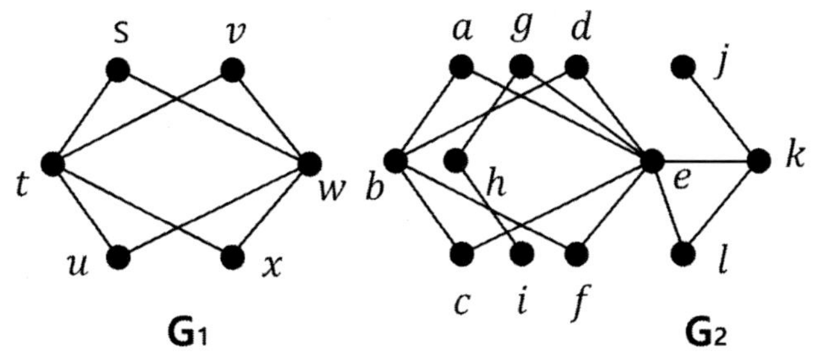

그림 138 $G=G_1 \cup G_2$에서의 연결성

---

9) 집합 X에 대하여 다음과 같이 정의된 함수 $d: X \times X \rightarrow \mathbb{R}^+ \cup \{0\}$를 X 위에서의 거리(distance)라 정의한다.
(i) 모든 $x \in X$.에 대하여 $d(x,x)=0$, (ii) 모든 $x, y \in X$에 대하여 $d(x,y)=d(y,x)$, (iii) 모든 $x, y, z \in X$에 대하여 $d(x,y)+d(y,z) \geq d(x,z)$
따라서 최소경로의 길이로 정의된 d는 (i), (ii), (iii) 조건을 모드 만족하므로 $V(G)$위에서 정의된 하나의 거리라 할 수 있다. 참고로 $V(G)$위에서 정의될 수 있는 거리함수는 위의 d 이외에도 존재할 수 있다.

그림 138의 그래프 G_1과 G_2에 관하여 위의 정의를 확인해보자.

(1) 그래프 $H = G_1 \cup G_2$는 2개의 성분 G_1과 G_2가 있으므로 단절 그래프이며, 따라서 $k(H) = 2$이다.

(2) 그래프 G_2에서 경로 $c,\ e,\ g,\ h$는 점 $c,\ h$의 지오데식이므로 $d(c,\ h) = 3$이다.

(3) 그래프 G_2는 점 e, h, k, g를 단절점으로 갖는다.

(4) 그래프 G_1은 어떤 점 v를 삭제하여도 그래프 $G_1 - v$는 여전히 연결 그래프이며, 어떤 선 xy를 삭제하더라도 그래프 $G_1 - xy$는 연결 그래프가 되므로 G_1은 블록이다.

(5) 그래프 G_2에서 점 g는 $G_2 - g$는 두 개의 성분으로 나누는 단절점이므로 $k(G_2 - g) = 2$이다. 하지만 e는 $G_2 - e$를 세 개의 성분으로 나뉘게 하는 단절점이므로 $k(G_2 - e) = 3$이다.

(6) 그래프 G_2에서 선 $eg,\ hi,\ gh,\ jk$ 등을 삭제하고 남은 그래프의 성분의 개수는 2이상이 되므로 이들 선은 그래프 G_2의 다리가 된다.

(7) 그래프 G_1에서 모든 단절점 집합은 다음과 같다.

$$\begin{array}{llll}
S_1 = \{t,w\} & S_6 = \{t,w,s,x\} & S_{11} = \{t,w,s,u\} & S_{16} = \{t,w,s,v,x\} \\
S_2 = \{t,w,x\} & S_7 = \{t,w,s,v\} & S_{12} = \{t,w,v,u\} & S_{17} = \{t,w,v,u,x\} \\
S_3 = \{t,w,s\} & S_8 = \{t,w,v,x\} & S_{13} = \{t,s,v,u,x\} & S_{18} = \{w,s,v,u,x\} \\
S_4 = \{t,w,v\} & S_9 = \{t,w,u,x\} & S_{14} = \{t,w,s,u,x\} & \\
S_5 = \{t,w,u\} & S_{10} = \{s,v,u,x\} & S_{15} = \{t,w,s,v,w\} &
\end{array}$$

여기서 그래프 G_1의 연결성 $\kappa(G_1) = \min\{|S_i| \ :\ 1 \le i \le 18\} = |S_1| = 2$ 임을 알 수 있다. 따라서 G_1은 2-연결 그래프이며 또한 1-연결 그래프이다.

그래프에서의 k-연결성은 순환로의 존재성과 밀접한 관계가 있음을 아래의 정리로 알 수 있다.

정리 5-7-1 모든 2-연결 그래프는 적어도 하나의 순환로를 포함한다.

| 증명 |

그래프 G가 2-연결 그래프이므로 $|S| \ge 2$ $G - S$가 단절 그래프가 되는 단절점 집합 S가 존재한다. 여기서 서로 다른 $G - S$의 두 성분 X와 Y에 대하여 $x_0 \in X,\ y_0 \in Y$라 하자. G는 2-연결 그래프이므로 $G - (S - \{\mathrm{u}\})$는 연결 그래프이고, 따라서 임의의 $u \in S$에 대하여 x_0로 시작하여 y_0로 끝나는 경로 $P(x_0, y_0)$가 존재한다. 양의 정수 $i,\ j$와 $x_i \in X,\ y_j \in Y$에 대하여 $P(x_0, y_0)$를 다음과 같이 나타내기로 하자.

$$P(x_0, y_0) : x_0, x_1, \cdots, x_{k-1}, u, y_{k'-1}, \cdots, y_1, y_0$$

여기서 $x = x_{k-1}$, $y = y_{k'-1}$이라 하면 x로 시작하여 y로 끝나는 길이 2인 경로 $P_1(x,y) = x,u,y$가 존재한다.

한편, G는 2-연결 그래프이므로 $G - \{u\}$도 연결 그래프가 되고, 따라서 x로 시작하여 y로 끝나고 u를 포함하지 않는 경로 $P_2(x,y)$가 존재한다. 여기서

$P_1(x,y) \cup P_2(x,y)$는 순환로이므로, G는 적어도 하나의 순환로를 포함한다. □

다음은 그래프 연결성의 정의로부터 간단히 도출될 수 있는 $\kappa(G)$의 기본 성질들에 관한 명제다. 이들에 대한 증명은 연습문제로 남긴다.

정리 5-7-2 (1) 모든 자연수 n에 대하여 완전그래프 K_n은 단절점 집합을 갖지 않는다.

(2) 위수가 n인 완전그래프가 아닌 연결 그래프 G에 대하여 $\kappa(G)$는 다음을 만족한다.

$$1 \le \kappa(G) \le n-2$$

(3) 단절 그래프 G에 대하여 $\kappa(G) = 0$이다.

(4) 위수가 n인 완전그래프 G에 대하여 $\kappa(G) = n-1$이다.

(5) 그래프 G에 대하여 $\kappa(G) \ge 2$ 인 필요충분조건은 G는 단절점을 갖지 않는 연결 그래프이다.

(6) 모든 그래프 G에 대하여 $\kappa(G) \le \delta(G)$이다.

(여기서 $\delta(G) = \min\{\deg(v) \mid v \in V(G)\}$이다.)

위와 마찬가지로 연결된 방향 그래프에서도 그 연결성을 선의 방향을 반영하여 다음과 같이 정의를 확장시킬 수 있다.

D를 방향 그래프라 하자. D의 임의의 점 u, v에 대하여 $u-v$ 경로와 $v-u$경로가 모두 D 안에 존재할 때, D를 강하게 일방향 그래프(digraph)라 한다. D의 임의의 점 u, v에 대하여 $u-v$ 경로 또는 $v-u$ 경로 중 하나가 D 안에 존재할 때 D를 일방향으로 연결된(unilaterally connected) 방향 그래프(digraph)라 한다. D의 임의의 점 u, v에 대하여 방향을 무시한 $u-v$ 경로가 D 안에 존재할 때 D를 약하게 연결된(weakly connected) 방향 그래프(digraph)라 한다.

5.8 거리와 괴리성(distance, eccentricity)

이 절에서는 주어진 그래프에서 두 점 사이의 거리함수를 정의하여 점의 관계성이나 중앙 그리고 점의 분포 밀도 등 그래프 자체의 특성을 기하학적 시각으로 접근하여 살펴보기로 하자. 먼저,

일반적인 임의의 집합 X위에서 정의될 수 있는 거리함수(distance, metric)는 다음과 같다.

집합 X 위의 모든 점 x, y에 대해서 다음 조건을 만족하는 함수 $d : X \times X \to \mathbb{R}$을 집합 X의 거리함수라고 한다.

(i) $d(x,y) \geq 0.$

(ii) $d(x,y) = 0 \Leftrightarrow x = y$

(iii) $d(x,y) = d(y,x)$

(vi) $d(x,y) \leq d(x,z) + d(z,x)$

그래프 G에서의 거리함수는 여러 형태로 달리 정의할 수 있지만, 일반적으로 $u, v \in V(G)$에 대해 그래프 G의 거리함수는 $d(u,v)$는 두 점을 잇는 최단 경로 $P(u,v)$의 길이로 정의하고 있으며, 이는 위의 (i) ~ (vi)의 성질을 만족함을 쉽게 알 수 있다. 이렇게 정의된 그래프의 거리함수 위에서 다음과 같은 유용한 용어들을 정의하도록 하자.

정의 5-8-1 주어진 그래프 G 위에 정의된 거리함수 d로부터 그래프 G의 거리에 관련된 다음 변수들을 정의한다.

(i) [$v \in V(G)$의 괴리성; the eccentricity of v]

$$ecc(v) := \max\{d(v,x) : x \in V(G)\}$$

(ii) [G의 반지름; the radius of G]

$$rad(G) := \min\{ecc(v) : v \in V(G)\}$$

(iii) [G의 지름; the diameter of G]

$$diam(G) := \max\{ecc(v) : v \in V(G)\}$$

(iv) [G의 중심(점): a center of G]

v는 G의 중심점 $\Leftrightarrow ecc(v) = rad(G)$

(v) [G의 변방점: a periphery of G]

v는 G의 변방점 $\Leftrightarrow ecc(v) = diam(G)$

'반지름'과 '지름' 등의 용어는 유클리드 평면기하를 통하여 우리에게 매우 익숙한 용어다. 위의 정의 5-8-1은 이러한 일반적인 용어를 그래프 위에서 확장하여 다시 정의하고 있다. 여기서 유의할 점은, 반지름의 2배가 지름이 된다는 통념은 그래프에서는 성립하지 않는다는 것이다. 성립하는 특수한 경우도 있겠지만 일반적으로 그래프의 지름과 반지름의 관계는 다음과 같은 범위를 이루고 있다.

정리 5-8-2 주어진 그래프 G위에서 지름과 반지름에 대하여 다음과 같은 부등식이 성립한다.

$rad(G) \leq diam(G) \leq 2rad(G)$

| 증명 |

G의 반지름과 지름의 정의를 바로 적용하면 다음과 같이 첫 번째 부등식이 성립한다.

$$rad(G) = \min_{v \in V} ecc(v) \le max_{v \in V} ecc(v) = diam(G)$$

한편 c를 G의 중심점이라 하고 u와 v를 G의 두 변방점이라 하면 다음 부등식이 성립하므로 두 번째 부등식이 성립함을 알 수 있다.

$$\begin{aligned} diam(G) &= d(u,v) \le d(u,c) + d(c,v) \\ &\le ecc(c) + ecc(c) = 2ecc(c) \le 2rad(G) \end{aligned}$$ □

실제로 그림 139의 위수가 4인 경로그래프 P의 예를 들면,

$rad(P) = 2 = ecc(b) = ecc(c)$ 이고 $diam(P) = 3 = ecc(a) = ecc(d)$

이므로 정리 5-8-2를 만족함을 알 수 있다.

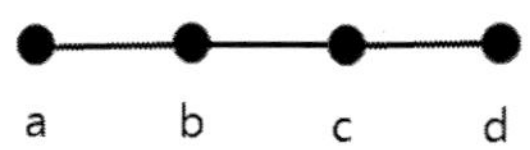

그림 139

특히, 위의 그래프의 중심점은 b, c 두 개가 있고 이는 원에서와 같이 중심이 한 개 있는 일반적인 개념과 차이가 있음을 주의 깊게 보도록 하자. 이러한 점을 감안하여 다음 예시로부터 거리에 관한 용어를 실감해 보기로 한다.

[예 시]

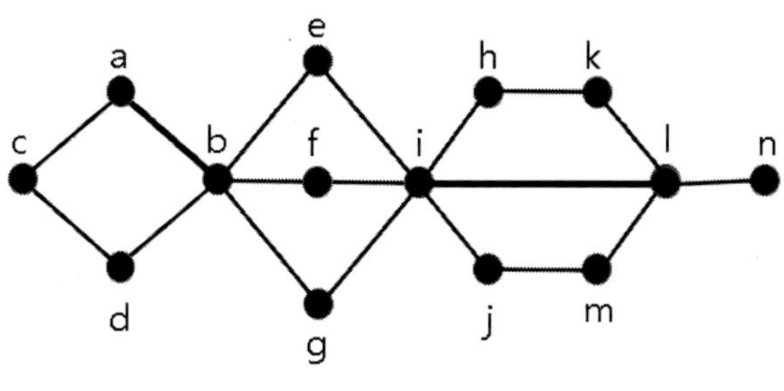

그림 140 연결 그래프 G

그림 140과 같이 주어진 그래프 G에 대하여 반지름과 지름, 중심점, 변방점 등을 구해보도록 하자.

(1) $ecc(e) = ecc(f) = ecc(g) = 3 = rad(G)$이므로 e, f, g는 모두 G의 중심점들이다.

(2) $ecc(c) = ecc(k) = ecc(m) = ecc(n) = 6 = diam(G)$이므로 c, k, m, n은 모두 변방점이다.

이 그래프에서는 일반적인 유클리드 공간과 마찬가지로 정리 5-8-2에서 $diam(G) = 2rad(G)$가

되어 지름의 상한에 다다르고 있어 마치 원의 구조를 떠올리게 되지만 중심점이 세 개가 된다는 점에서 이와 같지 않다. 지난 절에서 다루었던 바퀴그래프 W_n을 보면 자명한 이유에서 평면의 원과 같은 구조를 그래프로 생각할 수 있을 것이다.

다음 정리는, 임의의 그래프 G는 확장을 통해서 G의 모든 점들이 확장된 그래프의 중심점이 될 수 있다는 내용을 담고 있다.

정리 5-8-3 임의의 그래프 G에 대하여 H의 중심점들이 생성하는 H의 부분그래프가 G와 동형이 되는 그래프 H가 항상 존재한다.

|증명|

임의로 주어진 그래프 G에 대하여 다음과 같은 성질을 만족하는 그래프 H를 구현한다.

(i) $V(H) = \{x, y, z, w\} \cup V(G)$

(ii) $E(H) = \{xz, yw\} \cup \{xv, yv \mid v \in V(G)\} \cup E(G)$

그러면 $ecc(z) = ecc(w) = 4$이고 $ecc(x) = ecc(y) = 3$이며 모든 G의 꼭짓점 v에 대하여 $ecc(v) = 2$이라는 것을 쉽게 알 수 있다. 따라서, G의 모든 꼭짓점 v는 모두가 H의 중심점임을 알 수 있다.(그림 141참조)

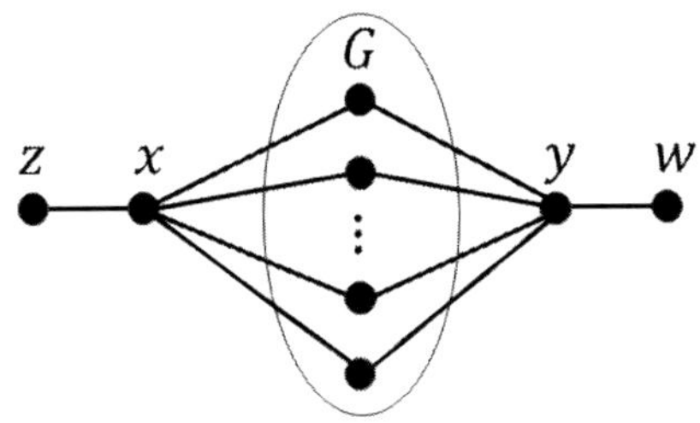

그림 141

사족으로, 잠시 인문학적 사유를 통해 이 명제를 재해석 해 보면 다음과 같이 멋진 세상을 꿈꿀 수 있지 않을까?

"세상 모든 인간이 주인공이 될 수 있는 더 큰 세상은 항상 존재한다!"

연 습 문 제 5.8

1. 다음 명제를 증명하라.

   (1) G가 연결 그래프이기 위한 필요충분조건은 $\kappa(G) \geq 1$

   (2) $\kappa(G) \geq 2$이기위한 필요충분조건은 G가 절단점이 없는 연결 그래프여야 한다.

   (3) 모든 그래프 G에 대하여 $\kappa(G) \leq \delta(G)$ 성립한다.

   (4) 위수가 n인 그래프 G가 완전그래프가 아니고 연결 그래프이면
   $1 \leq \kappa(G) \leq n-2$이다.

   (5) 모든 자연수 n에 대하여 완전그래프 K_n은 단절점집합을 갖지 않는다.

2. 아래 그림 141의 그래프 H의 모든 점이 중심이 되는 확장된 그래프를 제시하라.

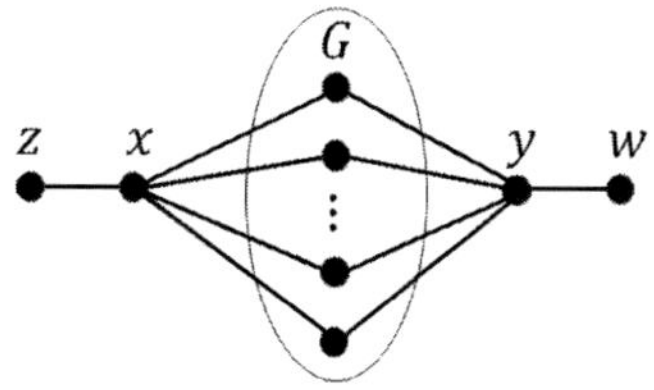

G의 모든 점이 중심이 되는 최소 그래프 H

3. 주어진 다음 그래프 T의 중심점과 변방점을 모두 구하고 $rad(T)$, $diam(T)$을 구하라.

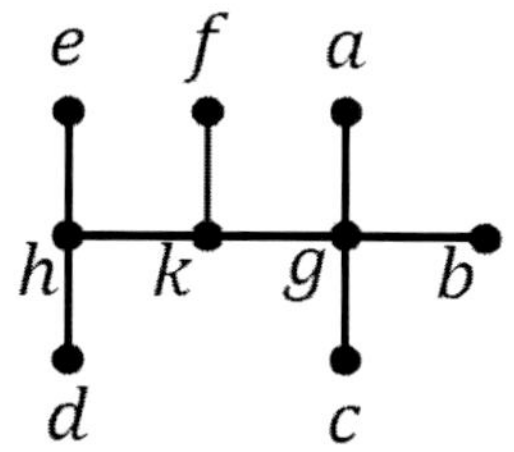

그래프 T

4. 아래의 페터슨 그래프에서는 모든 점이 변방점이고 동시에 중심점이 된다. 그 이유를 밝혀라.

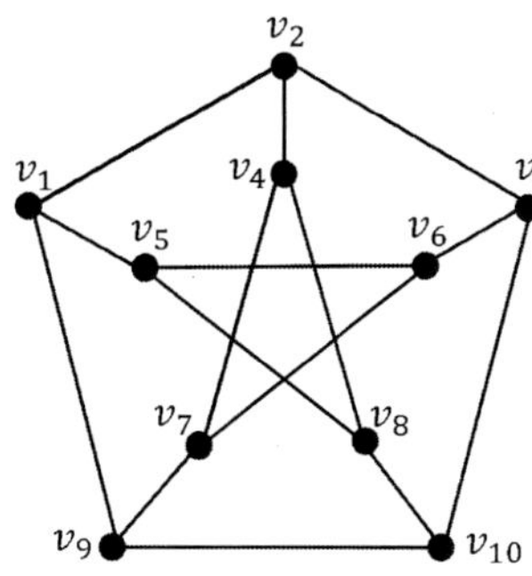

5.9 수형도(Tree) 그래프와 정수

순환그래프(사이클, cycle)를 부분그래프로 갖고 있지 않은 연결 그래프를 수형도 그래프(tree graph, 단순하게 수형도-tree)라 정의한다. 이들 수형도 그래프들의 ∪(그래프의 합)으로 만들어지는 그래프를 숲 그래프(forest)라 부른다. 즉, 어떤 순환로도 갖고 있지 않은 그래프를 숲 그래프라 정의할 수 있다. 이때, $\deg(v)=1$을 만족하는 수형도(또는 숲) T의 점 v를 잎새(leaf) 혹은 잎새점이라 부른다.

다음 정리는 트리 그래프에서의 꼭짓점과 모서리의 개수에 대한 기본적인 관계를 말해주고 있다.

정리 5-9-1 위수가 n인 수형도는 $n-1$개의 모서리를 갖는다.

|증명|

수형도 T가 n개의 점과 m개의 선으로 이루어져 있다고 가정하고 점의 개수 n에 대하여 수학적 귀납법을 적용하여 증명하기로 한다.

(i) $n=1$일 때, 선은 존재하지 않으므로 $m=0=1-1=n-1$이 성립한다.

(ii) $k<n$인 모든 자연수 k에 대하여 위의 명제가 성립한다고 가정하자. 이때 점 $v\in V(T)$를 수형도 T의 잎새(leaf)라 하고 $T'=T-v$라 하면 T'는 $n-1$개의 점과 $m-1$개의 선으로 이루어진 수형도가 된다. 따라서 수학적 귀납법의 가정에 의하여, T'은 $(n-1)-1$개의 선을 가진 수형도다. 즉, 다음이 성립하고

$$(n-1)-1=m-1$$

따라서 $n-1=m$이 성립한다. □

다음 정리는 주어진 그래프가 수형도가 되기 위한 필요충분조건에 대해서 말해주고 있다.

정리 5-9-2 수형도가 되기 위한 필요충분조건

T 가 n개의 점과 m개의 선을 가지는 그래프라고 할 때, 다음 명제들은 동치이다.

(1) T 는 순환로를 갖지 않는 연결 그래프다.(수형도의 정의)

(2) T 의 서로 다른 두 점 u, v에 대해 유일한 $u-v$경로가 존재한다.

(3) T 는 $n=m+1$을 만족하는 연결 그래프이다.

(4) T 는 $n=m+1$이 성립하며, 어떤 순환로도 갖지 않는 그래프다.

|증명|

(1) ⇒ (2) T 를 순환로를 갖지 않는 연결 그래프라 가정하고, 서로 다른 두 점 u, v에 대하여 서로 다른 두 개의 $u-v$ 경로 P_1과 P_2가 존재한다고 가정하면, 두 그래프의 합 $P_1\cup P_2$은

당연히 한 개 이상의 순환로를 갖게 되므로 (1)번 가정에 모순이다.

(2) $\Rightarrow$ (3) 그래프 T를 (2)를 만족하는 그래프라 가정하고 이 그래프의 점의 개수 n에 수학적 귀납법을 적용하여 증명한다.

(i) $n=1$일 때, $T=K_1$이므로 $n=1=0+1=m+1$이 성립한다.

(ii) $n>1$인 경우, T는 서로 다른 두 점 u, v에 대해 유일한 $u-v$경로가 존재는 그래프이므로 당연히 연결 그래프이며 모든 선 $e \in E(V)$은 T의 다리(bridge)가 된다. 따라서 선 제거 그래프 $T-e$는 두 개의 성분 T_1과 T_2로 분할된다. 이때, $n_1=|V(T_1)|$, $n_2=|V(T_2)|$, $m_1=|E(T_1)|$, $m_2=|E(T_2)|$라 하면 $n_1, n_2<n$이므로 수학적 귀납법의 가정에 따라 다음을 만족한다.

$$n_1=m_1+1,\ n_2=m_2+1$$

여기서 $n=n_1+n_2$이고 $m=m_1+m_2+1$이 되므로 다음이 성립한다.

$$n=n_1+n_2=(m_1+1)+(m_2+1)=m+1$$

[참고] 비슷하지만 또 다른 증명법을 소개하면 다음과 같다.

T를 서로 다른 두 점 u, v에 대해 유일한 $u-v$경로가 존재는 그래프라 가정하고 T면 일단 T는 연결 그래프임이 당연하다.

(i) $n=1$일 때, 선은 존재하지 않으므로 $m=0=1-1=n-1$이 성립한다.

(ii) $k<n$인 모든 자연수 k에 대하여 위의 명제가 성립한다고 가정하고 점 $v \in V(T)$를 수형도 T의 잎새(leaf)라 하자. 이때, 점 제거 그래프 $T'=T-v$은 $n-1$개의 점과 $m-1$개의 선으로 이루어진 수형도가 된다. 한편 수학적 귀납법의 가정에 의하여, T'의 선의 개수 $m-1$은 $(n-1)-1$개와 같게 된다. 즉, $(n-1)-1=m-1$이 성립하고, 따라서 $n-1=m$이 성립한다.

(3) $\Rightarrow$ (4) T를 $n=m+1$을 만족하는 연결 그래프라 하고, 모순을 유도하기 위하여 T가 순환로 C를 가진다고 가정하자. T가 연결 그래프이므로 각 점 $v \in V(T)-V(C)$은 C에 이르는 지오데식 P_v을 가진다. 이때, P_v의 첫 번째 선을 e_v라 표시하면, 다음과 같이 정의되는 함수 f는 단사함수(1-1)가 된다.

$$f(v)=e_v, \qquad f: V(T)-V(C) \rightarrow E(T)-E(C)$$

따라서 $|V(T)-V(C)| \le |E(T)-E(C)|$ 이 성립한다. 한편, C은 T에 포함된 순환로라 가정했으므로 다음이 성립한다.

$$n=|V(T-C)|+|V(C)|, \quad m=|E(T)-E(C)|+|E(C)|$$

이러한 사실로부터 다음 부등식은 순환로 C가 존재한다는 가정이 $n \le m$이라는 모순을 유도

하고 있음을 보여준다.

$$\begin{aligned} n &= |V(C)| + |V(T-C)| \\ &= |E(C)| + |V(T) - V(C)| \quad (\because |V(C)| = |E(C)|) \\ &\le |E(C)| + |E(T) - E(C)| \quad (\because |V(T) - V(C)| \le |E(T) - E(C)|) \\ &= |E(C)| + |E(T)| - |E(C)| \\ &= m \end{aligned}$$

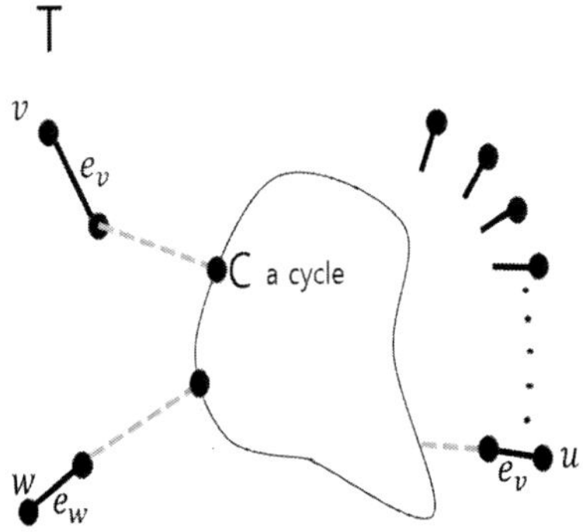

(4) $\Rightarrow$ (1) 그래프 T가 순환로를 가지고 있지 않다고 가정하고 T가 연결 그래프가 아니라고 가정하자. 그러면 T는 $k \ge 2$인 k개의 성분 $\{T_i\}_{i=1}^{k}$을 가지게 된다. 이때 이들의 점의 개수와 선의 개수를 각각의 T_i에 대하여 n_i와 m_i라고 표시하면 (4)의 가정에 의하여 각각의 $i\,(\le k)$에 대하여 $n_i = m_i + 1$가 성립하고 $n = n_1 + \cdots + n_k$, $m = m_1 + \cdots + m_k$이므로 다음이 성립한다.

$$n = (m_1 + 1) + \cdots + (m_k + 1) = k + (m_1 + \cdots + m_k) = k + m > m + 1$$

이는 $n = m + 1$이라는 가정에 모순이다.

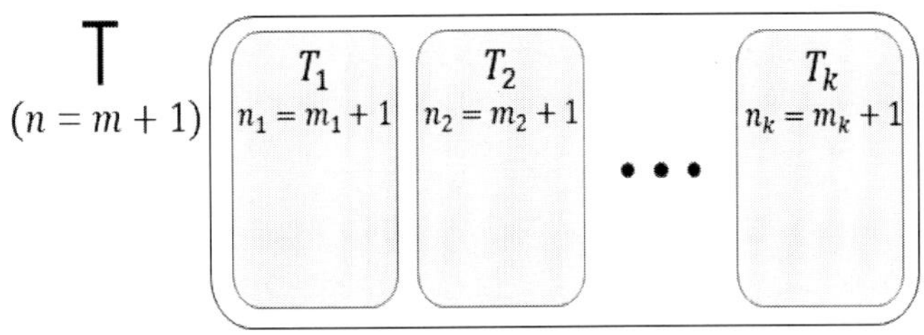

그림 145

□ 확장(부분)수형도(spanning tree)

다음 정리는 확장 부분수형도(spanning subtree)와 그래프의 연결성에 관한 기본적인 성질에 관해서 설명하고 있다. 주어진 어떤 연결 그래프에 대한 확장 부분수형도를 이제부터는 간단히 '확장수형도'(spanning tree)라 부르기로 하자.

정리 5-9-3 임의의 그래프 G가 연결 그래프이기 위한 필요충분조건은 G가 확장수형도(spanning tree)를 가지는 것이다.

| 증명 |

먼저 그래프 G가 확장수형도 H를 가진다고 가정하면 $V(G) = V(H)$이므로 당연히 G는 연결 그래프가 된다. 역으로, G가 연결 그래프라 가정하면 항상 확장수형도가 존재함을 증명하자.

(i) G가 순환로를 갖지 않는 경우: G는 연결 그래프이므로 G는 그 자체가 확장수형도가 되므로 명제는 참이다.

(ii) G가 순환로 $C: v_0, v_1, \cdots, v_k, v_0$을 가지는 경우, G의 선 제거 부분그래프 $G_1 = G - v_0v_1$을 정의한다. 만약 G_1에 더 이상 순환로가 존재하지 않는다면 G_1이 바로 G의 확장수형도이다. 만약 G_1에 순환로 C_1이 존재한다면, 이 순환로의 선 e을 선택하여 위와 같은 방법으로 선 제거 그래프 $G_2 = G_1 - e$을 정의한다. 만약 G_2가 순환로를 가지면 위의 과정을 반복하여 G_3를 구한다. 여기서 G는 유한그래프이기 때문에 이와 같은 과정을 적당한 k번 반복 적용하면 결국은 더 이상 순환로를 갖지 않는 G_k를 얻을 수 있고, 이때, G_k가 우리가 찾던 G의 확장수형도이다. □

확장수형도는 연결 그래프의 일종의 근본 줄기를 의미한다. 한 그루의 나무를 상상해 보기로 하자. 무수한 나뭇잎은 나무에서 떨어지지 않고 줄기에 붙어 있게 된다. 확장수형도는 주어진 연결 그래프에서 그 그래프의 점에 다다르는 수형도 즉 모든 잎사귀가 매달려 있는 부분 나무 그래프를 의미하게 된다. 우리 몸의 뼈대와 같은 구조를 찾아내는 것이라 할 수 있을 것이다. 다음은 각기 주어진 그래프에 대한 확장수형도를 예시한 것이다.

[예 시]

다음과 같이 주어진 5×5 격자그래프의 확장수형도는 다음과 같이 굵은 선으로 표시된다.

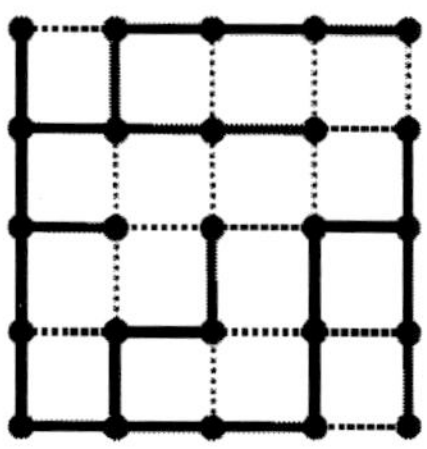

그림 146

확장수형도의 실질적인 응용으로 최소가중치 확장그래프를 찾는 문제를 들 수 있다. 여기서 최소가중치 확장그래프란 단어의 의미 그대로 주어진 연결 그래프의 모든 꼭지점을 지나면서 그 모서리의 무게의 합(즉 가중치)를 최소로 하는 부분그래프를 의미하고 이러한 부분그래프는 반드시 확장수형도가 될 수밖에 없다. 이런 이유에서 이 책에서는 최소가중치 확장그래프를 최소가중치 확장수형도(또는 최소무게 확장수형도)로 대신해서 부르기로 한다. 구체적으로 연결가중치 그래프와 최소무게 확장수형도를 정의하면 다음과 같다.

정의 5-9-4 그래프 G가 주어졌을 때 G의 각 선에 양의 정수를 대응시키는 함수 $w: E(G) \to \mathbb{Z}^+$를 무게(가중치)함수(weight function)라 한다. 또한 무게함수가 주어진 그래프 G를 가중치그래프(weighted graph)라 한다. 연결 가중치그래프 G의 확장수형도(spanning tree) T의 각 선의 무게를 모두 더한 값을 '연결무게'라 부르고 $w(T)$로 표시하기로 한다. G의 확장수형도 중에서 최소 연결무게를 갖는 확장수형도 T을 최소무게확장수형도(minimum weight spanning tree)라 하고 이때 $w(T)$를 G의 최소연결무게(혹은 길이)라 부르자.

주어진 그래프의 최소무게 확장수형도를 구하는 문제 경제성을 고려한 현실 생활에서 종종 응용되고 있다. 대전제가 되는 그래프의 '연결성'을 가정하고 각 연결선(모서리)의 무게함수가 부여되었다고 가정하자. 이때, 최소 연결무게와 최소무게 확장수형도를 구하는 이 문제는 '최소 연결 문제' (Minimum connector problem)라고 널리 알려져 있다. 여기서 그 선의 가중치의 총합을 '최소 연결무게(길이)'라 부르며, 이것을 구하는 문제는 유클리드 평면 위에 놓인 점들이 최소 연결 길이를 가지도록 연결시키는 최적화 문제로 흔히 다루어지고 있다. 예를 들면 일정 범위에 있는 섬들 사이에 광통신 케이블로 연결하거나. 다리를 놓아 섬들 사이를 연결하고자 할 때. 총 공사비는 광통신 케이블의 총 길이나 다리의 총 길이에 비례해서 증가할 것이므로 이들의 최솟값을 구하는 일은 경제적 측면에서 필수적이라 할 수 있다.

참고로, 그림 146의 격자그래프에서 각 선의 가중치를 1로서 동일하게 정의하면 이 그래프의 최소무게 확장수형도는 24를 최소무게로 갖게된다. 이를 일반화하면 다음과 같다.

정리 5-9-5 무게함수가 상수, 즉 $\omega(e)=k$로 주어진 위수 n의 연결 그래프 G의 모든 확장수형도는 최소연결무게 $k(n-1)$을 갖는 최소무게 확장수형도다.

| 증명 |

정리 5-9-3에 의하여 연결 그래프 G의 확장수형도는 반드시 G에 존재하고, 이 수형도 G은 위수가 n이므로 $n-1$개의 선을 가진다. 게다가 G에는 모든 $e \in E(G)$에 대하여 $\omega(e)=k$로 무게함수가 상수로 주어졌으므로 G의 모든 확장수형도는 최소무게 $k(n-1)$을 갖는다. 즉 G

의 모든 확장수형도는 최소무게 확장수형도임을 알 수 있다. □

다음은 주어진 연결가중치그래프에서의 최소 연결 길이를 구하는 대표적인 해법인 '크루스칼' 알고리즘을 소개한다. 먼저 이해를 돕기 위하여 평범한 문장으로 크루스칼 알고리즘을 요약한 다음 컴퓨터 프로그래밍에 가까운 언어로 본 알고리즘을 나타내기로 하자.

정리 5-9-6 **(크루스칼(Kruskal) 알고리즘)**

주어진 연결가중치그래프 $G=(V, E)$에 대하여 다음 과정에 따라 최소무게확장수형도(minimum weight spanning tree)를 구한다.

(1) E에서 최소무게를 가진 모서리를 선택(mark)한다.

(2) 선택되지 않은 모서리 중에서 이미 선택된 모서리와 함께 순환로를 만들지 않는 모서리 중에서 최소무게를 갖는 모서리를 선택한다.

(3) 기 선택된 모서리의 집합이 확장수형도가 되면 종료한다. 아니면 과정 (2)를 반복 적용한다.

위의 과정을 정형화된 알고리즘 언어로 번역하여 나타내면 다음과 같다.

알고리즘 5-9-7

주어진 연결가중치그래프 $G=(V, E)$에 대하여 다음 과정에 따라 최소무게확장수형도(minimum weight spanning tree)를 구한다.

[1] $Temp \leftarrow E$라고 하자.

[2] $Temp$에서 가장 작은 가중치를 갖는 선 e을 택하고

$Temp \leftarrow Temp - \{e\}$라고 하자.

[3] $Temp$의 선 중에서 가장 가중치가 가장 낮고 이미 택하여진

선과 어떤 순환로도 만들지 않는 선 e을 택하고

$Temp \leftarrow Temp - \{e\}$라고 하자.

[4] 이미 선택된 선들을 연결하여 G의 확장수형도가 되면 멈춘다. 그렇지 않으면 [3]를 반복한다.

다음 정리는 크루스칼 알고리즘이 항상 작동한다는 것을 보여주고 있다.

정리 5-9-8 임의의 가중치 연결 그래프 G에 크루스칼 알고리즘을 적용하여 구해진 가중치 그래프는 G의 최소무게 확장수형도이다.

| 증명 |

위수가 n이고 가중치가 주어진 연결 그래프 G에 크루스칼 알고리즘을 적용하여 얻어낸 G의

확장수형도를 T라고 하자. 크루스칼 알고리즘은 그 결과가 수형도가 될 때까지 한 과정에 모서리 하나씩을 추가하여 확장수형도를 만들기 때문에 이러한 모서리들을 추가한 순서대로 $e_1, e_2, \cdots, e_{n-1}$이라고 하자.

이제 모순을 유도하기 위하여 T를 최소무게 확장수형도가 아니라고 가정하도록 하자. 이때, G의 최소무게 확장수형도 중에서 $e_i(1 \le i \le n-1)$를 최대로 포함하는 최소무게 확장수형도를 T'라 하자. 다시 말해서, $e_1, \cdots, e_k$는 T'에 포함되어 있지만 어떤 최소무게 확장수형도에도 $e_1, \cdots, e_k, e_{k+1}$ 포함하는 않는 자연수 $k < n-1$가 존재한다. 여기서, T'은 확장수형도이므로 $T' + e_{k+1}$는 순환로 C을 가지게 되고, T 또한 확장수형도이므로 순환로를 갖지 않는다. 따라서 C에는 T에 속하지 않는 모서리 e'가 반드시 있다.

이제 $T' + e_{k+1} - e'$을 T''라 하면 다음과 같은 사실을 쉽게 알 수 있다.

(i) T''은 $e_1, \cdots, e_k, e_{k+1}$을 포함하는 G의 확장수형도이다.

(ii) 크루스칼 알고리즘으로부터 e'는 선택되었으므로 $w(e_{k+1}) \le w(e')$가 성립하며 따라서 $w(T'') \le w(T')$이다.

위의 (i)과 (ii)에 의하여 T''은 $e_1, \cdots, e_k, e_{k+1}$을 포함하는 G의 최소무게 확장수형도가 되며, 이러한 T''의 존재성은 T'의 정의에 위배되므로 모순이 되고 따라서 본 정리는 참이다. □

이제 크루스칼 알고리즘을 적용하여 주어진 가중치연결 그래프의 최소 연결 길이를 실제로 구해보도록 하자.

[예 시]

아래 그림 147에 제시된 7개의 점과 11개의 선을 가진 가중치그래프 G에 크루스칼 알고리즘을 적용하면 다음과 같은 8단계를 거쳐 6개의 모서리를 선택함으로서 최소연결길이가 20인 최소무게 확장수형도(굵은 선으로 표시됨)를 구할 수 있다.

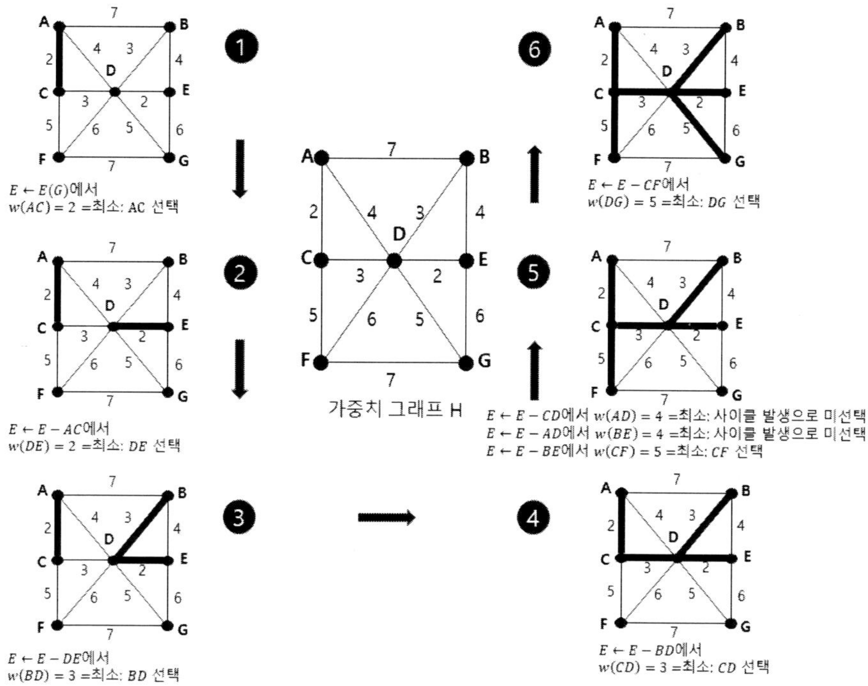

그림 147 크루스칼 알고리즘을 적용하여
주어진 가중치그래프 H의 최소무게 확장수형도 구하기

다음으로, 우리나라 서해 6개 섬을 연결하는 근거리 정보통신망(LAN)을 구축 사업을 계획하고 있다고 가정하자. 다음 예시는, 크루스칼 알고리듬을 이용하여 최소 연결문제의 최적화 답을 구해 냄으로서 이 공사에 소요되는 최소 경비를 계산할 수 있음을 보여주고 있다.

[예 시]

서해의 대연평도, 주문도, 자월도, 대이작도, 덕적도, 백야도, 이렇게 6개의 섬을 연결하는 해저 광케이블 공사를 하려고 한다. 해저에 광케이블을 설치하는 공사는 바다에서 진행되는 작업이기 때문에 공사 거리에 따라 비용의 차이가 엄청나다. 따라서 가능하면 가장 짧은 거리가 되도록 해저 광케이블을 설치하는 것이 경제적으로 이롭다. 이제 6개의 섬을 연결하는 최단 거리의 그래프를 크루스칼 알고리즘을 이용하여 구해보자. 각 섬들 간의 실제 거리는 다음 표와 같다.

단위 km	대연평도	주문도	덕적도	백야도	자월도	대이작도
대연평도	0	46	60	69	71	72
주문도	46	0	49	67	45	51
덕적도	60	49	0	23	18	14
백야도	69	67	23	0	38	29
자월도	71	45	18	38	0	10
대이작도	72	51	14	29	10	0

표 210 각 섬 사이의 거리 테이블

표 210을 참조하여 크루스칼 알고리즘의 적용과정을 다음과 같이 지도에 표시해 보자.

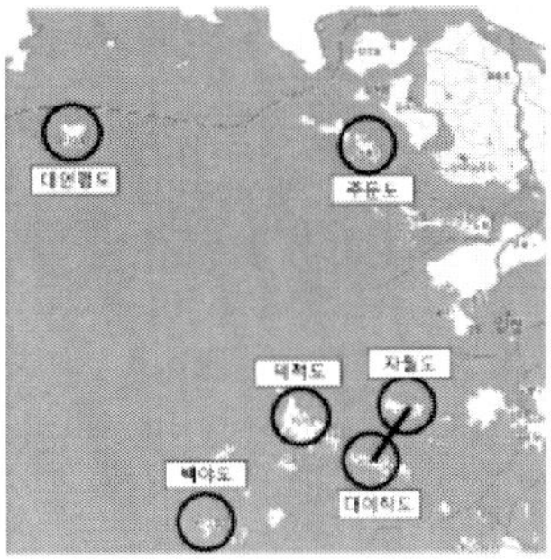

과정 1

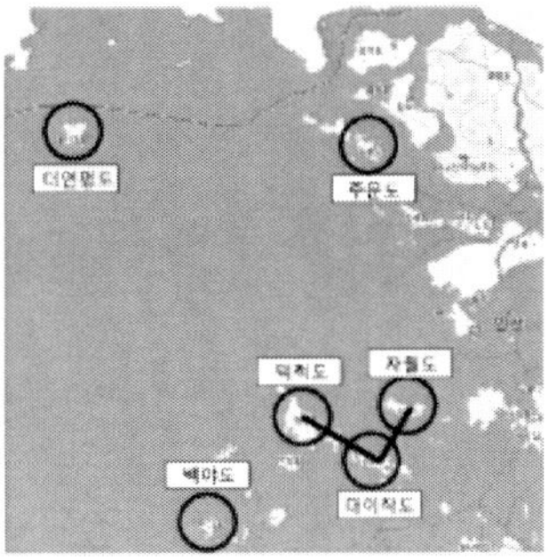

과정 2

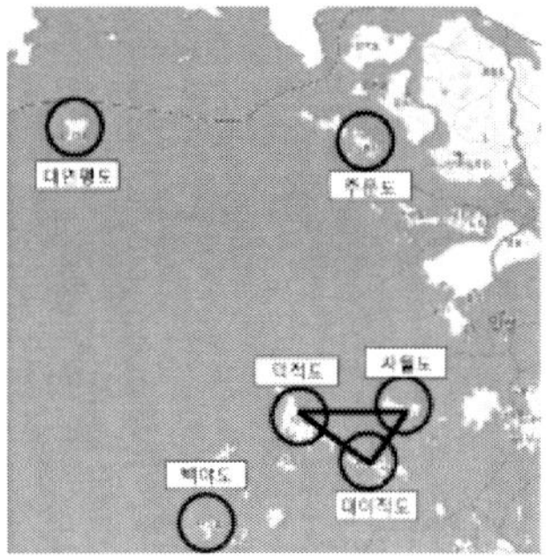

과정 3

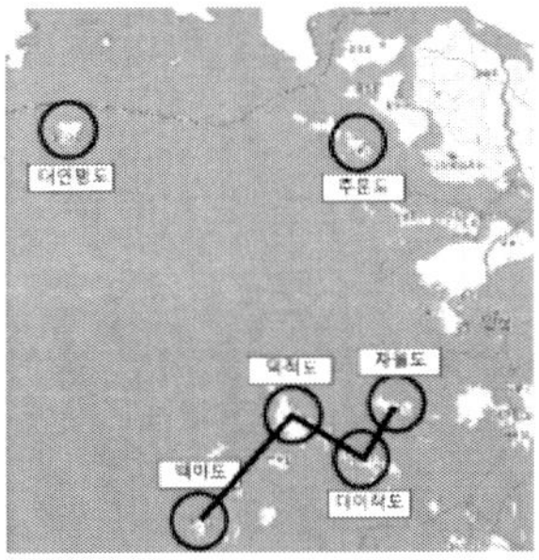

과정 4

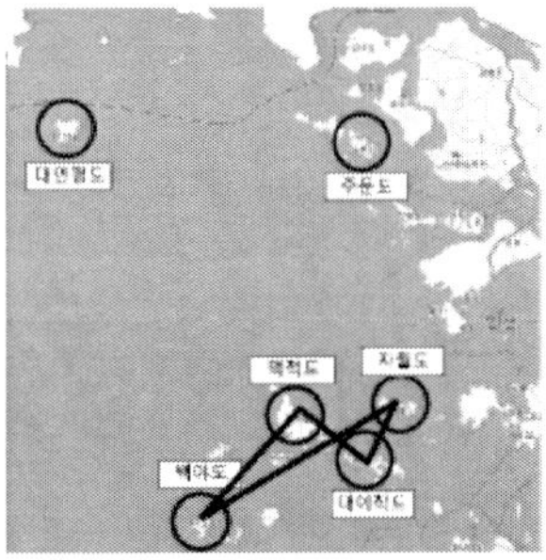

과정 5

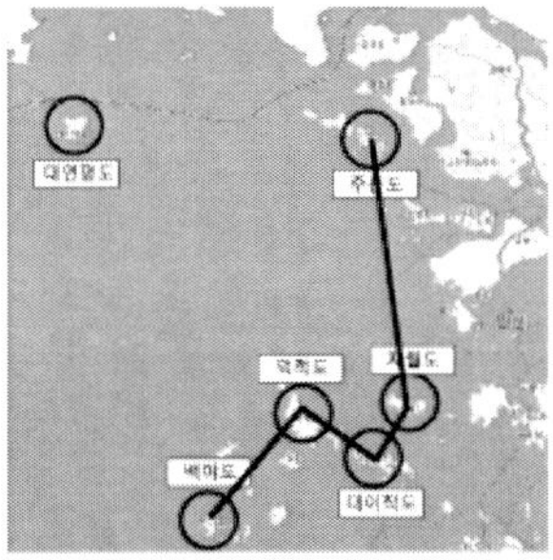

과정 6

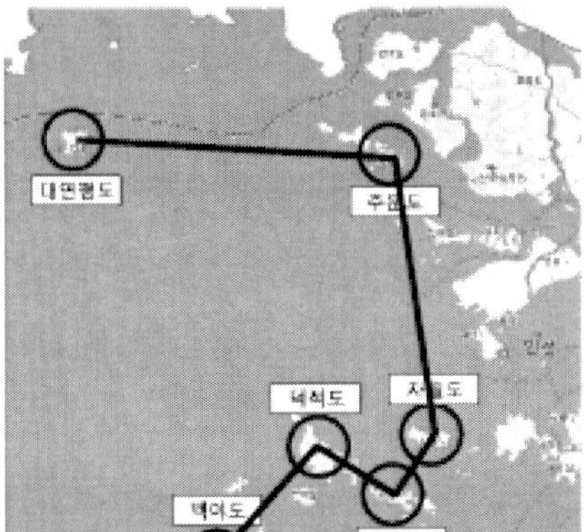

과정 종료

위의 과정을 통해 최종적으로 구해진 확장수형도(과정 7)는 6개의 섬을 연결하는 최단 거리의 확장수형도이고, 이때 최소 연결 길이는 그래프의 각 선의 가중치의 총합인 138km가 됨을 볼 수 있다.

최소연결문제를 해결하기 위해서 크루스칼 알고리즘 외에도 실제로 계산복잡도를 반영한 프림 알고리즘(Prim algorithm)이 사용되기도 한다. 크루스칼 알고리즘은 가중치그래프의 모서리를 선택하면서 진행하는 반면 프림 알고리즘은 꼭짓점과 모서리를 동시에 선택함으로서 최소연결수형도를 구하고 있다. 프림 알고리즘을 간단히 소개하면 다음과 같다. (증명은 크루스칼 알고리즘의

경우와 유사하므로 생략하기로 한다)

알고리즘 5-9-9 **(프림(Prim) 알고리즘)**

주어진 연결가중치그래프 $G=(V,\ E)$에 대하여 다음 과정에 따라 최소무게확장수형도(minimum weight spanning tree)를 구한다.

(1) $v \in V$를 선택한다.

(2) 선택된 v를 끝점으로 하고 다른 끝점은 선택되지 않은 모서리 중에서 최소무게를 갖는 모서리를 표시하고 그 끝점을 선택한다.

(3) G의 모든 꼭짓점이 선택되었다면 과정을 종료한다. 이때 표시된 모서리들이 형성한 그래프가 최소무게확장수형도가 된다. 아직 선택되지 않은 G의 꼭짓점이 남아있다면 (1)과 (2)과정을 반복한다.

[예 시]

다음 그림 155은 가중치 그래프 H(그림 147에서와 동일함)에 대하여 프림 알고리즘을 적용하여 최소무게확장수형도를 구한 것이다. 과정은 다르지만 결과는 최소거리 20으로 동일함을 알 수 있다.

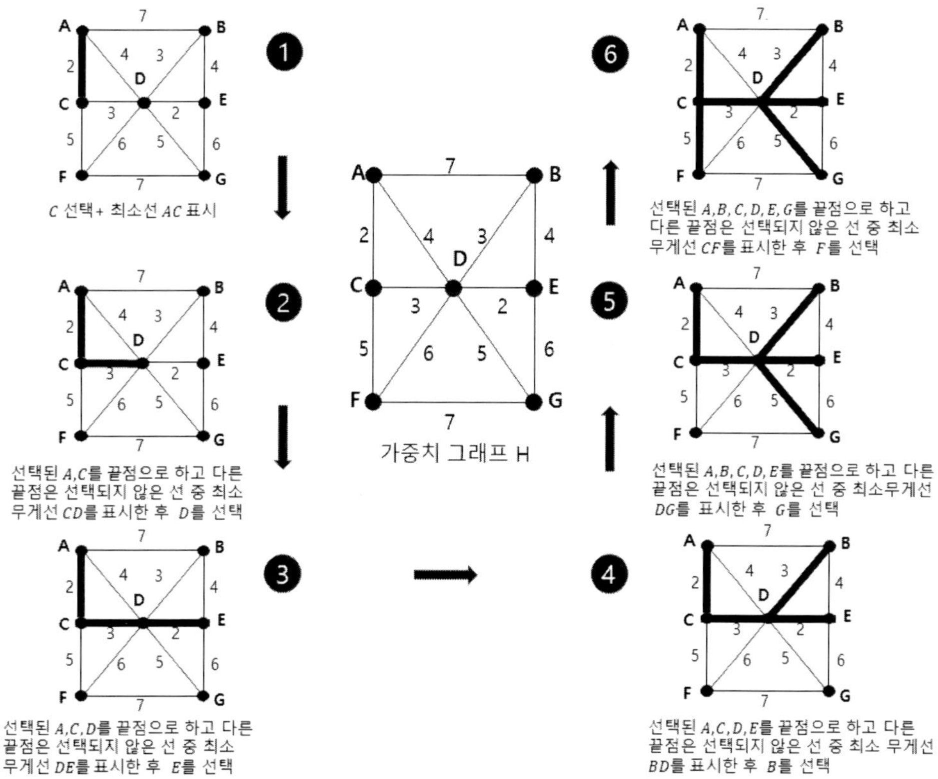

그림 155 프림 알고리즘을 적용하여
주어진 가중치 그래프 H의 최소무게확장수형도 구하기

□ 프뤼퍼 수열(Prüfer Sequence)과 수형도(tree)

이제, 번호 없는 수형도에 대하여 알아보기로 한다. 일반적으로 G를 그래프라고 할 때, 이는 번호 있는 그래프를 의미하듯이 수형도 T라고 지칭할 때, 이는 T가 번호 있는 수형도를 의미한다. 두 그래프가 동형(isomorphic)이라는 것은 두 그래프를 정의역과 공역으로 하는 동형사상(isomorphism)의 존재성으로 정의하였고, 이러한 두 그래프 간의 동형관계는 상등관계(equivalence relation)임을 알 수 있었다. 더욱이 이러한 상등관계는 위수가 같은 그래프의 집합을 잉여류로 분할하게 되며 이때, 각 잉여류의 대표원을 번호 없는 그래프(unlabelled graph)라고 정의하였음을 알고 있다.(5-4절 참조) 또한, 주어진 위수에 대한 그래프의 개수는 $2^{\binom{n}{2}}$ 알고 있는 반면, 동일 위수에 대한 번호없는 그래프의 개수는 일반항으로 알려지지 않았다는 사실을 짚고 넘어가기로 하자. 그래프의 특수한 종류인 수형도의 경우도 이와 마찬가지로 위수에 대한 번호 없는 수형도의 개수도 현재까지 밝혀지지 않은 상태이다. 반면에, 케일리(Cayley)는 아래 정리 5-9-10을 통해 주어진 위수의 번호있는 수형도의 개수를 정확히 산정하였다.

정리 5-9-10 위수가 n인 번호 있는 수형도의 개수는 n^{n-2}이다.

케일리가 제시한 증명은 워낙 그 분량이 방대하고 기술이 어려워 여기서는 피하기로 한다. 하지만 이후 퓨뤼퍼(Prüfer)는 위수가 n인 수형도의 집합과 길이가 $n-2$인 n-진 수열의 집합 사이의 일대일 대응관계를 구현함으로써 위수 n인 수형도의 개수가 n^{n-2}임을 밝힐 수 있었다.

이러한 케일리의 결과는 단지 수형도의 개수를 산정함을 넘어, 수형도를 수열로 표시할 수 있는 방법을 제시하였으며, 또한 길이가 $n-2$인 n-진 수열을 위수 n의 수형도로 구현할 수 있게 되었다는 점에서 더 큰 의미를 갖는다고 할 수 있다. 이에 대한 자세한 구현 알고리즘을 알아보기 전에, 작은 위수를 갖는 수형도를 모두 구해봄으로써 위의 케일리의 정리가 성립함을 확인해 보도록 하자.

[예 시]

위수가 3인 번호 있는 수형도는 그림 156과 같이 다음 3가지이다. 따라서 위의 정리 5-9-10(케일리의 정리)에서 제시된 $3^{3-2}=3$을 만족한다.

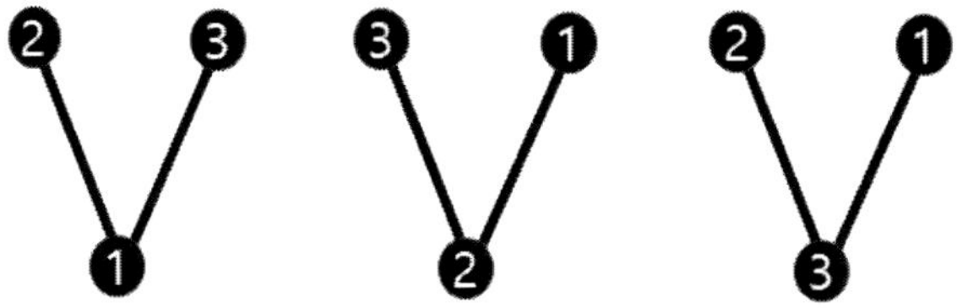

그림 156 위수가 3인 번호 있는 수형도

[예 시]

그림 157에 제시된 바와 같이 위수가 4인 번호 있는 수형도는 다음 16가지가 전부이며, 따라서

케일리의 정리 $4^{4-2}=4^2=16$을 만족한다. 여기서 위수가 4인 번호없는 수형도는 검은색으로 나타낸 선형 수형도와 회식으로 나타낸 'ㅗ'자 수형도 두 가지 뿐임을 그림 157로부터 확인할 수 있다.

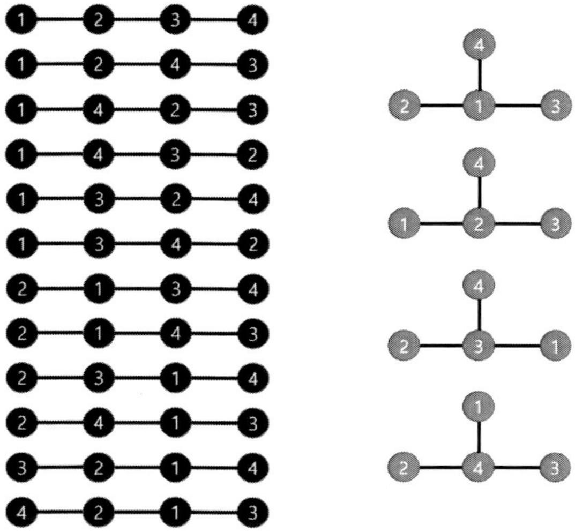

그림 157 위수가 4인 모든 수형도

이제 다음의 알고리즘 5-9-11에서 정의되는 수형도와 수열 사이의 일대일대응 관계를 알고리즘으로 구현해 보기로 하자. 주어진 위수가 n인 수형도, 즉 1부터 n으로 번호가 붙여진 수형도 T로부터 길이가 $n-2$인 n-진 수열을 구현하는 알고리즘은 다음과 같고, 이러한 수열은 T의 프뤼퍼 수열(Prüfer sequence of T)라 불린다.

알고리즘 5-9-11 (수형도에 대응하는 프뤼퍼 수열의 구현)

1부터 n까지 번호가 붙여진 수형도 T가 주어졌다고 하자. 이때 대응하는 프뤼퍼 수열의 i 번째 항 p_i을 다음과 같은 알고리즘을 통하여 구현 한다.

(1) v를 $V(T)$의 잎새점 중에서 최소 번호를 가지는 점이라 하자.

(2) $T \leftarrow T-v$ 라 놓는다.

(3) p_i를 잎새점 v의 유일한 이웃점이라고 하자.

(4) $T=K_2$가 될 때까지 (1)부터 (3)의 절차를 반복한다.

위의 알고리즘에서 수형도의 위수가 n이고 $T=K_2$가 될 때까지 p_i를 구할 수 있으므로 이로부터 구한 수열은 그 길이가 $n-2$ 임을 쉽게 알 수 있다. 또한 매 절차 마다 p_i는 T의 잎새점(끝점)의 이웃점이므로 유일하게 정의되고 따라서 p_i는 잘 정의된 수열임을 알 수 있다. 이제 실제 예를 통하여 프뤼퍼 수열을 구현해 보도록 하자.

[예 시]

아래와 같이 주어진 번호 있는 수형도에 대한 프뤼퍼 수열 p_i는 알고리즘 5-9-11의 절차에 따라 다음과 같이 구해진다.

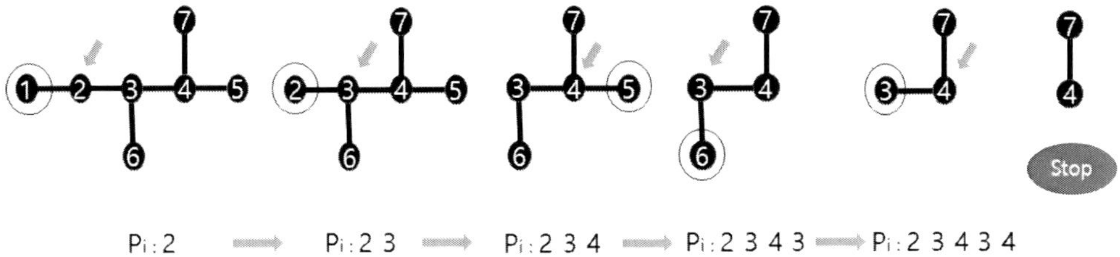

그림 158 위수가 7인 수형도 T에 대한 7-진 프뤼퍼 수열표현

이제까지 우리는 위수가 n인 주어진 수형도에 대응하는 길이 $n-2$인 n-진 수열을 구하는 방법을 살펴보았다. 이러한 대응관계는 실제로 일대일대응함수가 된다. 즉, 위의 대응관계의 역함수를 구할 수 있다.

다음은 길이가 $n-2$인 n-진 수열 p_i가 주어졌을 때 이에 대응하는 수형도를 구현할 수 있는 알고리즘이다.

알고리즘 5-9-12 (프뤼퍼 수열에 대응하는 수형도의 구현)

길이가 $n-2$인 n-진 수열 $P=(p_i)$에 대한 위수가 n인 수형도 T는 다음과 같은 절차에 따라 구현된다.

(1) $P=(p_1, p_2, \cdots, p_{n-2})$ 이고 $A=\{1,2, \cdots, n\}=\{a_i\}$라고 하고, $p_j=a_i(1 \le j \le n-2)$인 $a_i \in A$에 대하여 A'을 다음으로 정하자.

$$A'=\{a_i'\} \leftarrow [A \text{ 에서 } a_i \text{를 소거}]$$

(2) $x_1=\min A'$ 인 x_1에 대하여 p_1x_1을 구하는 수형도의 모서리에 포함시킨다. 즉 $p_1x_1 \in E(T)$ 라고 하자. 또한

$$P \leftarrow P-\{p_1\}, \quad A \leftarrow A-\{a_1\}$$

(3) $P=\varnothing$이 될 때까지 (1)과 (2)을 반복하여 적용하여 T의 모든 모서리를 구한다.

요약하자면, 알고리즘 5-9-11과 알고리즘 5-9-12는 위수가 n인 수형도의 집합과 길이가 $n-2$인 n-진 수열의 집합이 일대일대응관계에 있음을 보여줄 뿐만 아니라 실제로 두 집합 사이에 관계가 있는 원소 쌍을 구현하는 방법을 제시하고 있다. 위의 알고리즘 5-9-12의 증명은 주어진 수열과 대응하는 수형도를 구현하는 다음과 같은 예시를 통하여 이해할 수 있도록 한다.

[예 시]

앞의 예시에서 주어진 수형도 T로부터 구할 수 있었던 프뤼퍼 수열 $P=(2,3,4,3,4)$이었다. 이번에는 역으로 수열 P로부터 알고리즘 5-9-12를 적용하여 이에 대응하는 수형도 T'을 구현하자.(그림 159 참조) 이로부터 $T=T'$임을 확인할 수 있다.

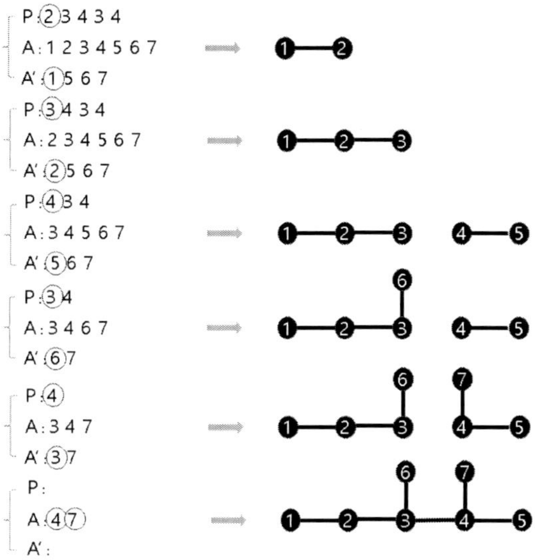

그림 159 7진수열 $P=(2,3,4,3,4)$에 대한 수형도 표현

[예 시]

다음은 잘 알려진 번호가 주어진 2-진 완전수형도 $T(2,3)$와 대응하는 프뤼퍼 수열 표현법에 대한 상호 구현을 예시한 것이다. 먼저 그림 160과 같이 $T(2,3)$가 주어졌다고 하자. 이 $T(2,3)$에 대한 프뤼퍼 수열 표현은 알고리즘 5-9-1에 따라 다음과 같이 구해진다.(연습문제 5.9의 2번)

$$P=(4,4,2,5,5,2,1,3,6,6,3,7,7)$$

반면에, 위의 15-진 수열 P에서 출발하여 알고리즘 5-9-12를 적용하면 그림 160의 번호 있는 2-진 완전수형도 $T(2,3)$을 구할 수 있다. (연습문제 5-9의 3번)

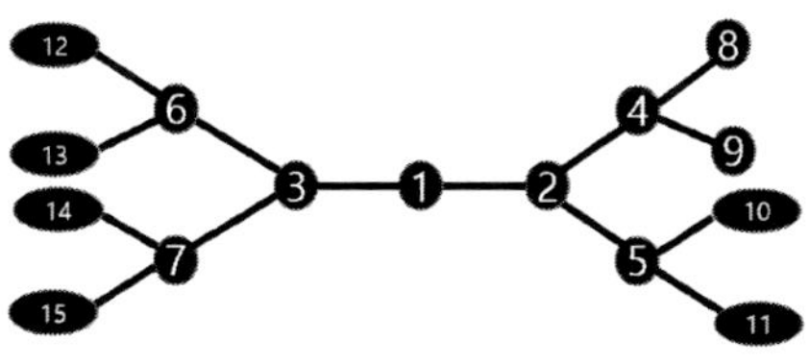

그림 160 위수가 15인 2-진 완전 수형도 $T(2,3)$

□ 번호 없는 수형도의 개수의 계수(counting)와 자연수의 분할수

이전 장에서 살펴본 바와 같이 주어진 위수 n에 대한 번호 없는 그래프의 개수를 나타내는 수열 g_n의 일반항은 아직 미해결 문제로 남아 있다. 게다가 위수 n에 대한 번호 없는 수형도의 개수

t_n 또한 여전히 그 일반항이 알려져 있지 않은 실정이다. 따라서 위수 n이 주어지면, 컴퓨터와 같은 실험적 방법을 동원하여 동형이 아닌 번호 없는 수형도의 전체 경우를 추정하는 것이 고작이다. 하지만 이렇게 추정한 결과가 번호 없는 수형도 전체인지를 확인하거나 검증할 수 있는 것은 아니다. 케일리의 정리는 이렇게 추정으로부터 얻어진 수형도가 궁극적으로 구하고자했던 모든 경우의 수형도를 의미하는지 검증할 수 있는 방법을 제공하고 있다.

구체적으로 다음과 같은 과정을 거쳐 수형도에 대한 추정 값이 맞는지를 검증할 수 있다.

1. 위수가 n일 때의 번호 없는 k개의 동형이 아닌 수형도 $T_1, \cdots, T_k$가 존재한다고 추정된다고 하자. 즉 $t_n = k$라고 추정하고 이를 검증하도록 하자.
2. 각각의 $i = 1, \cdots, k$에 대하여 T_i와 동형인 번호 있는 수형도의 개수를 세고 이를 $t_{n,i}$라 하자.
3. $t_{n,1} + \cdots + t_{n,k} = n^{n-2}$가 성립함을 보임으로서 $t_n = k$임이 검증한다.

다음 예시를 통하여 위의 검증 절차에 따라 위수 $n = 6$인 서로 동형이 아닌 수형도의 개수는 6임을 보이자.

[예 시]

길이가 4인 6진 프뤼퍼(Prüfer) 수열들의 집합은 다음과 같이 5가지 유형의 수열로서 분할된다. 자세한 각 유형별 특징과 이를 만족하는 가능한 수열의 개수를 세면 다음과 같다.

Type 1: 1+1+1+1은, 각기 다른 원소로 이루어진 유형의 프뤼퍼 수열을 뜻한다. 6개 중에 4개를 뽑아 한줄로 세우는 경우의 수를 구하는 것을 적용하면 이들의 개수는 $(6)_4 = 6 \times 5 \times 4 \times 3 = 360$임을 쉽게 알 수 있다.

Type 2: 2+1+1은, 수열의 4항 중에 두 항이 같은 경우를 뜻한다. 이를 만족하는 6진 프뤼퍼수열의 개수는 $\binom{4}{2} \times 6 \times 5 \times 4 = 720$ 이다.

Type 3: 2+2 란, 수열의 4항이 2개씩 같은 경우를 뜻하며 이러한 조건을 만족하는 프뤼퍼수열의 개수는 $\frac{1}{2}\binom{4}{2} \times 6 \times 5 = 90$ 이다.

Type 4: 3+1 이란, 수열의 4항 중 3항이 같은 경우를 뜻하며 이러한 조건을 만족하는 프뤼퍼수열의 개수는 $\binom{4}{3} \times 6 \times 5 = 120$ 이다.

Type 5: 4 란, 수열의 4항이 모두 같은 프뤼퍼수열을 뜻하며 이러한 조건을 만족하는 프뤼퍼수열의 개수는 6개뿐이다.

위에서 Type 별 개수들의 합을 보면 다음과 같이 길이가 4인 6-진 수열의 개수와 일치함을 알 수 있다.

$$360+720+90+120=1296=6^{6-2}$$

따라서 위의 다섯 가지 수열의 유형은 길이가 4인 6-진 수열 전체 집합을 분할하고 있음을 알 수 있다. 더욱이, 케일리의 정리에 의하여 길이가 4인 6-진 수열의 집합과 위수가 6인 수형도의 집합은 1-1 대응관계에 있으므로 위의 다섯가지 유형으로부터 생성된 수형도의 집합족들은 위수가 6인 수형도 전체 집합의 분할이 된다.

다음 그림 161에서는 각 유형에 해당하는 프뤼퍼 수열을 예시한 것이고 제시된 수형도는 알고리즘 5-9-11에 의하여 생성된 프뤼퍼 수열의 수형도 표현이다.

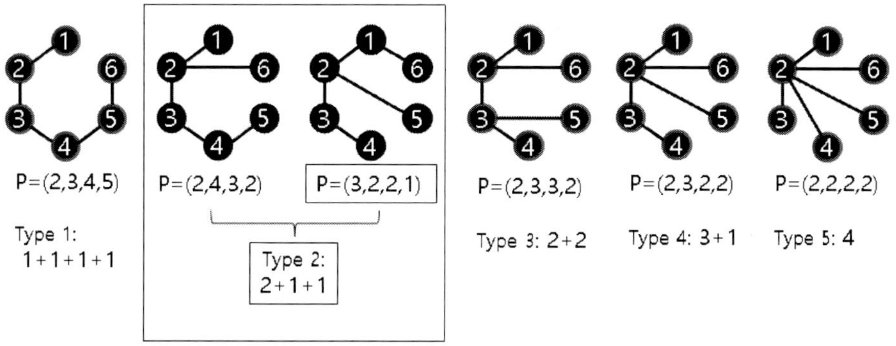

그림 161 길이가 4인 6진 Prüfer 수열의 유형을 이용한 $t_6=6$의 검증

이제 위의 Type1 부터 Type 5 까지의 각 유형에 따라 생성된 수형도에 대하여 각각의 유형에 속하는 수형도 상호 간의 동형성에 대하여 살펴보면 다음과 같다.

1. 그림 161에서 Type 2를 제외한 각 유형에 포함되는 두 수형도가 동형임을 쉽게 확인할 수 있다. 예를 들어, Type 4의 프뤼퍼 수열은 3+1 즉 세 항이 같고 나머지 한 항이 다르지만 이 다른 한 항의 위치가 어디에 있든지 상관없이 해당 프뤼퍼 수열로부터 나오는 수형도는 모두 동형이라는 것이다. 아래 그림은 Type 2를 제외한 나머지 4가지 각각의 유형별로 이에 속하는 두 수형도가 동형임을 그림과 수열로 예시하고 있다.

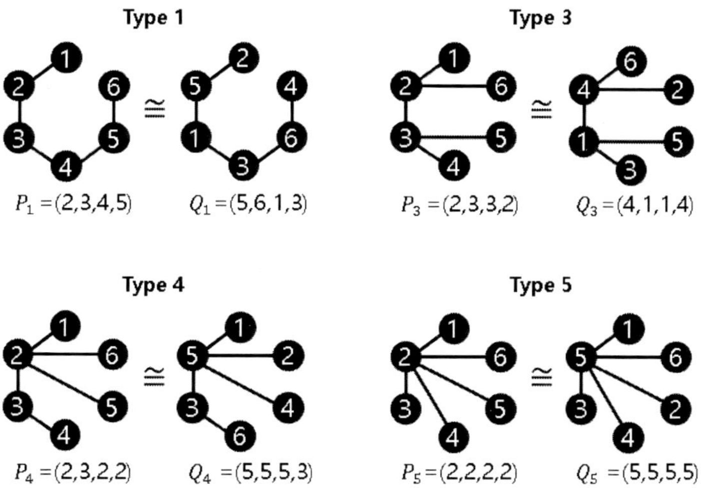

2. 이에 반해 Type 2의 경우는 2+1+1 즉 네 항 중에 두 항이 같은 값을 가지게 되는데, 이 같은 두 항의 위치에 따라 비 동형인 두 수형도를 생성하게 됨을 알 수 있다. 그림 161에서 Type 2에 제시된 두 수형도가 이러한 예를 말해주고 있다.

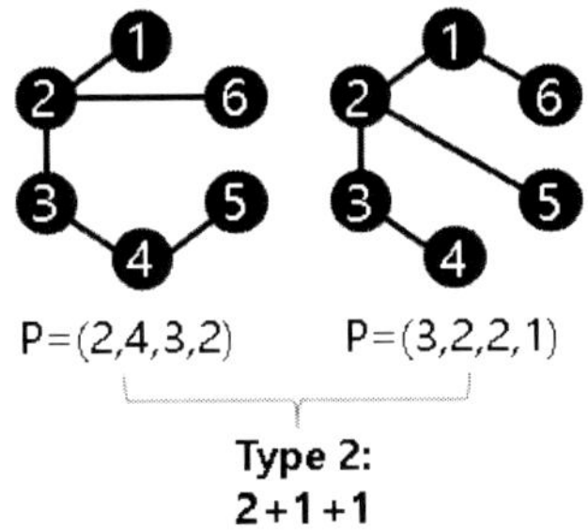

따라서, 위수가 6인 1296개의 수형도 전체 집합은 그 위에서 정의된 동치관계인 동형관계에 의해서 6개의 동치류로 분할됨을 알 수 있다.

이제 위의 예시에서 살펴본 바를 일반화하면 다음과 같은 사실을 쉽게 알 수 있다.

1. 길이가 $n-2$인 n-진 프뤼퍼 수열의 집합은, n-분할수 $p(n)$ 만큼의 동치류들로 분할된다.
2. 하나의 동치류가 생성하는 위수 n의 수형도의 집합은 그래프 동형 관계에 따른 하나 이상의 동치류(번호 없는 그래프)를 포함한다.

따라서 위수가 n인 번호 없는 수형도의 개수와 정수 n-분할수 $p(n)$사이에 다음과 같은 정리가 성립함을 알 수 있다.

정리 5-9-13 위수가 n인 번호 없는 수형도의 개수 t_n은 $(n-2)$-분할수 $p(n-2)$을 하한으로 갖는다. 즉, 모든 자연수 n에 대하여 다음 부등식이 성립한다.

$$p(n-2) \le t_n \quad (\le n^{n-2})$$

□ 근(根)수형도(rooted tree)

근수형도(rooted trees)란, 말 그대로 뿌리(근원점)를 가진 수형도를 의미한다. 수형도에 뿌리를 지정하면 뿌리로부터의 거리에 따라 수직적 순서 즉 세대의 개념을 담을 수 있고 여기에 수평적 순서관계의 개념을 반영시키면 이를 평면 근수형도(rooted plane tree)라고 한다. 이 책에서는 이 두 용어를 구별하여 쓰기로 한다. 먼저 평면 근수형도를 쉽게 이해할 수 있는 실제 생활에서의 예시를 들면 다음과 같다.

지금은 많이 사라졌지만 각 가정에는 의례 '족보'라고 불리는 선조로부터 현재의 자손에 이르기까지 가족관계를 나타내는 책을 보관해왔다.(그림 164) 이 족보가 바로 평면 근수형도의 알기 쉬운 모델이라 말 할 수 있다. 족보의 특징을 보면 다음과 같다.

1. 각 족보에는 가족의 시조가 있다. 예를 들어, 전주 이(李)씨의 시조는 신라시대에 벼슬

을 지낸 이한(李翰)이라는 분이고, 조선의 태조 이성계는 그의 21대 손이다.

2, 족보에 있는 이름들은 항렬에 따라 위에서 아래로 적고, 같은 높이에 써진 이름들은 같은 항렬을 나타낸다. 즉 삼촌보다는 나의 이름을 아랫줄에 적고 내 동생은 나와 같은 행이지만 나의 왼쪽에 이름을 둘 수 있다.

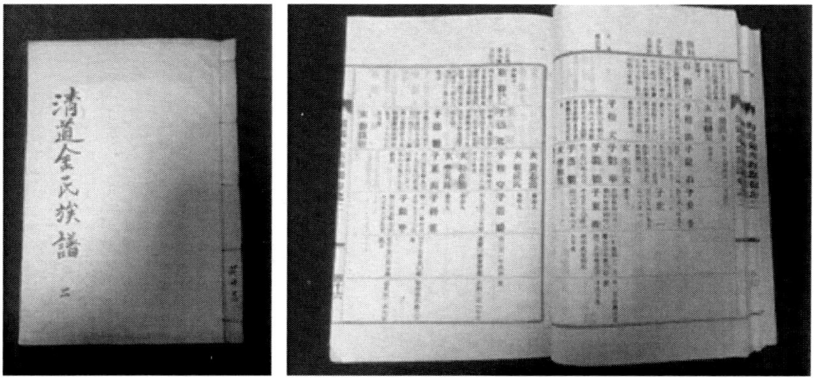

그림 164 흔히 보는 한국인의 족보

족보의 경우와 같이, 시조 즉 뿌리를 가진 수형도는 평면 위에서 아래로, 왼쪽에서 오른쪽으로 순서에 따라 꼭짓점을 배열함으로써 둘 사이의 관계를 확실히 나타낼 수 있을 것이다.

근수형도는 다음과 같이 좀 더 일반적이고도 간단한 모습으로 정의할 수 있다. 주어진 수형도의 한 점을 뿌리로 정하고 그 점을 공중으로 치켜 올릴 때 생기는 모빌(mobil)과 같은 조형물을 연상하면 될 것이다. 이 경우 평면 근수형도와는 달리 같은 높이(즉 같은 항렬)에 있는 꼭짓점(자손들) 사이의 관계(형제 관계)는 특정할 수 없게 된다. 왜냐하면, 모빌은 공중에 대롱대롱 매달려 빙글빙글 돌기 때문에 좌우라는 위치 개념은 의미 없을 것이기 때문이다.

먼저, 근수형도와 그에 대한 용어를 정의해보기로 하자. 수형도 T와 꼭짓점 $v\in V(T)$가 주어졌다고 할 때, 이들의 순서쌍 (T,v)를 'v를 뿌리로 갖는 근수형도'라 정의하고, 선택된 점 v을 근수형도 (T,v)의 근점(根點) 혹은 뿌리점이라고 한다. 위와 같이 정의된 근수형도 (T,v)에 대한 상세한 용어를 정리하면 다음과 같다.

임의의 $u\in V(T)$에 대하여 뿌리점 v의 반대 방향으로 연결된 u의 이웃점들을 u의 자식점(children)(또는 아들점(son))이라 하고, u를 이들의 부모점(parents)이라 한다. 한편, u를 시점으로 하고 뿌리점이 아닌 점을 종점으로 하는 모든 경로(path) 위에 있는 u가 아닌 점들을 각각 u의 자손점(descendant)이라 하고, u의 시점으로 하고 뿌리점 v를 종점으로 하는 길이 지나는 u가 아닌 모든 점을 u의 조상점(ancestor)이라 한다. 부모가 같은 점들을 서로 형제점(sibling)이라 한다. 한편 v로부터 수형도의 잎새점(leaf)까지 이르는 최대거리를 (T,v)의 높이(height)($ht(T,k)$

로 표시)라 하고, 한 점 u로부터 뿌리 v까지의 거리를 그 점의 계급(level)($v(u)$로 표시)이라고 한다. 좀 더 수학적으로, 즉 집합과 논리 기호를 이용하여 이들 용어를 잘 정의할 수 있겠으나, 이는 연습문제로 남기기로 하자. 이들 용어를 아래의 간단한 예시로 확인해 보기로 하자.

[예 시]

아래와 그림 165과 같이 주어진 수형도 T에 뿌리점 k로 정의된 근수형도(그림 166 참조) (T, k)에 대하여 위의 용어 정의에 따라 다음 사항을 쉽게 알 수 있다.

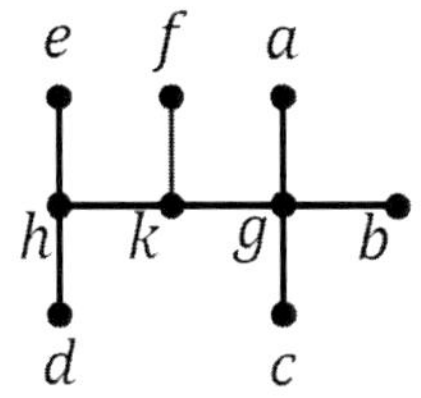

그림 165 수형도 T

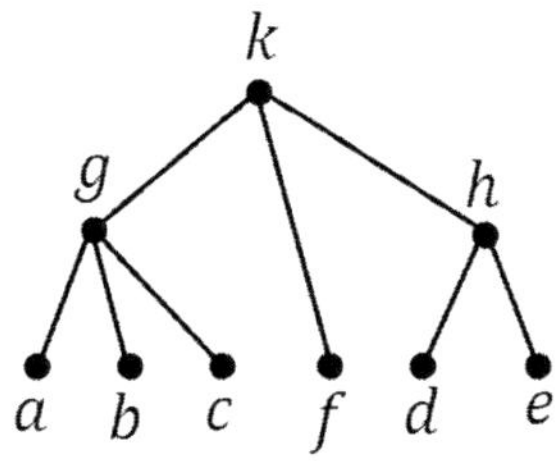

그림 166 근수형도 (T,k)

(1) (T, k)의 뿌리점은 k이고, (T, k)의 높이, 즉 $ht(T,k)=2$이다.

(2) h의 자식점은 d, e이고, h의 부모점은 k이다.

(3) c의 조상점은 g, k이고, c의 자손점은 없다.

(4) f의 계급은 1이고 g, h의 계급과 같다. 즉 $k(f)=1=k(g)=k(h)$.

(5) d와 e는 서로 형제점이지만 f는 d와 e의 형제점이 아니다.

주어진 근수형도 (T, v)와 (T', v')가 동형(isomorphic)하다는 것은 $f(v)=v'$을 만족하는 그래프-동형함수 f의 존재성으로 정의된다. 이미 언급한 번호 없는 수형도와 마찬가지로 위의 동형관계로 유도되는 위수 n인 번호없는(unlabeled) 근수형도들의 개수를 나타내는 수열의 일반항은 밝혀지지 않는 실정이다.

가장 간단한 예로, 위수가 5인 번호 없는 근수형도를 모두 구해보도록 하자.

[예 시]

위수 5인 이름 없는 수형도는 다음 3 가지가 있음을 알고 있다.

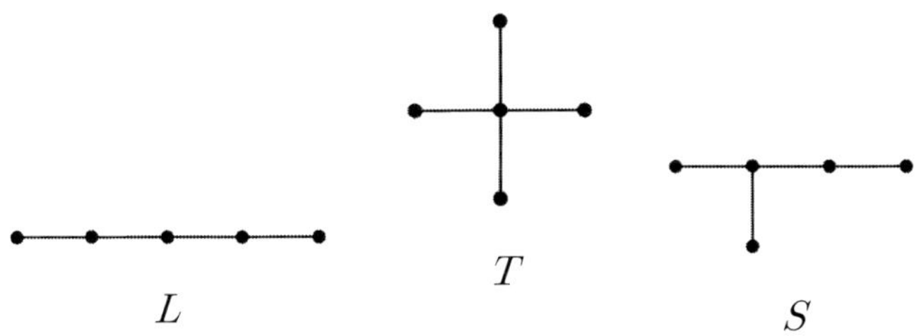

(1) 아래 선형그래프들은 L과 그래프-동형이지만, 뿌리점을 부여한 후 L과 근수형도-동형이 아니다.(빈 동그라미로 표시된 꼭짓점은 뿌리점을 의미함)

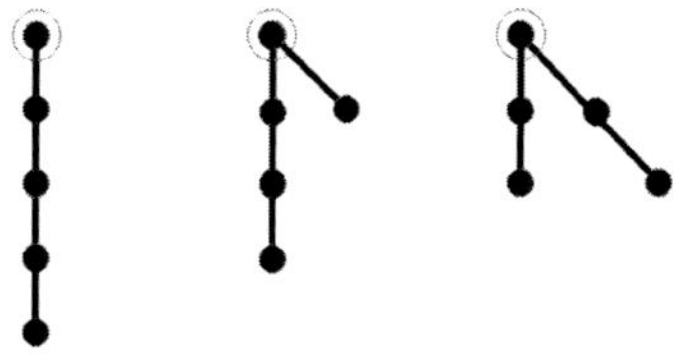

(2) 번호 없는 수형도 T에 뿌리점을 부여하여 생성할 수 있는 번호없는 근수형도는 다음과 같이 두 가지가 있다.

(3) 번호 없는 수형도 S에 뿌리점을 부여하여 생성할 수 있는 번호 없는 근수형도는 다음과 같다.

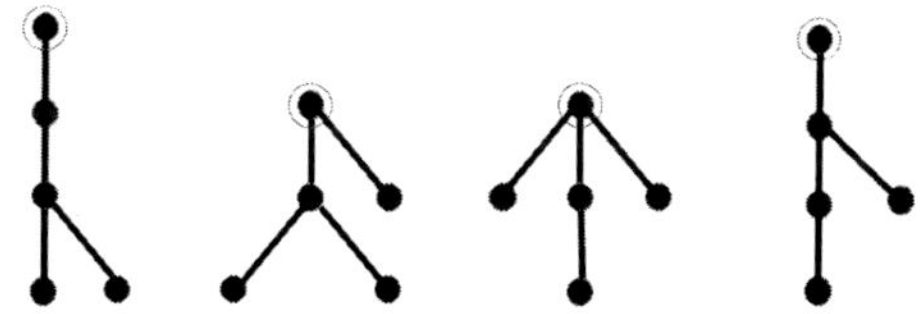

(1), (2), (3)에 의하여 위수 5인 번호없는 근수형도의 개수는 9임을 알 수 있다.

평면 근수형도는 모빌(근수형도) 보다는 족보의 개념으로 평면에 펼쳐진 뿌리를 가진 수형도를 의미하고 이에 대한 정의와 동형관계는 일반적인 그래프-동형 (graph-isomorphic)에 보다 구체적 조건을 부여하여 다음과 같이 정의된다.

정의 5-9-14 (1) 평면에 그려진 다음 조건을 만족하는 수형도 T를 평면 근수형도라 한다.

(i) $V(T)$에 '뿌리'(root)라고 불리는 구별된 꼭짓점 R이 있다.

(ii) 왼쪽에서 오른쪽으로 순서대로 그려진 R의 이웃점들 $v_1, \cdots, v_k$은 해당 T의 부분 평면 근수형도 $T_1, \cdots, T_k$의 각 뿌리점들이다. 이러한 평면 근수형도 T을 $T=(T_1, \cdots, T_k)$로 표시한다.

(2) 두 평면 근수형도 $T=(T_1, \cdots, T_k)$와 $T'=(T_1', \cdots, T_l')$가 주어졌다고 하자. 이때, 다음 조건을 만족하면 T와 T'은 평면 근수형도-동형(isomorphic as rooted plane trees)이라 하고 $T_1 \cong_R T_2$라고 표시하기로 한다.

(i) $k=l$

(ii) 모든 $i \in [k]$에 대하여 T_i와 T_i'은 근수형도-동형이다.

위의 정의에 따르면 근수형도의 그림은 그 뿌리를 족보의 시조와 같이 제일 위쪽에 그릴 수도 있고 실제 나무의 뿌리와 같이 제일 밑쪽에 그릴 수도 있을 것이다. 이 책에서는 일관성을 위하여 '족보'의 형식으로 뿌리를 상단에 배치한 그림으로 표현하기로 한다.

다음 예를 통하여 일반적인 그래프와 평면 근수형도에서의 주어진 두 수형도에 대한 상등(equality)과 근수형도-동형에서의 차이점에 대해서 각각 이해해 보기로 한다.

[예 시]

다음과 같이 뿌릿점 A와 B를 각각 가진 두 근수형도 T과 T'가 주어졌다고 하자.

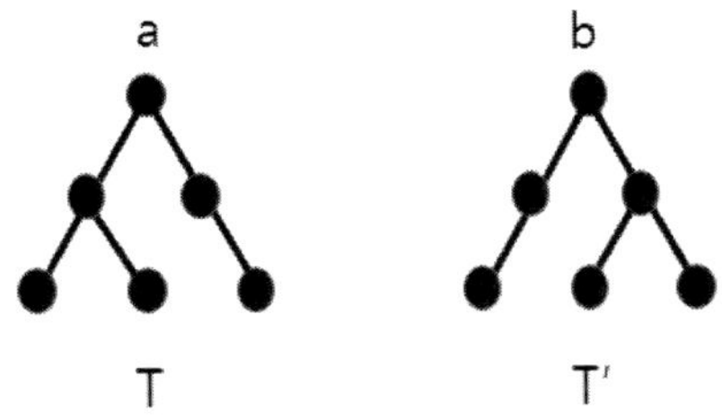

그림 173 $T \cong T'$, $T \not\cong_R T'$

이때, 근수형도와 평면 근수형도의 입장에서 형성되는 두 동형관계의 차이점에 대해서 아래와 같이 이해해 보자.

(1) 수형도 T과 T'은 일반적인 정의되는 그래프-동형관계에 있다. 즉 $T \cong T'$이다. 다시 말해서 번호 없는 그래프로 보면 T과 T'는 동일한 그래프이다. 즉, $T = T'$이다.

(2) 한편 T와 T'는 평면 근수형도-동형이 될 수 없다. 실제로 두 근수형도는 $T = (T_1, T_2)$와 $T' = (T_1', T_2')$으로 나타낼 수 있고, 만약 $T \cong_R T'$ 라면 평면 부분 근수형도는 순서에 따라 $T_1 \cong_R T_1'$이고 $T_2 \cong_R T_2'$이어야 한다. 하지만, 그림 173에서 비교하여 볼 때 $T_1 \cong_R T_2'$이고 $T_2 \cong_R T_1'$임은 쉽게 알 수 있고 동시에 $T_1 \not\cong_R T_1'$이고 $T_2 \not\cong_R T_2'$이므로 모순이 된다. 실제로

$T_1 \cong K_2$(위수가 2인 완전그래프) 이므로 위수가 3인 수형도 T_1'와 동형일 수는 없다.

다음 정리는 위수 n의 번호 없는 평면 근수형도의 개수에 관한 계수문제의 답을 제공하고 있다.

정리 5-9-15 위수가 $n+1$에 대한 번호 없는 평면 근수형도의 개수는 n에 관한 카탈란수

$$C_n = \frac{1}{n+1}\binom{2n}{n}$$ 과 같다.

위의 정리를 쉽게 이해하기 위해서 4장의 카탈란 수에 대한 동치 문제에 대해서 돌아볼 필요가 있다. 카탈란 수를 의미하는 조합문제 가운데 평면 근수형도와 직접적인 관계성을 볼 수 있는 것은 다익의 단어(Dyck words)의 개수에 대한 문제다. 위수 n인 번호 없는 평면 근수형도의 전체 집합은 길이가 $2n$인 다익의 단어 전체 집합과 일대일대응관계가 있고, 하나의 다익의 단어는 $(0,0)$에서 (n,n)로 가는 하나의 카탈란 경로(Catalan path)을 의미하고 그 역도 성립함을 알고 있다.

이렇듯, 위수가 $n+1$인 평면 근수형도의 집합과 길이가 $2n$인 다익의 단어들의 집합, 그리고 $[0,n]\times[0,n]$의 격자점 위에서 정의되는 카탈란 경로의 집합은 서로 1-1 대응관계가 존재함이 알려져 있다. 이러한 1-1 대응관계에 대한 자세한 정의와 증명과정은 4장의 연습문제(내용)을 참조하여 이해하기로 하고, 여기에서는 이들 사이의 일대일대응관계를 $n=3$인 경우를 들어 살펴보기로 한다.

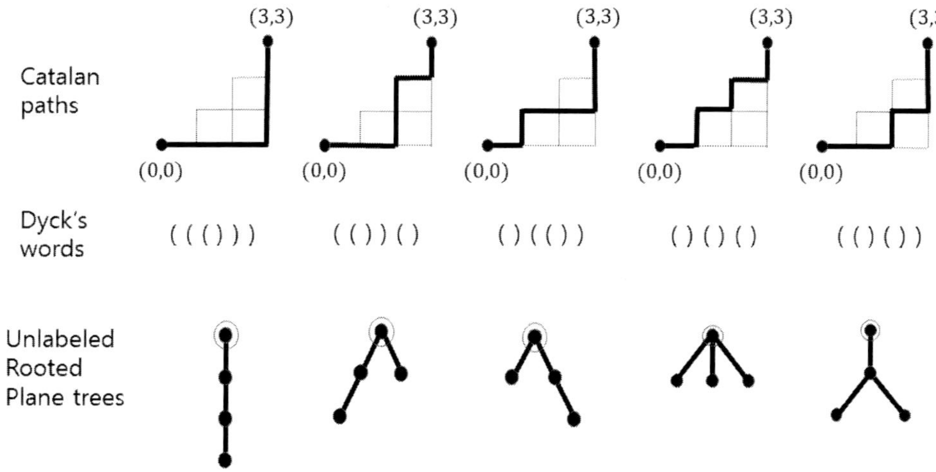

그림 174 번호 없는 근수형도와 1-1 대응관계

[예 시]

$n=3$ 일 때 카탈란수는 $C_3=\frac{1}{4}\binom{6}{3}=5$이므로 카탈란 경로의 개수도 5개이다. 또한 위수가 4인 평면 근수형도 또한 다섯 가지가 존재하며 길이가 6인 다익의 단어 또한 5개가 존재한다. 그림 174의 각 열(column)은 해당 카탈란 경로와 대응하는 다익의 단어와 평면 근수형도를 보여주고 있다,

□ 근(根)수형도와 자연수

1968년 마툴라(D.W. Matula)는 참고문헌 [24,25]를 통하여 번호없는 근수형도의 집합과 자연수의 집합 N 사이의 1-1대응관계를 규명함으로써 자연수를 근수형도라는 그래프에 의한 자연수 표현법을 주창하였다. 이로써, 미제로 남아 있던 번호없는 근수형도의 계수문제를 새로운 각도에서 볼 수 있게 되었다. 또한 정수에 대한 소인수분해 문제를 그래프 문제로 돌려 해결

할 수 있는 여지를 제공하게 되었고, 이들에 대한 연구가 현재까지도 진행 중이다.

정리 5-9-16 (Matula, 1968)
번호 없는 근수형도의 전체 집합과 자연수의 집합 사이에는 일대일대응관계가 성립한다.

이 정리에 대한 증명은 참고문헌 [24, 25]에 미루기로 하고 이 절에서는 자연수와 이에 대응하는 마튤라 근수형도, 그리고 다익의 단어를 앞선 예와 같이 병립하여 제시하고, 이를 통해서 관찰할 수 있는 자연수에 대한 새로운 논점을 살펴보기로 하자.

먼저, $p(k)$을 k 번째 소수를 나타내는 함수라고 정의하자. 다음 그림 176은 $p(1)=2$ 부터 $p(200)=1223$까지 200개의 소수를 나타낸 표이다. 아주 오랜 역사 속에서 소수 수열 $p(k)$의 일반항을 구하는 문제는 난제로 남아있어 왔으므로, 우리에게 필요한 $p(k)$ 값은 컴퓨터 계산의 결과로 주어진 다음과 같은 표에 의존할 수밖에 없다.

	1	2	3	4	5	6	7	8	9	10	11	12	13	14	15	16	17	18	19	20
1-20	2	3	5	7	11	13	17	19	23	29	31	37	41	43	47	53	59	61	67	71
21-40	73	79	83	89	97	101	103	107	109	113	127	131	137	139	149	151	157	163	167	173
41-60	179	181	191	193	197	199	211	223	227	229	233	239	241	251	257	263	269	271	277	281
61-80	283	293	307	311	313	317	331	337	347	349	353	359	367	373	379	383	389	397	401	409
81-100	419	421	431	433	439	443	449	457	461	463	467	479	487	491	499	503	509	521	523	541
101-120	547	557	563	569	571	577	587	593	599	601	607	613	617	619	631	641	643	647	653	659
121-140	661	673	677	683	691	701	709	719	727	733	739	743	751	757	761	769	773	787	797	809
141-160	811	821	823	827	829	839	853	857	859	863	877	881	883	887	907	911	919	929	937	941
161-180	947	953	967	971	977	983	991	997	1009	1013	1019	1021	1031	1033	1039	1049	1051	1061	1063	1069
181-200	1087	1091	1093	1097	1103	1109	1117	1123	1129	1151	1153	1163	1171	1181	1187	1193	1201	1213	1217	1223

그림 176 첫 번째 소수 2로부터 200번째 소수 1223까지 200개의 소수를 나열함.

잘 알려진 바와 같이 정수는 유일 소인수분해 정역(unique factorization domain)이므로 임의의 자연수 $n \in N$은 적당한 음이 아닌 정수열 $e_1, \cdots, e_r$와 서로 다른 소수열 $p_1, \cdots, p_r\ (p_i < p_{i+1})$에 대하여 $n = p_1^{e_1} p_2^{e_2} \cdots p_r^{e_r}$로 유일한 소인수분해로 나타낼 수 있다.(6장 부록: 대수구조편 참조)이러한 유일 소인수분해성 덕분에 임의의 자연수 n은, 위에서 정의한 $p(k)$ 함수와 $p(1)=2$임을 귀납적으로 적용함으로서, $p(1)$을 초기값으로 하는 $p(k)$의 합성함수와 그들의 곱으로 나타낼 수 있다. 이에 대한 예를 들면 아래와 같다.

[예 시]

$p(1)=2$이고 $p(2)=3$이므로

$$12 = 2^2 \times 3 = p(1)^2 p(2) = p(1)^2 p(p(1)) = p(1)p(1)p(p(1))$$

이제, 주어진 자연수에 대한 $p(k)$함수표현에서 'p'와 '1'을 빼고 괄호만 남겨 놓으면, 하나의 $p(k)$함수표현은 다익의 단어(Dyck's words)으로 대체해 쓸 수 있다. 이전 절에서 보았듯이 하나의 다익의 단어는 이에 대응하는 근수형도를 지정할 수 있다. 또한 이전 절에서 보았듯이 하나의 다익의 단어는 평면 근수형도와 일대일대응한다. 즉, 각 자연수의 $p(k)$ 함수곱과 합성함수에 의한 표현은 마툴라에 의해서 제시된 번호없는 근수형도를 지정하고 있다. 단, 여기서 서로 다른 다익의 단어로부터 나온 두 평면 근수형도는 번호 없는 근수형도의 측면에서 동형일 수 있다는 점을 마음에 담아 두자.

다음 표 219는 이러한 자연수, 다익의 단어, 번호 없는 근수형도 대응관계(표현관계)를 크기가 작은 자연수에 대해서 제시하고 있다.

자연수의 p(k)와 p(1)의 합성표현	Dick's words	unlabeled rooted trees	11=p(5) =p(p(p(p(1))))	(((( ))))	
2=p(1)	( )		12=3x4 =p(p(1))p(p(1)p(1))	(( )) (( ) ( ))	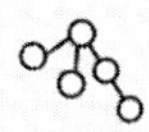
3=p(2) =p(p(1))	(( ))		13=p(6) =p(p(1)p(p(1)))	(( ) (( )))	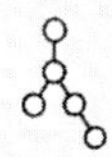
4=2x2 =p(1)p(1)	( ) ( )		14=2x7 =p(1)p(p(1)p(1))	( ) (( ) ( ))	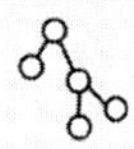
5=p(3) =p(p(p(1)))	((( )))		15=3x5 =p(p(1))p(p(p(1)))	(( )) ((( )))	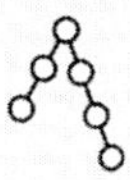
6=2x3 =p(1)p(p(1))	( ) (( ))	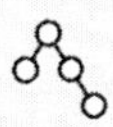	16=2x2x2x2 =p(1)p(1)p(1)p(1)	( ) ( ) ( ) ( )	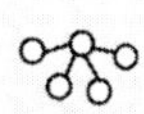
7=p(4) =p(p(1)p(1))	(( ) ( ))	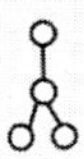	17=p(7) =p(p(p(1)p(1)))	((( ) ( )))	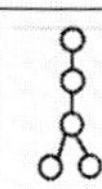
8=2x2x2 =p(1)p(1)p(1)	( ) ( ) ( )	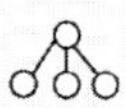	18=2x3x3 =p(1)p(p(1))p(p(1))	( ) (( )) (( ))	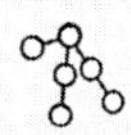
9=3x3 =p(p(1))p(p(1))	(( )) (( ))	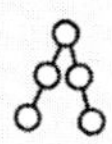	19=p(8) =p(p(1)p(1)p(1))	(( ) ( ) ( ))	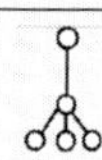
10=2x5 =p(1)p(p(p(1)))	( ) ((( )))	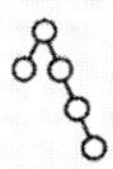	20=2x2x5 =p(1)p(1)p(p(p(1)))	( ) ( ) ((( )))	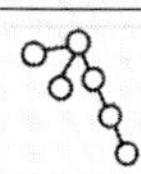

표 219 작은 자연수에 대한 $p(k)$표현, 다익의 단어의 표현, 근수형도 표현

다음은 자연수와 대응하는 마툴라 근수형도의 구현과 그들 사이의 연산에 대해 주목해야 할 내용들을 설명한 것이다.

[마툴라 근수형도의 구현과 연산]

1. 자연수는 곱셈에 대하여 교환법칙이 성립하므로 하나의 자연수가 여러 가지의 다익의 단어들(카탈란 경로들)로 표현될 수 있다. 하지만 하나의 자연수로부터 표현되는 다른 다익의 단어들에서 생성하는 마툴라 수형도들은 근수형도-동형이므로 하나의 번호없는 근수형도로 자연수를 대표한다. 예를 들면,

$$10 = 2 \times 5 = p(1)p(p(p(1))) = ()((()))$$
$$10 = 5 \times 2 = p(p(p(1)))p(1) = ((()))()$$

이므로 첫 식으로부터 평면 근수형도 T_1이 생성되고, 두 번째 식으로부터 평면 근수형도 T_2가 아래 그림과 같이 생성된다.

$T_2 \cong T_1$

하지만 T_1과 T_2는 서로 동형인 근수형도이므로 동일한 번호없는 근수형도로 자연수 10을 표현한다. 이와 같이, 하나의 자연수는 인수들의 곱셈에 대한 교환법칙에 따라 여러 가지의 다익의 단어나 카탈란 경로로 나타낼 수 있으나 이들이 생성하는 근수형도는 서로가 동형이 되므로 하나의 번호 없는 근수형도(마툴라 수형도)로 표현된다.

편의상, 이러한 오해나 있을 수 있는 오류를 방지하기 위하여, 한 마툴라 수형도의 모든 부분 근수형도에서 뿌리와 연결된 왼쪽 부분-부분근수형도(sub-sub rooted tree)가 오른편의 그것보다 작거나 같은 자연수를 표현하는 근수형도가 될 수 있도록 표현하도록 한다.
(위의 예시에서도 뿌리의 왼편의 근수형도를 나타내는 5가 오른편의 근수형도가 나타내는 2보다 큰 T_2 표현 보다는 왼편에 2, 오른편에 5가 되는 T_1을 자연수 10으로 표현한다.)

2. 마툴라 근수형도로 나타낸 자연수 집합에서는 곱셈의 결과를 단번에 알 수 있다. 일반적으로 자연수의 곱셈은 덧셈으로 정의되기 때문에 덧셈보다는 복잡한 계산을 하거나 곱셈테이블을 이용하여 계산하고 있다. 하지만 마툴라의 자연수를 표현한 두 근수형도의 곱셈은 각각의 마툴라 근수형도의 뿌리를 겹쳐 놓는 것으로 곱셈을 대신해 그릴 수 있다. 곱셈 연산에 대한 간단한 예를 들어 보자.

[예 시]

그림 198에서는, $18 \times 19 = 282$라는 곱셈의 연산 결과를 마툴라 근수형도로 간단히 표현할 수 있음을 보여주고 있다.

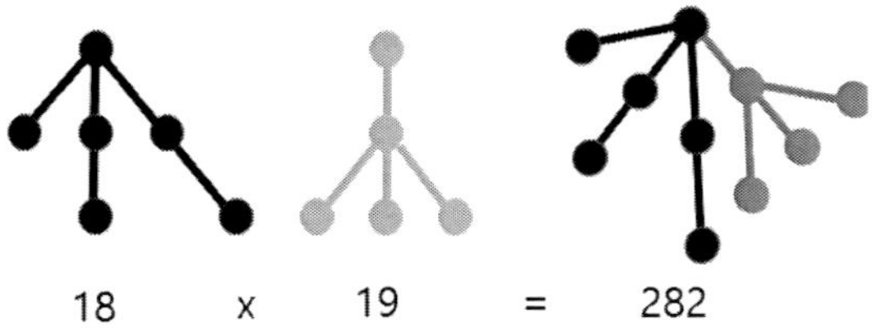

그림 198

3. $p(k)$와 마툴라 근수형도의 구현

자연수 k가 소수일 때, 이를 표현하는 마툴라 근수형도의 뿌리를 v라 하면, $\deg(v)=1$임을 알 수 있다. 위의 표에서 7은 4번째 소수이므로 7의 마툴라 근수형도의 뿌리 v는 4의 표현인 을 메달고 있는 차수(degree) 1인 꼭짓점이 된다, 다시 말해서, 소수 $p(k)$의 마툴라 근수형도 T는, k에 대한 마툴라 근수형도 T'에 새로운 점 v을 추가하여 뿌리로 정하고 T'의 뿌리 v'와 연결시켜 vv'을 모서리에 추가함으로서 구현할 수 있다. 이러한 소수 마툴라 근수형도의 구현 알고리즘은 직관적으로 보면, 새로운 뿌리에 T'를 붙여 아래로 밀어 내는 것으로 쉽게 설명될 수 있을 것이다.

[예 시]

위의 표 176에서 $k=100$일 때, $p(100)=541$임을 알 수 있다. 그런데 $k=100=2^2\times5^2$이므로 100에 대한 마툴라 근수형도는 T_1은 다음 그림 201과 같다. 그러므로 여기에 한 점을 추가하여 뿌리로 정하고 T_1의 뿌리와 연결시켜 아래로 밀어내서 근수형도 T를 만들면, T는 $p(100)$(즉 541)에 대한 마툴라 근수형가 된다.

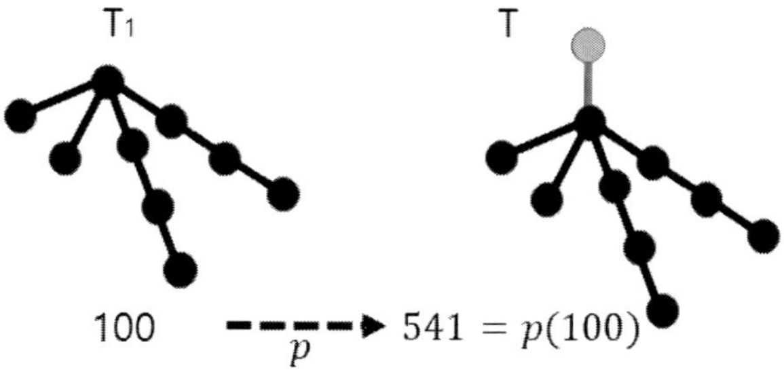

그림 201 $n=541$의 마툴라 근수형도 표현

4. 이제껏 자연수는 그것이 유일소인수분해 되기 때문에 자연수는 자연스럽게 소인수의 곱으로 표현되어왔다. 벡터공간의 모든 벡터가 기저(basis)벡터의 선형조합으로 유일하게 표현될 수 있다는 것과 같은 맥락이라 할 것이다. 하지만 자연수의 마툴라의 근수형도 표현은 이러한 자연수(특히 합성수)에 대한 다른 관점을 제공하고 있다. 마툴라의 자연수표현은, “자연수의

각 소수는 합성수로부터 생성된다."라는 다소 어색한 결과를 제시하고 있는 것이다.

다음 표는 2번에서 언급되었던 '뿌리 밀어내리기' 작용으로 주어진 합성수 각각이 무한소수족(infinite family of primes)을 생성하고 이들이 소수전체집합을 분할하고 있음을 보여주고 있다.

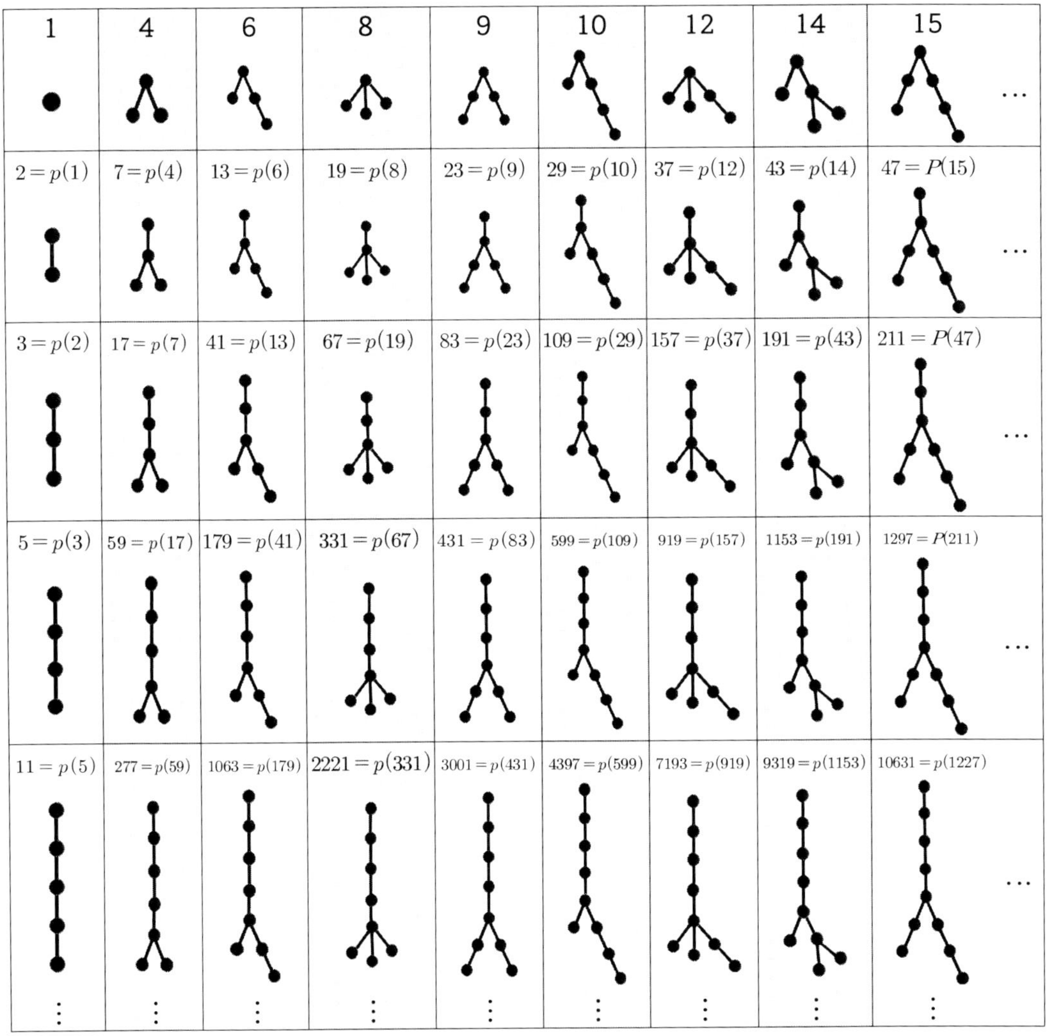

표 220 작은 합성수에 의해 마툴라 그래프로 생성되는 소수족(family of prime numbers)

위의 표에서 예를 들어 합성수 8로부터 생성되는 무한소수족은 8을 시작으로 하는 열(column)을 따라 얻어진다.

$$p(8)=19,\ p(p(8))=p(19)=67,\ p(p(p(8)))=p(67)=331,$$
$$p(p(p(p(p(8)))))=p(331)=2221,\ \cdots$$

이므로 소수전체집합을 분할하고 있는 집합족에서의 8로 생성되는 소수족(편이상 $\overline{8}_p$라 표시)은 다음과 같다.

$$\overline{8_p}=\{19, 67, 331, 2221,\ \cdots\}$$

자연수의 소수집합에 의한 분할, 즉 마툴라 근수형도의 소수 마툴라 근수형도족에 의한 분할에 대해 정리하면 다음과 같다.

정리 5-9-17 자연수 전체의 집합 N은 다음과 같이 분할된다.

$$N=\bigcup_{k\in C}\overline{k}_p\cup C$$

여기서 C은 합성수의 전체집합,

$\overline{k}_p=\{p(k), p(p(k)), p(p(p(k))),\ \cdots\}$이고,

$p(k)$는 k번째 소수를 뜻한다.

□ 이진수형도의 응용

가장 간단한 구조의 근수형도(뿌리수형도)로서 이진수형도(binary tree)를 들 수 있다. 이진 수형도는 각 점의 자식점이 2개 이하인 근수형도를 뜻한다. 이때, 근수형도의 자식점을 한 개 이상 가진 꼭짓점을 '내부점'이라고 한다.(일반적으로 수형도 V에서 $\deg(v)\neq 1$인 v, 즉 잎새점이 아닌 v를 수형도의 내부점이라 한다. 내부점은 모든 연결 그래프로 확장정의될 수 있다)

어떤 이진수형도의 임의의 점이 자식점이 0개이거나 2개일 때, 이를 완전 이진수형도(complete binary tree)라 한다. 다음은 완전 이진수형도의 위수에 관한 정리다.

정리 5-9-18 완전이진수형도 T가 k개의 내부점을 가지면 T는 $k+1$개의 끝점을 가진다. 결과적으로, T는 $2k+1$개의 점을 가진다.

| 증명 |

각 점은 어떤 부모의 자식점들의 집합과 누구의 아들도 아닌 점들의 집합으로 분할된다. 한편, 끝점이 아닌 k개의 내부점은 $2k$개의 자식점이 존재함을 뜻하고 자식점이 아닌 점은 뿌리점이 유일하다. 따라서 T의 점의 개수는 $2k$개의 자식점과 한 개의 뿌리점의 합이다. 즉, $2k+1$개다. 또한 T는 k개의 내부점을 가지므로 $(2k+1)-k=k+1$개의 끝점을 갖는다.□

위의 정리에 의해 완전이진수형도 T가 t개의 끝점을 가진다면 T은 $2t-1$개의 점을 가진다. 이런 사실을 높이가 h인 일반 이진수형도에 적용하면 다음과 같은 결과를 쉽게 얻을 수 있다.

정리 5-9-19 높이가 h인 이진수형도 T에 관하여 다음이 성립한다.

(1) T가 t개의 끝점을 가지면 $\log_2 t\leq h$이다.

(2) T의 위수가 n이면 $n\leq 2^{h+1}-1$이다.

(3) T는 많아야 2^h개의 끝점을 갖는다.

| 증명 |

(2)의 경우, $n \le 2^0 + 2^1 + \cdots + 2^h = \dfrac{2^{h+1}-1}{2-1}$이므로 당연하다. □

위의 정리에서 $n \le \dfrac{2^{h+1}-1}{2-1}$을 h에 관해 정리하면 다음 따름 정리를 얻는다.

따름정리 5-9-20 위수 n의 이진수형도의 최소 높이는 $\lfloor \log_2(n+1) \rfloor - 1$이다.

이제 수형도의 대표적인 응용으로 들 수 있는 검색(searching)과 배열(sorting)에 관하여 알아보기로 하자.

□ 검색(searching)

이진수형도(Binary tree)의 점들에 번호를 매길 때 부모점보다 작은 번호를 왼쪽 자식점에게, 부모점보다 높은 번호는 오른 쪽 자식점에게 부여하는 수형도를 이진 검색 수형도(Binary search tree)라고 한다. 자료를 저장할 때 저장된 자료의 구조가 이진검색수형도를 이루면, 저장된 자료에서 필요한 자료를 검색할 때 효과적으로 검색할 수 있다. 이렇게 이진검색수형도의 형태로 자료를 저장하는 알고리즘은 다음과 같다.

알고리즘 5-9-21 (이진검색(Binary search)을 위한 자료 저장)

T : 이진 수형도,

x_i : 자료$(i=1,\ 2,\ \cdots,\ n)$

v : 임시 저장 공간

단계 [1] T의 뿌리점에 x_1을 지정하고, $v \leftarrow x_1$라 하자.

단계 [2] $i=2$이라 하고, $i \le n$이라면 아래 단계 [3]을 반복한다.
$i > n$이면 작업을 종료한다.

단계 [3] $v \le x_i$ 인 경우:

만약 v의 오른쪽 자식점이 있으면 다음과 같다고 하자.

$v \leftarrow$ [v의 오른쪽 자식점]

그렇지 않으면 다음과 같다고 하자.

[v의 오른쪽 자식점] $\leftarrow x_i$

$v > x_i$이면,

만약 v의 왼쪽 자식점이 있으면 다음과 같다고 하자.

$v \leftarrow$ [v의 왼쪽 자식점]

그렇지 않으면 다음과 같다고 하자.

[v의 왼쪽 자식점] $\leftarrow x_i$

단계 [4] v가 끝점이면 $i \leftarrow i+1$이라 하고 단계 [2]를 다시 수행하고,
그렇지 않으면 단계 [3]을 다시 수행한다.

[예 시]

이진검색을 위한 자료 저장 알고리즘에 의해 8개의 소수들을 다음 순서에 따라 저장한다고 하자. 이때 생성되는 검색 수형도는 그림 247과 같다.

$$1171 \to 1181 \to 491 \to 773 \to 677 \to 977 \to 29 \to 23$$ □

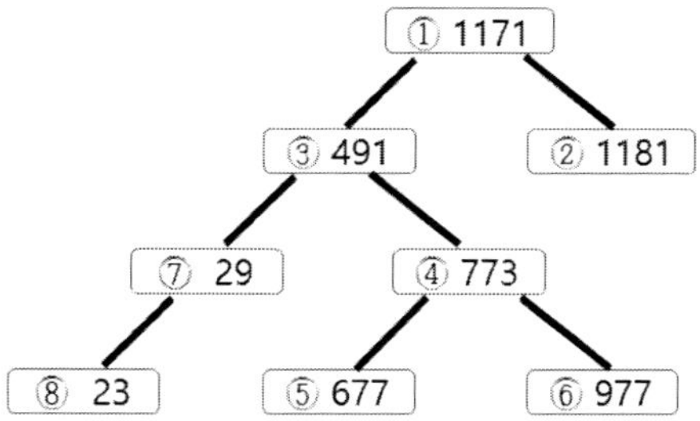

그림 247 이진 검색을 위한 8개의 소수수열 저장

참고로 이항 탐색 수형도를 이용한 검색 알고리즘의 계산 복잡도는 다음과 같이 쉽게 구할 수 있다.

따름정리 5-9-22 이항 탐색 수형도를 이용한 검색(searching) 프로그램 알고리듬의 계산 복잡도는(computational complexity)는 $\lfloor \log_2(n+1) \rfloor$이다.

□ 배열(sorting)

이진수형도에 순서 분류 규칙을 적용한 수형도를 선택 수형도 또는 결정 수형도 (decision tree)라고 한다. 결정 수형도의 각 점들은 판별하는 질문이 되고, "예" 이면 왼쪽 자식점으로, "아니오"이면 오른 쪽 자식점으로 간다.

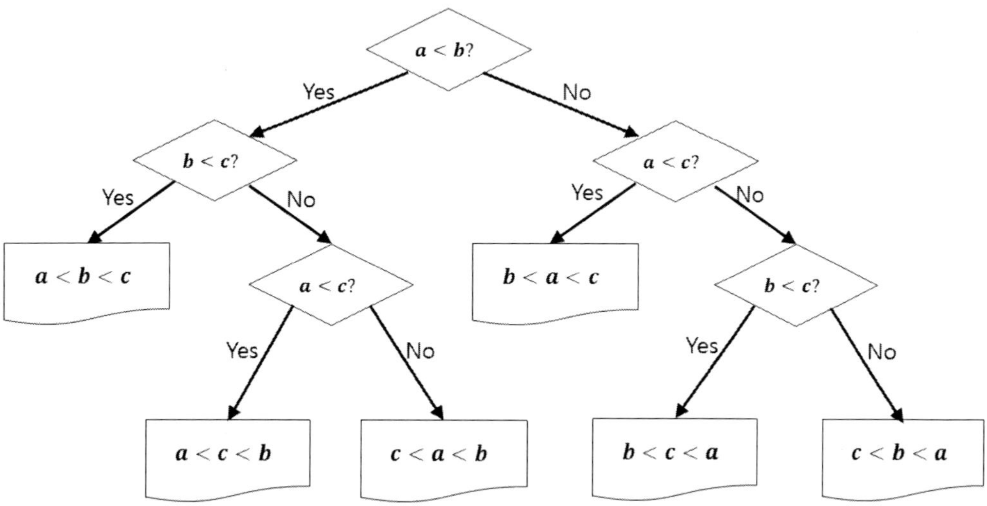

그림 248 세 수 a, b, c에 대한 의사결정 근수형도

결정 수형도는 어떠한 질문에 대한 모든 가능한 질문을 이진 수형도 형태로 배열하여 질문에 대한 답을 구할 때 사용한다. 앞장의 그림 248는 a, b, c 세 수의 크기를 묻는 질문에 대한 답을 구하는 알고리즘을 나타낸 것이다.

이때, n개의 대상을 정렬하는 방법에는 $n!$개의 정렬 순서가 있으므로 적어도 n개의 대상을 정렬하는 결정 수형도는 $n!$개의 끝점을 갖는다. 그래서 그림 248의 결정수형도는 $\{a, b, c\}$의 원소의 크기순서가 될 수 있는 경우가 모두 $3! = 6$가지이므로 6개의 끝점을 가지고 있다.

일반적으로 소팅(sorting)이라 알려진 배열은 주어진 데이터를 순서(대소 관계)에 따라 일렬로 정리하는 작업을 뜻한다. 이에 관한 대표적인 알고리즘인 거품배열법(bubble sorting)을 소개하면 다음과 같다.

알고리즘 5-9-23 〈Bubble Sorting〉

입력 : p개의 원소를 갖는 리스트 a_1, a_2, $\cdots$, a_p.

출력 : 크기 순서로 나열된 리스트(작은 것 먼저.)

단계 [1] $m \leftarrow p-1$이라 놓는다.

단계 [2] $i = 1, 2, \cdots, m$에 대해서 $a_i > a_{i+1}$이면 a_i와 a_{i+1}의 순서를 바꾼다.

단계 [3] $m \leftarrow m-1$이라 놓고 $m = 0$이면 재배열된 a_i들은 모두 크기 순서대로 배열되었으므로 멈춘다. 그렇지 않으면 단계 [2]로 돌아간다.

다음 정리는 위의 알고리즘의 수행 횟수에 대하여 설명하고 있다.

정리 5-9-24 $p \geq 4$개의 대상을 두 개씩 비교하는 어떠한 알고리듬도 최악의 경우에 적어도 $cp \log_2 p$번의 비교를 수행한다. 여기서 c는 양의 상수이다.

| 증명 |

적어도 $p!$개의 끝점이 있으므로 수형도의 높이 h는 적어도 $\log_2 p!$이다.

$$p! \geq p(p-!)(p-2)\cdots\left(\left|\frac{p}{2}\right|\right) \geq \left(\frac{p}{2}\right)^{p/2}$$

또한, $p \geq 4$에 대하여 $\log_2 p \geq 2$이므로 다음이 성립한다.

$$\log_2\left(\frac{p}{2}\right)/2 \geq \frac{\log_2 p}{4}$$

따라서 다음과 같은 결과를 얻는다.

$$\log_2 p! \geq \frac{p}{2}\log_2\left(\frac{p}{2}\right) \geq \frac{p}{4}\log_2 p = \frac{1}{4}p\log_2 p \qquad \square$$

연 습 문 제 5.9

1. 주어진 패터슨그래프의 최소무게확장수형도를 크루스칼 알고리즘과 프림 알고리즘을 사용하여 각각 찾아내고, 이에 따른 최소연결무게가 같음을 확인하라.

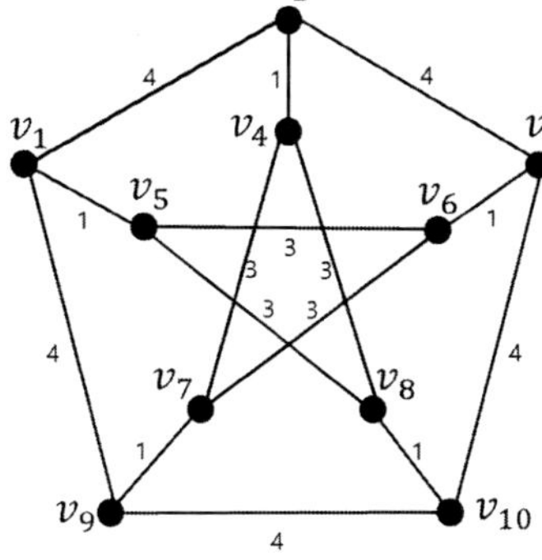

2. $T(2,3)$에 번호를 부여하고 이에 대한 프뤼퍼 수열 표현을 하라.

3. 프뤼퍼 수열 $P=(4,4,2,5,5,2,1,3,6,6,3,7,7)$에 일대일대응하는 근수형도를 구하라.

4 (1) 다음 수형도와 일대일대응하는 프뤼퍼 수열(Prüfer sequence) P를 찾아라,
(2) 위에서 구한 수열 P로부터 대응하는 수형도를 구하여 아래 그래프와 동일한지 확인하라.

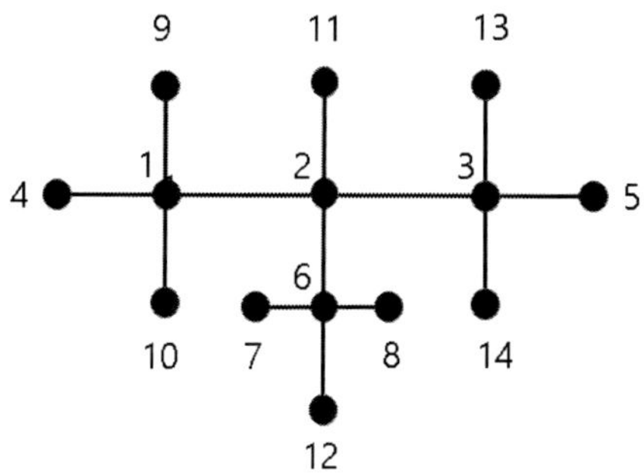

5. 다음 수에 해당하는 마툴라 그래프를 그려라.
(1) 28843 (2) 10000 (3) 4,492,233 (4) 99,070,289

6. 1번에서 구한 패터슨그래프의 최소무게확장수형도를 프뤼퍼 수열로 표현하라.

5.10 그래프 채색 문제

그래프 $G=(V(G),E(G))$와 양의 정수 k에 대하여 함수 $K: V(G)\to[k]$를 k-채색(k-coloring)이라고 한다. 이때, 임의의 모서리 $uv\in E(G)$에 대하여 $K(u)\neq K(v)$가 성립하는 함수 K는 정규 k-채색(proper k-coloring)이라 하고, 이러한 정규 k-채색이 가능한 그래프 G를 k-채색 가능 그래프라 한다. 여기서, 같은 색으로 채색된 점들의 집합을 채색 집합이라고 한다. 그래프 G가 정규 k-채색이 가능하도록 하는 최소의 정수 k를 그래프 G의 채색수(chromatic number)라 하고, $\chi(G)$로 나타낸다. 이때 $\chi(G)=k$가 되도록 하는 k-채색을 그래프 G의 최적화 채색이라 한다.

[예 시]

다음과 같은 패터슨 그래프의 채색수를 구해보도록 한다.

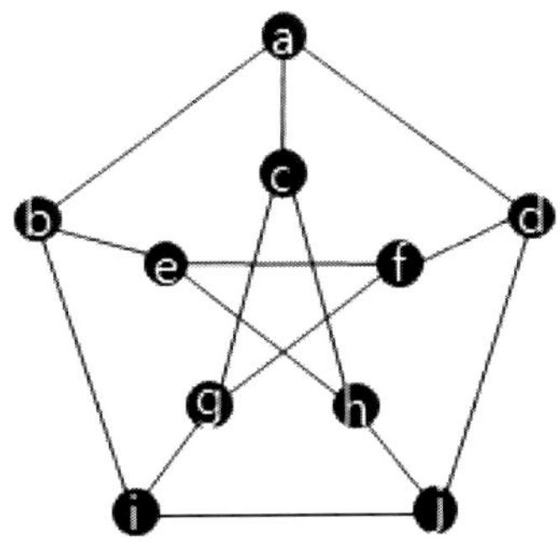

그림 250 그래프 G

먼저, 그림 251과 같은 채색이 가능하므로, $\chi(G)\le 3$임을 알 수 있다.

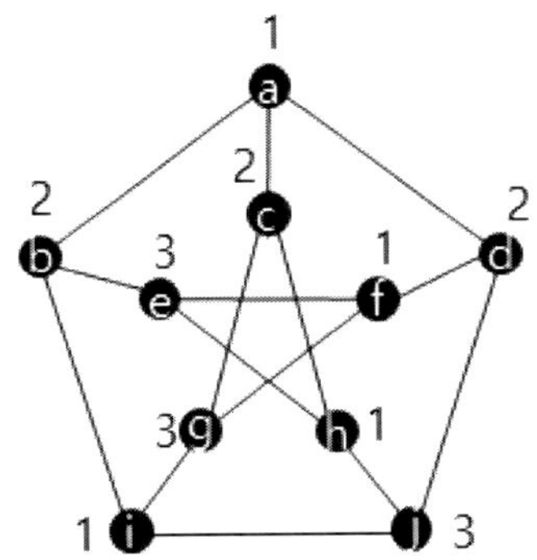

그림 251 그래프 G의 3-채색

이제 $\chi(G)>2$임을 보이기 위하여, $\chi(G)\neq 1$이고 $\chi(G)=2$라 가정하자. 이를 만족하는 2-

채색을 K라 하자. 일반성을 잃지 않으므로, $K(a)=1$이라 하면 순차적으로 $K(b)=2$, $K(e)=1$, $K(f)=2$, $K(d)=1$이 성립한다. 따라서 $K(a)=K(d)$이다. 그런데 ad는 그래프 G의 모서리이므로 $K(a) \neq K(b)$이고, 이는 $K(a)=K(d)$임에 모순이므로 $\chi(G) \neq 2$이다. 따라서 $\chi(G)=3$임을 알 수 있다.

그림 251에서의 3-채색은 그래프 G의 최적화 채색이다. 또한 $\{a,f,h,i\}$, $\{b,c,d\}$, $\{e,g,j\}$는 각각 채색 집합이다.

[예 시]

(1) 완전그래프 K_n에 대하여 $\chi(K_n)=n$이다.

(2) 순환그래프 C_n에 대하여 $\chi(C_n)=\begin{cases}3 \ (n\text{은 짝수}) \\ 2 \ (n\text{은 홀수})\end{cases}$이다.

(3) 이분그래프 G에 대하여, $\chi(G)=2$이다.

| 증명 |

그래프 G는 이분그래프이기 때문에 G의 점의 집합 V는 교집합이 없는 두 부분집합 V_1과 V_2로 나누어진다. 즉, $V=V_1 \cup V_2$이고, $V_1 \cap V_2=\varnothing$이다. 또한 모든 모서리의 한 끝점은 V_1에 속하고, 다른 한 끝점은 V_2에 속한다. 이때, $K: V(G) \to [2]$를 다음과 같이 정의하는 것이 가능하다.

$$K(v)=\begin{cases}1 \ (v \in V_1) \\ 2 \ (v \in V_2)\end{cases}$$

따라서 $\chi(G) \leq 2$이다. 한편, 임의의 모서리 uv에 대하여 u와 v에는 서로 다른 색을 부여해야하므로, $\chi(G) \geq 2$이다. 따라서 $\chi(G)=2$이다. □

다음은 채색수의 경계에 대한 정리이다.

정리 5-10-1 임의의 모든 그래프 G에 대하여 $\chi(G) \leq \Delta(G)+1$가 성립한다.

| 증명 |

점의 개수에 대한 수학적 귀납법을 사용하도록 한다. 그래프 G의 점의 개수가 한 개라면 $\chi(G)=1 \leq 2=\Delta(G)+1$이므로 주어진 식이 성립한다. 이제 그래프 G의 점의 개수가 n개일 때 주어진 식이 성립한다고 가정하자. 점의 개수가 $n+1$개인 그래프 G와 임의의 점 $v \in V(G)$에 대하여, $G=G-v$라 하자.

그러면 수학적 귀납법의 가정에 따라 $\chi(G) \leq \Delta(G)+1$이 성립한다. 또한 $\Delta(G) \leq \Delta(G)$이므로 $\chi(G) \leq \Delta(G)+1 \leq \Delta(G)+1$이 성립한다. $\deg(v) \leq \Delta(G)$이기 때문에 G는

$1+\Delta(G)$ 채색 가능 그래프이고 따라서 $\chi(G) \leq \Delta(G)+1$이 성립한다. □

정리 5-10-2 (Brook의 정리) 그래프 G와 3이상의 자연수 k에 대하여 $\Delta(G) \leq k$가 성립한다고 가정하자. G가 $k+1$ 부분 완전그래프를 포함하지 않는다면, $\chi(G) \leq k$이다.

| 증명 |

$\Delta(G) \leq k$가 성립하는 그래프 G가 주어졌다고 가정하자. 그래프 G의 점의 개수 n에 대하여 수학적 귀납법을 사용한다. 먼저, $n=1$일 때 $\chi(G)=1$이므로, $\chi(G) \leq k$임은 자명하다. 이제 점의 개수가 $n-1$이하인 모든 그래프에 대하여 위의 명제가 성립한다고 가정하자. 그리고 점의 개수가 n개인 그래프 G가 주어졌다고 하고, 또한 G는 k-정규그래프라고 가정하자. 이에 대하여 명제가 성립한다면, $\Delta(G) \leq k$이므로 주어진 그래프 G는 $k-$정규그래프에서 모서리의 일부를 제거한 그래프이므로 $\chi(G) \leq k$가 성립하기 때문이다. 이제 그래프 G의 점 v가 주어졌다고 하자. G는 k-정규그래프이고 $k+1$ 부분 완전그래프를 포함하지 않기 때문에, $xy \notin E(G)$를 만족하는 점 $x,y \in N(v)$가 존재한다. 여기서 점 x,v,y을 시작으로 하여 확장할 수 있는 가장 큰 경로를 $P=(x,v,y,v_4,\cdots,v_r)$라 하자. 이때, 경로 P는 더 이상 확장이 불가능하므로, P의 끝점 v_r에 대하여 다른 모든 경로 위의 점은 $N(v_r)$의 원소이다. 여기서 $r=n$이거나 $r<n$이다. 각각의 경우에 대하여 k-채색 가능 함수 K: $V(G) \rightarrow [k]$의 존재성을 살펴보도록 하자.

(i) $r=n$라 가정하자. $v_j \in N(v_2)-\{v_1,v_2\}$라 하자. 먼저, v_1과 v_2에 같은 색을 부여한다. 이제 점 $v_4,v_5,\cdots,v_{j-1}$에 대하여 v_4부터 v_{j-1}까지 순차적으로 부여 가능한 색을 부여한다. 마찬가지로, 점 $v_n,v_{n-1},\cdots,v_j$에 대하여 v_n부터 v_j까지 순차적으로 부여 가능한 색을 부여한다. 이때 $\deg(v_2)=k$이고 v_1과 v_3에 같은 색을 부여했기 때문에, v_2에도 색을 부여하는 것이 가능하다. 따라서 G는 k-채색 가능하다.

(ii) $r<n$이라고 가정하자. 경로 P의 모든 점들이 v_r의 이웃이기 때문에 $C=v_1, v_2, \cdots, v_r, v_1$은 순환로를 이룬다. $G=G-C$라고 하자. 그러면 C와 G의 점의 개수는 $n-1$이하이기 때문에, 수학적 귀납법의 가정에 의하여 $\chi(G), \chi(C) \leq k$ 이다. 따라서 G과 C에 인접한 모서리가 없다면, G는 k-채색 가능하다. 이제 G와 C사이에 인접한 모서리가 있다고 가정하자. 이때 $V(G)$과 인접한 C의 점 중, 가장 번호가 높은 점을 v_l이라 하고, 이와 인접한 G의 점을 u라 하자. v_{l+1}은 G와 인접하지 않기 때문에 v_{l+1}과 u에 같은 색을 부여할 수 있다. 이제

$v_{l+2}, v_{l+3}, \cdots, v_r, v_j, \cdots, v_{l-1}$에 순차적으로 부여 가능한 색을 부여한다. 이때 $\deg(v_l)=k$이고 v_{l+1}과 u에 같은 색을 부여했기 때문에, v_l에도 색을 부여하는 것이 가능하다. 따라서 G는 $k-$채색 가능하다. (i)과 (ii)에 의하여 G는 k-채색 가능하다. 따라서 $\chi(G) \le k$이다. □

그래프 G에 대하여 $\Delta(G) < 3$인 경우를 살펴보자. 먼저, $\Delta(G)=1$이라 하자. 이는 점 2개인 수형도로 이루어진 숲 그래프이다. 따라서 $\chi(G)=2$이므로, $\chi(G)=2>1=\Delta(G)$이다. 다음으로 $\Delta(G)=2$라 하자. 그러면 G는 경로이거나 순환로임이 자명하다. 만약 G가 경로이거나 짝수개의 점을 갖는 순환로라면, $\chi(G)=2$이다. 만약 G가 홀수개의 점을 갖는 순환로라면, $\chi(G)=3$이다. 따라서 이 경우에는 $\chi(G)=3>2=\Delta(G)$가 성립한다. 또한, $\Delta(G)=k$인 그래프에 대하여 G가 $k+1$ 부분 완전그래프를 갖지 않는다는 것은 G가 완전그래프가 아니라는 것을 의미한다. 따라서 위에서 증명한 Brook의 정리는 다음과 같이 기술된다.

정리 5-10-3 (Brook의 정리) G가 완전그래프도 아니고 홀수개의 점을 갖는 순환로가 아닌 연결 그래프이면, $\chi(G) \le \Delta(G)$이다.

[예 시]

다음 주어진 그래프 G에 대하여 G는 홀수의 순환그래프도 아니고 완전그래프도 아니다. $\Delta(G)=3$이고, $\chi(G)=3$이므로 $\chi(G) \le \Delta(G)$이 성립한다.

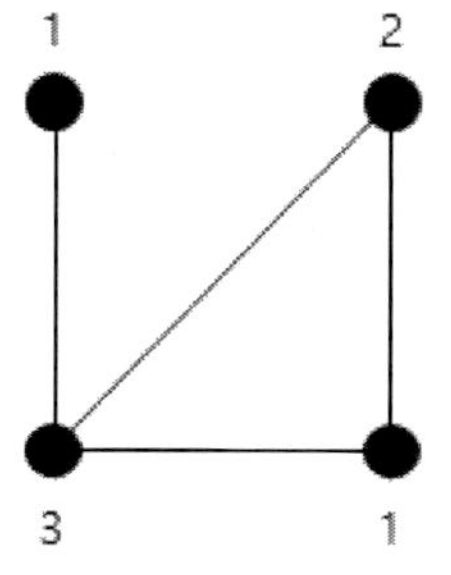

그림 252 G

정리 5-10-4 그래프 G의 점의 개수가 n, 모서리의 개수가 m일 때, 다음이 성립한다.

(1) $1 \le \chi(G) \le n$

(2) $\chi(G)(\chi(G)-1) \le 2m$

(3) $\chi(G) \ge \omega(G)$(여기서 $w(G)$는 그래프 G의 완전 부분그래프의 점의 수의 최대값이다.)

| 증명 |

(i)과 (iii)은 자명하므로, (ii)를 증명하도록 한다. 그래프 G의 최적화 채색에 대하여, 서로 다른 두 개의 채색집합에 적어도 한 개의 모서리가 존재한다. 따라서 $\binom{\chi(G)}{2} \leq m$이 성립한다. 그러므로 $\chi(G)(\chi(G)-1) \leq 2m$이다. □

그래프의 채색문제 중 현재까지 수학적으로 해결되지 않은 분야로 4색 정리를 들 수 있다. (4색 정리에 대한 역사적 고찰은 이 절의 마지막 부분에 정리되어 있으므로 참조할 것) 4색 정리는 유한개의 부분으로 나뉜 평면에 각 부분이 서로 구별되도록 채색을 한다면 네 가지 색으로 충분하다는 내용이다. 수학적으로 표현하면 다음과 같다.

정리 5-10-5 (4색 정리) 평면그래프 G에 대하여 $\chi(G) \leq 4$이다.

4색 문제는 1852년 영국의 프랜시스 구드리(Francis Guthrie)이 처음 지도에서 영국의 각 주(state)는 네 가지 색으로 구분하여 칠할 수 있다는 점을 발견하면서 그 일반화가 제기되었다. 100여년이 지난 후 1976년 일리노이 대학교의 아펠(Kenneth Ira Appel)과 하켄(Wolfgang Haken)이 코흐(Koch)의 알고리즘을 이용하여 4색 정리를 증명하였다. 하지만 아직까지 알고리즘을 사용하지 않은 연역적 방법의 증명은 존재하지 않은 실정이다.

여기에서는 4색 정리의 필요조건이 되는 5색 정리를 증명하도록 한다.

정리 5-10-6 (5색 정리) 평면그래프 G에 대하여 $X(G) \leq 5$이다.

먼저 오일러 다면체 정리를 소개한 뒤, 이를 통하여 5색 정리의 증명을 위해 보조정리 5-10-8을 먼저 증명하도록 한다.

정리 5-10-7 (오일러 다면체 정리) 임의의 다면체에 대하여 v가 점의 개수, e가 모서리의 개수, f가 면의 개수일 때 다음이 성립한다.

$$v-e+f=2$$

주어진 다면체에 대하여 모든 면은 최소한 3개의 점으로 둘러싸여 있고, 모든 모서리는 서로 다른 두 개의 면의 경계이기 때문에 다음이 성립함을 알 수 있다.

$$3f \leq 2e$$

오일러 다면체 정리에 의하여 $f=2-v+e$이므로, $3(2-v+e) \leq 2e$가 성립하고, 따라서 $e \leq 3v-6$이 성립한다. 이를 통하여 다음 보조정리를 얻는다.

보조정리 5-10-8 임의의 평면 그래프 G에 대하여 차수가 5 이하인 점 $v \in V(G)$가 존재한다.

| 증명 |

모든 점의 차수가 6 이상인 평면그래프 G가 존재한다고 가정하자. 그러면 오일러공식에 의하여 다음이 성립한다.

$$6v \leq \sum_{i=1}^{|V(G)|} \deg(v) = 2e$$

따라서 $3v \leq e$가 성립한다. 한편, 평면 그래프 G에서 인접하지 않은 두 점들을 잇는 모서리를 주면 그래프 G는 다면체가 될 수 있기 때문에 오일러 다면체 공식에 의하여 유도된 식 $e \leq 3v-6$가 평면그래프에서 성립함을 알 수 있다. 따라서 다음을 얻는다.

$$3v \leq e \leq 3v-6$$

이는 모순이므로 그래프 G에는 차수가 5 이하인 점 $v \in V(G)$가 존재함을 알 수 있다.

보조정리를 사용하여 5색 정리를 증명하도록 한다.

| 정리 5-10-6의 증명 |

평면그래프 G의 점의 개수 n에 대하여 수학적 귀납법을 적용한다. 먼저 점의 개수가 1개인 평면그래프에 대해서는 5색 정리가 성립함을 쉽게 알 수 있다.

이제 점의 개수 n개에 대하여 5색 정리가 성립한다고 가정하자. 점의 개수가 $n+1$인 평면그래프 G가 주어졌다고 하자. 보조정리에 의하여 그래프 G에는 차수가 5 이하인 점 $v \in V(G)$가 존재함을 알 수 있다. 이 점 v에 대하여 그래프 $G-v$는 평면그래프이고, 수학적 귀납법의 가정에 의하여 5-채색 가능 그래프이다. K를 그래프 $G-v$의 5-채색이라고 하자. $\deg(v) \leq 4$이거나 $|K(N(v))| \leq 4$이면 그래프 G는 5-채색 가능하다. 이제 $\deg(v)=5$이고, $|K(N(v))|=5$라고 가정하자. G는 평면그래프이므로, 모든 모서리가 꼭짓점 이외에 만나지 않도록 놓은 뒤, v의 이웃을 시계방향 순으로 v_1, v_2, v_3, v_4, v_5라고 하자. 일반성을 잃지 않으므로, 그래프 $G-v$와 5 이하의 자연수 i에 대하여 $K(v_i)=i$가 성립한다고 하자. $G-v$의 5-채색 K에 대하여 함숫값이 1 또는 3인 점들과 그 점들을 잇는 모서리로 이루어진 부분그래프를 $G_{1,3}$라 하자. 그래프 $G_{1,3}$에서 v_1에서 시작하고 v_3에서 끝나는 경로가 없다면, v_1의 연결 부분그래프에서 1과 3으로 채색한 점들의 채색을 각각 3과 1로 바꿀 수 있다. 그러면 v_1은 3으로 채색되고, 따라서 v를 3으로 채색하면 G는 5-채색 가능하다. 이제 $G_{1,3}$에 v_1에서 시작하여 v_3에서 끝나는 경로가 존재한다고 가정하자. 이때, 5-채색 K에 대하여 함숫값이 2 또는 4인 점들과 그 점들을 잇는 모서리로 이루어진 부분그래프를 $G_{2,4}$라고 하자. $G_{2,4}$에서 v_2로 시작하

고 v_4에서 끝나는 경로가 존재하지 않는다면 앞에서와 같은 방법으로 v_2를 4로 채색하는 것이 가능하고, 따라서 v를 2로 채색하는 것이 가능하므로 G는 5-채색 가능하다. v_2로 시작하고 v_4로 끝나는 경로가 존재한다면 $v, v_2, \cdots, v_4, v$는 순환로이고, 마찬가지로 $v, v_1, \cdots, v_3$도 순환로이다. 이때, 그림 253과 같이 두 개의 순환로에서 서로 만나는 모서리가 존재하므로, 이는 G가 평면그래프임에 모순이다. 그러므로 평면그래프 G는 5-채색 가능하다. 즉 $\chi(G) \le 5$이다. □

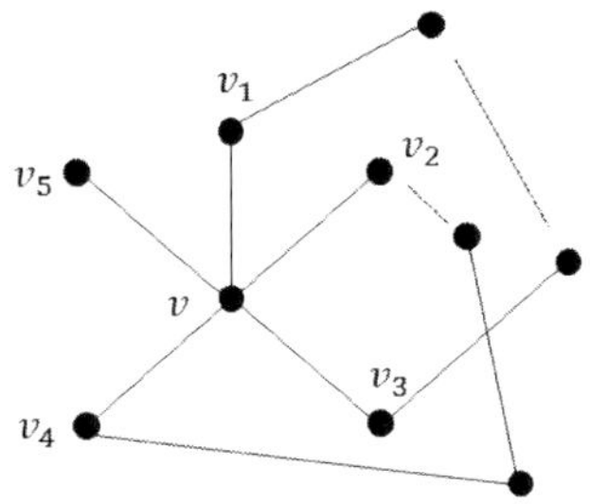

그림 253

□ 채색다항식

$k-$채색이 가능한 그래프 G와 k이상의 정수 λ에 대하여 그래프 G의 λ-채색의 개수를 G의 채색다항식이라 하고, $P(G,\lambda)$로 나타낸다.

[예 시]

(i) 완전그래프 K_n에 대하여 $P(K_n,\lambda) = \lambda!$이다.

(ii) n개의 점을 가진 수형도 T_n에 대하여 $P(T_n,\lambda) = \lambda(\lambda-1)^{n-1}$이다.

| 증명 |

점의 개수 n에 대한 수학적 귀납법을 사용한다. 먼저 $n=1$일 때, $P(T_1,\lambda) = \lambda = \lambda(\lambda-1)^0$이므로 위의 식이 성립함은 자명하다. 이제 자연수 $n-1$에 대하여 $P(T_{n-1},\lambda) = \lambda(\lambda-1)^{n-2}$가 성립한다고 가정하자. 주어진 T_n와 잎새점 $v \in T_n$에 대하여 $T_n - v$는 점의 개수가 $n-1$개인 수형도이므로, 수학적 귀납법의 가정에 의하여 $P(T_n - v,\lambda) = \lambda(\lambda-1)^{n-2}$이 성립한다. 이제 그래프 T_n에서 점 v에는 $N(v)$인 u와 다른 $\lambda-1$개의 채색이 가능하므로 다음이 성립한다.

$$P(T_n,\lambda) = (\lambda-1)P(T_n - v,\lambda) = \lambda(\lambda-1)^{n-1}$$

따라서 주어진 명제는 성립한다. □

그래프 G와 $e = uv \in E(G)$에 대하여 $G \cdot e$를 G의 e축약 그래프라 하고 $V(G \cdot e)$와 $E(G \cdot e)$은 G에서 조건 $u = v$로부터 생성되는 $V(G)$와 $E(G)$의 부분집합으로 구성되는 그

래프를 의미한다. 다음은 선 제거 그래프와 축약 그래프의 채색 다항식과 주어진 그래프의 채색 다항식 간의 관계식을 제시하고 있다.

정리 5-10-9 (채색다항식의 제거-축약 정리) 그래프 G와 G의 모서리 e에 대하여 다음이 성립한다.

$$P(G,\lambda)=P(G-e,\lambda)-P(G\cdot e,\lambda)$$

| 증명 |

그래프 G의 모서리 e에 대하여 $e=uv$라 하자. 그래프 $G-e$의 채색은 u와 v에 같은 색을 부여하는 경우와 다른 색을 부여하는 경우로 나눌 수 있다. 먼저 u와 v에 같은 색을 부여하는 채색의 개수는 u와 v가 인접한 그래프인 G의 채색의 개수, 즉 $P(G,\lambda)$와 같다. 한편, u와 v에 다른 색을 부여하는 채색의 개수는 u와 v가 축약된 그래프인 $G\cdot e$의 채색의 개수, 즉 $P(G\cdot e,\lambda)$와 같다. 따라서 합의 법칙에 의하여 $P(G-e,\lambda)=P(G,\lambda)+P(G\cdot e,\lambda)$임을 알 수 있다. 따라서 다음 식이 성립한다.

$$P(G,\lambda)=P(G-e,\lambda)-P(G\cdot e,\lambda) \qquad \square$$

[예 시]

채색다항식의 제거-축약 정리를 사용하여 주어진 그래프 G의 채색다항식을 구해보자.

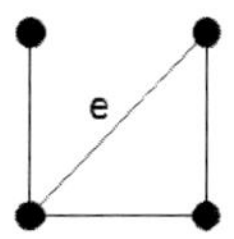

G

먼저 주어진 모서리 e에 대하여 $G-e$는 다음과 같이 점의 개수가 4개인 수형도이다.

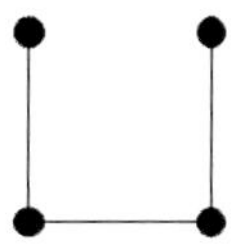

$G-e$

또한 $G\cdot e$는 다음과 같이 점의 개수가 3개인 수형도이다.

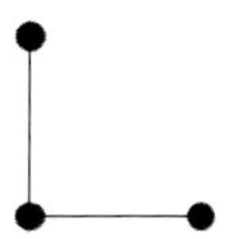

$G\cdot e$

$P(G-e,\lambda)$와 $P(G\cdot e,\lambda)$는 예시 1에 의하여 다음과 같음을 알 수 있다.

$$P(G-e,\lambda)=\lambda(\lambda-1)^3$$

$$P(G\cdot e,\lambda)=\lambda(\lambda-1)^2$$

따라서 채색다항식의 제거-축약 정리에 의하여 $P(G,\lambda)$는 다음과 같다.

$$P(G,\lambda)=P(G-e,\lambda)-P(G\cdot e,\lambda)=\lambda(\lambda-1)^3-\lambda(\lambda-1)^2=\lambda(\lambda-1)^2(\lambda-2)$$

이제 순환그래프 C_n에 대하여 $P(C_n,\lambda)=(\lambda-1)^n+(-1)^n(\lambda-1)$이 성립함을 증명하자.

| 증명 |

점의 개수 n에 대한 수학적 귀납법을 사용한다. 우선 $n=3$일 때 다음 식이 성립하는 것은 자명하다.

$$P(C_3,\lambda)=(\lambda)(\lambda-1)(\lambda-2)=(\lambda-1)^3+(-1)^3(\lambda-1)$$

이제 $P(C_n,\lambda)=(\lambda-1)^n+(-1)^n(\lambda-1)$이 성립한다고 가정하자. e는 C_{n+1}의 모서리라고 하자. 채색다항식의 제거-축약 정리에 의하여, 다음의 식이 성립한다.

$$P(C_{n+1},\lambda)=P(C_{n+1}-e,\lambda)-P(C_{n+1}\cdot e,\lambda)$$

이때, $C_{n+1}-e$는 수형도이므로 $P(C_{n+1}-e,\lambda)=\lambda(\lambda-1)^n$이고,

$C_{n+1}\cdot e=C_n$이므로 수학적 귀납법의 가정에 따라 다음 식이 성립한다.

$$P(C_{n+1}\cdot e,\lambda)=P(C_n,\lambda)=(\lambda-1)^n+(-1)^n(\lambda-1)$$

따라서 다음이 성립한다.

$$\begin{aligned}P(C_{n+1},\lambda)&=P(C_{n+1}-e,\lambda)-P(C_{n+1}\cdot e,\lambda)\\&=\lambda(\lambda-1)^n-(\lambda-1)^n+(-1)^n(\lambda-1)\\&=(\lambda-1)^n+(-1)^n(\lambda-1)\end{aligned}$$ □

다음은 채색다항식에 대한 정리이다.

정리 5-10-10 점의 개수가 n이고 모서리의 개수가 m인 그래프 G에 대하여 다음이 성립한다.

(1) $P(G,\lambda)$는 최고차수는 n인 모닉(monic)다항식이다.

(2) $P(G,\lambda)$의 $n-1$차항의 계수는 m이고 상수항의 계수는 0이다.

(3) $P(G,\lambda)$의 i차항의 계수는 $(-1)^{n-i}$이다.

| 증명 |

모서리의 개수 m에 대하여 수학적 귀납법을 사용하도록 한다.

우선 $m=1$일 때 $P(G,\lambda)=x^n$이므로 위의 명제들은 자명하게 성립한다. 이제 위의 명제들이 모서리의 개수 m에 대하여 성립한다고 가정하자. G을 모서리의 개수가 $m+1$인 그래프라 하자. 그래프 $G-e$와 $G\cdot e$의 점의 개수는 각각 n개, $n-1$개이고, 그래프 G의 적당한 모서리

e에 대하여 $G-e$와 $G \cdot e$의 모서리의 개수는 모두 m개 이하이므로, 수학적 귀납법의 가정에 의하여 다음이 성립한다.

$$P(G-e,\lambda)=x^n-(m)x^{n-1}+\cdots+(-1)^n\times 0$$
$$P(G\cdot e,\lambda)=x^{n-1}-\cdots+(-1)^{n-1}\times 0$$

따라서 채색다항식의 축약-제거 정리에 의하여 다음이 성립한다.

$$\begin{aligned}&P(G,\lambda)=P(G-e,\lambda)-P(G\cdot e,\lambda)\\&=x^n-(m)x^{n-1}+\cdots+(-1)^n\times 0-(x^{n-1}-\cdots+(-1)^{n-1}\times 0)\\&=x^n-mx^{n-1}+\cdots(-1)^n\times 0\end{aligned}$$

그러므로 위의 명제가 성립한다. □

[예 시]

앞선 예시에서 아래의 그래프 G의 채색다항식이 아래와 같음을 확인하였다.

$$P(G,\lambda)=\lambda(\lambda-1)^2(\lambda-2)$$

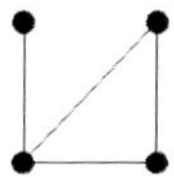

G

이를 전개하면 다음과 같은 모닉다항식이며 최고차항의 계수는 점의 개수인 4이다.

$$P(G,\lambda)=\lambda(\lambda-1)^2(\lambda-2)=\lambda^4-4\lambda^3+5\lambda^2-2\lambda$$

또한 상수항은 0이다. 마지막으로 각 차항의 부호는 +와 -가 번갈아가며 나타나는 것을 확인할 수 있다.

다음은 채색다항식의 계수에 대한 정리이다. 증명은 생략하도록 한다.

정리 5-10-11 G가 점의 개수가 2개 이상인 그래프이면, 다음이 성립한다.

(1) $P(G,\lambda)$의 1차항의 계수가 1 이상임은 G가 연결 그래프이기 위한 필요충분조건이다.

(2) $P(G,\lambda)$의 1차항의 계수가 1임은 G가 수형도이기 위한 필요충분조건이다.

(3) $(\chi(G)-1)!$은 1차항의 계수를 약수로 갖는다.

(4) $P(G,\lambda)$의 1차항의 계수가 홀수임은 G가 연결 그래프이고 이분그래프이기 위한 필요충분조건이다.

[예 시]

(i) 다음 그래프 G의 채색다항식을 구해보도록 한다.

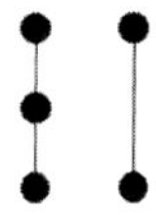

G

먼저 G의 부분그래프 중 점의 개수가 3개인 수형도를 T_3, 점의 개수가 2개인 수형도를 T_2라 하자. 점의 개수가 n개인 수형도의 채색 다항식은 $\lambda(\lambda-1)^{n-1}$이므로, 두 개의 부분그래프의 채색 다항식은 각각 $P(T_3,\lambda)=\lambda(\lambda-1)^2$, $P(T_2,\lambda)=\lambda(\lambda-1)$

이다. T_3의 임의의 채색에 대하여 T_2의 모든 채색이 가능하므로, 곱의법칙에 의하여 그래프 G의 채색 다항식은 다음과 같다.

$$P(G,\lambda)=P(T_3,\lambda)\times P(T_2,\lambda)=\lambda(\lambda-1)^2\times\lambda(\lambda-1)=\lambda^5-3\lambda^4+3\lambda^3-2\lambda^2$$

따라서 그래프 G의 1차항의 계수는 0이다. 그래프 G는 연결 그래프가 아니므로, 1차항의 계수가 1보다 작음을 확인할 수 있다. 마찬가지로, 1차항의 계수가 0이므로, 그래프 G는 수형도가 아님을 확인할 수 있다.

(ii) 다음 그래프 G의 채색 다항식을 구해보도록 한다.

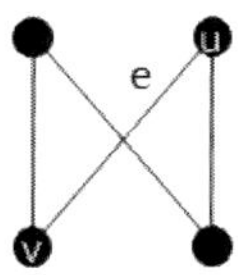

그래프 G의 모서리 $e=uv$에 대하여 $G-e$와 $G\cdot e$는 각각 점의 개수가 4개인 수형도, 점의 개수가 3개인 순환로이므로 다음이 성립한다.

$$P(G-e,\lambda)=\lambda(\lambda-1)^3$$

$$P(G\cdot e,\lambda)=(\lambda-1)^3-(\lambda-1)$$

따라서 채색다항식의 제거-축약 정리에 의하여 다음이 성립한다.

$$P(G,\lambda)=P(G-e,\lambda)=\lambda(\lambda-1)^3-((\lambda-1)^3-(\lambda-1))=\lambda^4-4\lambda^3+6\lambda^2-3\lambda$$

그래프 G는 연결 그래프이고 이분그래프이고, 그래프 G의 채색다항식의 1차항의 계수는 홀수임을 확인할 수 있다.

(iii) 앞선 예시에서 아래의 그래프 G의 채색다항식이 아래와 같음을 확인하였다.

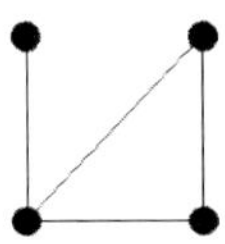

G

$$P(G,\lambda)=\lambda(\lambda-1)^2(\lambda-2)=\lambda^4-4\lambda^3+5\lambda^2-2\lambda$$

그래프 G는 연결 그래프이지만 이분그래프가 아니다. 따라서 1차식의 계수는 짝수이다.

□ **Tip: 4색 정리와 컴퓨터를 이용한 증명**

4색 정리는 드모르간의 제자인 구드리(Francis Guthrie)가 1852년 당시 영국의 지도를 주 별로 구별되게 4가지 색만으로 채색할 수 있다는 것을 직접 체험하면서 이러한 사실이 임의의 평면 지도에서도 일반화 될 수 있을 것인가에 대한 질문을 던지게 된 것으로 시작되었다. 이후 4반세기가 지난 1879년에서야 비로소 4색 문제는 케일리(Arthur Cayley)의 논문[30]에 의해서 수학계에 제기되었다. 이후 100년간 많은 수학자가 증명에 도전하였고 초반에는 몇 몇 수학자들에 의해 4색 정리가 증명되었다고 믿게 된 경우도 있었으나 줄 곧 실패로 이어졌다. 한편 이러한 치열한 논쟁은 1891년 패터센(Julius Petersen)에 의해 5색 정리의 완전한 증명을 끌어낼 수도 있었다. 즉 최대 다섯 가지 색깔로 임의의 평면지도를 나라들이 서로 구별되게 채색할 수 있다는 정리를 증명한 것이다.

이후 답보 상태에 머물렀던 4색 정리는 컴퓨터의 발전과 아울러 전혀 새로운 체계의 증명이 될 수 있는 여지가 보이기 시작했다. 드디어 1979년 미국 일리노이대학 어바나-샴페인의 아펠(Kenneth Ira Appel)이 하켄과 함께 이전 독일 수학자 해쉬(Heinrich Heesch)에 의해서 제시된 수학적 문제의 컴퓨터적 증명방법에 코흐 (Koch)의 알고리즘을 이용하여 4색 정리의 증명에 성공하였다. 그들은 존재 가능한 거의 무한개의 지도를 1936개의 기본 패턴으로 단순화시켰고 이들의 각각이 4색으로 채색될 수 있음을 컴퓨터로 구현하였다. 이런 기본 패턴에 대해서만 4색 채색성을 밝힐 수 있다면 모든 평면그래프에서도 4색 채색이 된다는 것이 통계적으로 성립한다는 점을 적극 채택하면서 이 문제를 증명할 수 있었던 것이다. 물론 어마어마한 시간을 컴퓨터와 수작업에 쏟아야 했고 결국은 500페이지 분량의 그래프 채색 수작업 결과를 동반한 증명을 제시할 수 밖에 없었던 것이다.

이러한 그들의 증명은 전통적인 수학적 증명과는 사뭇 달랐기에 동 시대 수학자들(현 시대의 수학자도 포함)에 의해 비판적인 시선을 종종 받을 수 밖에 없었다. 실제 아펠은 현대의 기적인 동시에 근심거리가 될 수도 있는 컴퓨터의 학습을 통한 지적 능력에 대해서 고백하기도 했다. 그래프 이론의 대가인 그레이엄은 다음과 같이 수학문제의 컴퓨터를 이용한 증명에 대해 비판하고 있다.

“리만 가설이 맞는 것인지 컴퓨터에게 물어보았다고 합시다. 그런데 컴퓨터가 "네, 맞습니다. 그런데 그 이유를 설명한다 해도 당신은 이해하지 못할 것입니다."라 대답한다면, 이 얼마나 황당하고 기죽는 일이겠습니까?”([31] 참조)

5.11 램지 수(Ramsey number)

영국의 천재 수학자 램지가(Frank Plumpton Ramsey, 1903~1930) 남긴 논문이 시초가 되어 에어디쉬(Paul Erdos, 1913~1996)에 의하여 발전된 램지이론에 관하여 살펴보기로 한다. 먼저, 수학적 정의로 시작하여 낮은 변수에 관한 램지수의 도출에 관한 증명을 살펴보도록 하자. 램지수(Ramsey number)는 다음과 같이 정의한다.

자연수 s와 t에 대하여, 램지수 $R(s,t)=r$이란, 위수가 n인 임의의 그래프 G가 완전그래프 K_s 또는 여완전그래프 $\overline{K}_t$를 반드시 부분그래프로 갖게 되는 최소 정수가 r임을 뜻한다. 이를 집합의 용어를 빌어 간단하게 정의하면 다음과 같다. $\mathbb{G}_n$을 위수가 n인 모든 (번호없는)그래프의 집합이라고 할 때,

$$R(s,t)=\min\left\{n\in\mathbb{N} : \forall\, G\in\mathbb{G}_n\ [(K_s \le G)\vee(\overline{K_t}\le G)]\right\}$$

일반적으로 잘 알려진 램지수에 관한 부등식(램지수 삼각형 부등식)은 다음과 같다.

정리 5-11-1 $R(s,t) \le R(s-1,t)+R(s,t-1)$

정의에 의하면 가장 간단한 변수 $s=t=2$에 대하여 $R(2,2)=2$임을 쉽게 알 수 있다. 이제, 램지가 16세에 해결했다고 알려진 $R(3,3)=6$임을 증명해보자.

정리 5-11-2 $R(3,3)=6$

| 증명 |

(1) $R(3,3)>5$를 증명하자.

그래프 C_5(위수가 5인 사이클그래프)는 K_3과 $\overline{K_3}$ 모두를 부분그래프로 포함하지 않으므로 $R(3,3)>5$이다.

(2) $R(3,3)\le 6$을 증명하자.

그래프 G를 위수가 6인 그래프라고 하고, $x\in V(G)$라 하자. $|V(G)-\{x\}|=5$ 이므로 비둘기집의 원리(정리 1-3-2)에 의하여 $|N(x)|\ge 3$ 혹은 $|\overline{N(x)}|\ge 3$이 성립한다. 일반성을 잃지 않고, $|N(x)|\ge 3$라고 가정하고, 서로 다른 y,z,w가 $N(x)$의 원소라고 하자. 그래프 G가 $\overline{K_3}$를 포함하지 않는다고 가정하면, $G_{\{y,z,w\}}$는 $\overline{K_3}$가 아니므로 $G_{\{y,z,w\}}$는 적어도 하나의 선을 갖는다. 일반성을 잃지 않고, 그 선을 yz이라고 하면, $y,z\in N(x)$이므로 $\{yz, xy, xz\}\subset E(G)$이다. 따라서 $G_{\{x,y,z\}}$는 K_3을 이루므로 그래프 G는 K_3을 포함한다. □

일반적으로 $R(s,t)=r$임을 증명하는 방법은 정리 5-11-2의 증명에서 보았듯이 다음과 같은 절차에 따른다.

(i) 램지그래프의 구현:

K_s를 포함하거나 $\overline{K_t}$를 포함하는 위수가 $r-1$인 그래프 G를 제시함으로써 $R(s,t)>r-1$임을 증명한다. 이때, 이 그래프 G를 (s,t)-램지그래프라고 부른다.

(ii) $R(s,t)\le r$의 연역적 증명:

위수 r인 모든 그래프가 K_s 또는 $\overline{K_t}$를 포함함을 연역적으로 증명한다. 위수 r인 모든 그래

프가 K_s 또는 $\overline{K_t}$를 포함하면 위수가 r이상인 모든 그래프도 K_s 또는 $\overline{K_t}$를 포함하기 때문에 이 증명은 $R(s,t) \le r$을 보이기에 충분하다.

이제 위의 단계에 따라 $R(3,4)=9$임을 증명하도록 하자.

정리 5-11-3 $R(3,4)=9$.

| 증명 |

(I) 위수 8인 (3,4)-램지그래프를 구현함으로서 $R(3,4)>8$임을 증명하자. (이 그래프를 서큘런트 그래프(circulant graph)라고 한다.)

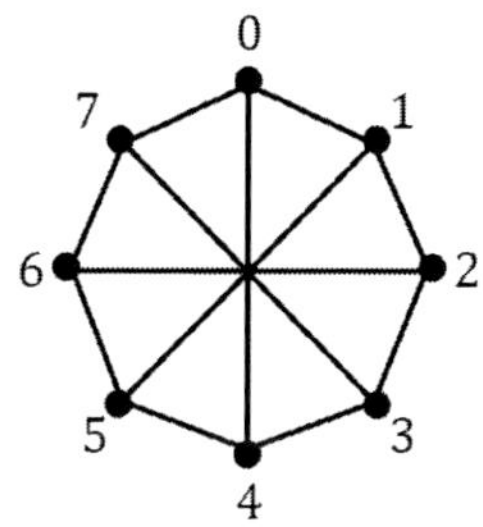

그림 261 (3,4)-램지 그래프

다음 방법에 따라 위수 8인 그래프 G를 구현하자.

(i) $V(G)=\{0,1,2,3,4,5,6,7\}$

(ii) $E(G)=\{ij : |i-j| \equiv 1 \text{ or } 4 (\text{mod } 8),\ i,j \in V(G)\}$

이 그래프 G의 모서리의 정의에 따라 G는 K_3와 $\overline{K_4}$를 모두 포함하지 않음을 쉽게 알 수 있다.(증명은 연습문제로 남긴다) 따라서 $R(3,4) \ge 9$이다.

그래프 G는 K_3와 $\overline{K_3}$를 부분그래프로 포함하지 않으므로 $R(3,3)>5$이다.

(II) $R(3,4) \le 9$임을 증명하자.

그래프 G를 위수가 9인 그래프라고 하면 다음의 세 가지 경우 중 하나를 만족시킨다.

(i) $|N(x)| \le 2$을 만족하는 적당한 $x \in V(G)$가 존재하는 경우.

(ii) $|N(x)| \ge 4$을 만족하는 적당한 $x \in V(G)$가 존재하는 경우.

(iii) 모든 $x \in V(G)$에 대하여 $|N(x)|=3$인 경우.

각 경우에 대하여 명제가 참임을 증명하자.

(i) $|N(x)| \le 2$이면 $|\overline{N}(x)| \ge 6$이다. 이때 $G_{\overline{N}(x)}$는 위수가 6 이상인 그래프이고 $R(3,3)=6$이므로 그래프 $G_{\overline{N}(x)}$는 K_3 또는 $\overline{K_3}$를 부분그래프로 포함한다. 그래프 $G_{\overline{N}(x)}$가 K_3를 포함하면 그래프 G 또한 K_3를 포함한다. 한편 그래프 $G_{\overline{N}(x)}$가 $\overline{K_3}$를 포함하면

$G_{\overline{N(x)\cup\{x\}}}$는 $\overline{K_4}$를 포함하므로 그래프 G 또한 $\overline{K_4}$를 포함한다.

(ii) $|N(x)| \geq 4$이면 $G_{N(x)}$는 K_2를 포함하거나 $\overline{K_4}$를 포함한다. 이는 그래프 $G_{N(x)\cup\{x\}}$가 K_3를 포함하거나 $\overline{K_4}$를 포함하는 것을 의미한다. 따라서 그래프 G는 K_3를 포함하거나 $\overline{K_4}$를 포함한다.

(iii) 모든 $x\in V(G)$에 대하여 $|N(x)|=3$라고 가정하자. 오일러의 그래프 차수에 관한 공식(정리 5-2-4)에 따라 $\sum_{v\in V(G)} \deg(v) = 2|E(G)|$이므로 $\sum_{v\in V(G)} \deg(v)$은 짝수인 반면, $|V(G)|=9$이므로 $\sum_{v\in V(G)} \deg(v) = 3\times 9 = 27$인 홀수가 되어 모순이다.

(i) ~ (iii)에 의하여 $R(3,4) \leq 9$이다. □

정리 5-11-4 $R(4,4)=18$

| 증명 |

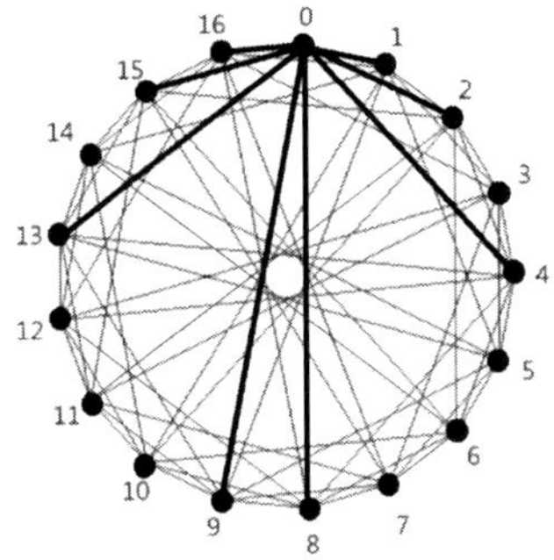

그림 262 (4,4)-램지그래프

(I) 아래 방법에 따라 정의된 위수 17인 그래프 G는 (4,4)-램지그래프가 된다.

(i) $V(G)=\{0,1,2,3,4,5,6,7,8,9,10,11,12,13,14,15,16\}$

(ii) $E(G)=\left\{ij : |i-j| \equiv 2^k \pmod{17},\ \forall k\in\mathbb{N},\quad i,j\in V(G)\right\}$

그림 262은 위의 방법에 따라 구한 G의 형태이며, 여기서 G는 K_4와 $\overline{K_4}$를 모두 포함하지 않음을 알 수 있다. 따라서 $R(4,4) \geq 18$임이 증명 되었다.(증명은 연습문제로 남긴다)

(II) $R(4,4) \leq 18$을 증명하자.

그래프 G를 위수가 18인 그래프라고 하고, $x\in V(G)$라 하자. $|V(G)-\{x\}|=17$ 이므로 비둘기집의 원리(정리 1-3-2)에 의하여 $|N(x)| \geq 9$ 혹은 $|\overline{N(x)}| \geq 9$가 성립한다. 일반성을 잃지 않고, $|N(x)| \geq 9$라고 가정하면, $R(3,4)=9$이므로 $G_{N(x)}$는 K_3을 부분그래프로 포함하거나 $\overline{K_4}$를 부분그래프로 포함한다. $G_{N(x)}$가 K_3을 부분그래프로 포함한다고 가정하고 그 K_3를 이

루는 점을 $y, z, w \in V(G_{N(x)})$라고 하면 $G_{\{x,y,z,w\}}$는 K_4를 이룬다. 그러므로 그래프 G는 K_4를 부분그래프로 포함한다. 마찬가지로, $G_{N(x)}$가 $\overline{K_3}$를 부분그래프로 포함하는 경우도 그래프 G는 $\overline{K_4}$를 부분그래프로 포함한다.

(I)과 (II)에 의하여 $R(4,4)=18$이다. □

위의 증명을 살펴보면 램지수의 하한을 구하기 위해서 램지그래프를 구현해야만 한다. 하지만 이를 위한 체계적이고도 대수적인 방법은 아직 밝혀지지 않고 있다. 따라서 컴퓨터의 보다 효율적인 알고리즘을 개발하여 주어진 위수에 대한 모든 그래프가 램지그래프인지 개별적으로 확인하는 수밖에 없다. 예를 들어 위수가 5인 경우 직관에 의하여 간단히 (3,3)-램지그래프를 C_5로 구현할 수 있었으나 컴퓨터만을 이용한다고 하면 위수 5의 32,768개의 그래프 각각에 대하여 K_3와 $\overline{K_3}$를 포함하는지를 확인하여 (3,3)-램지그래프를 제시해야한다. 정리 5-11-4에 제시된 (4,4)-램지그래프의 경우에도 정리에서 주어진 대수적 구현 방법이 없었다면

$$2^{\binom{17}{2}} = 2^{136} = 87112285931760246646623899502532662132736$$

가지의 위수 17인 그래프 각각이 K_4와 $\overline{K_4}$를 포함하고 있는지를 일일이 확인하여야 한다. 실제로 $R(4,5)=25$의 경우 해당 램지그래프에 대한 대수적 구현 방법은 밝혀지지 않고 있으며 실제로 컴퓨터를 이용하여 (4,5)-램지그래프를 추출하였다. 이에 대한 자세한 알고리즘에 대해서는 참고문헌 Brendan D. McKay, Stanislaw P. Radziszowski(1995) [12]를 참조한다.

아래 표는 현재까지 알려진 램지수와 그 범위에 대하여 요약하고 있다.(표 245에서 (t,s)-성분은 $R(s,t)$를 의미한다. 또한 표의 대각선 위의 성분을 공란으로 비워둔 이유는 $R(s,t)=R(t,s)$이기 때문이다)

t \ s	1	2	3	4	5	6	7	8	9	10
1	1									
2	1	2								
3	1	3	6							
4	1	4	9	18						
5	1	5	14	25	43~49					
6	1	6	18	36~41	58~87	102~165				
7	1	7	23	49~61	80~143	113~298	205~540			
8	1	8	28	58~84	101~216	132~495	217~1031	282~1870		
9	1	9	36	73~115	126~316	169~780	241~1713	317~3583	565~6588	
10	1	10	40~42	92~149	144~442	179~1171	289~2826	331~6090	581~12677	798~23556

표 245 알려진 램지수

(출처 : http:\\en:wikipedia:org=wiki=Ramsey0s theorem)

연 습 문 제 5.11

1. 그래프 $G=(V,E)$를 다음과 같이 정의하면 G는 K_3와 $\overline{K_4}$를 부분그래프로 모두 포함하지 않음을 증명하라.
   (i) $V(G)=\{0,1,2,3,4,5,6,7\}$
   (ii) $E(G)=\{ij : |i-j| \equiv 1 \text{ or } 4 \pmod 8) \ where\ i,j \in V(G)\}$

2. 다음 방법에 따라 위수 17인 그래프 G를 정의하면, G는 (4,4)-램지그래프임을 증명하라.
   (i) $V(G)=\{0,1,2,3,4,5,6,7,8,9,10,11,12,13,14,15,16\}$
   (ii) $E(G)=\{ij : |i-j| \equiv 2^k \pmod{17},\ \forall k \in \mathbb{N}\ where\ i,j \in V(G)\}$

3. $R(4,5)=25$임을 이용하여, $R(5,5) \le 50$임을 증명하라.

4. $R(s,t) \le R(s-1,t)+R(s,t-1)$임을 증명하라.

5. $R(s,t)=R(t,s)$임을 증명하라.

5.12 드브르인(de Bruijn) 수열과 오일러 회로(Euler circuit)

이 절에서는 윈도우 성질(window property)이라 부르는 특수한 성질을 만족시키는 유한 수열을 오일러 그래프를 이용하여 구현하고자 한다.

드브르인 수열(De Bruijin sequence)이라 부르는 이 수열은 네덜란드의 수학자 드브르인이 1948년 제시한 이후, 60년간 리즈(Rees) 등에 의하여 모든 변수에 관한 드브르인 수열의 존재성 및 다양한 구현방법이 개발되어 왔다. 이런 드브르인 수열은 암호학의 한 분야인 스트림 사이퍼(stream cypher)의 근간을 이루고 있고, 또한 부호론(coding theory)의 순환부호(cyclic codes)의 구성에 쓰이고 있다. 또한 이 수열의 이 차원으로 확장된 배열인 PM(periodic perfect map)은 과거 양방 송수신 위치확인시스템(GPS)의 부호로 활용되었다.

□ 수열의 표현과 윈도우

먼저 무한수열, 유한수열, 주기수열, c개의 문자를 성분으로 하는 수열 등, 각 종류의 수열을 구별하여 다음과 같이 엄밀하게 표현한다.

[수열 a_n의 표현]

수열 a_n의 표현은 무한한 성분을 가진 벡터 표현(혹은 행렬표현)을 빌어

$$A=(a_n)=(a_0,\ a_1,\ \cdots\ )$$

으로 표시하기로 한다. 일반적으로 수열은 이와 같이 무한수열을 의미하는 반면에, 유한개의 항으로 된 수열은 따로 구별하여 유한수열이라고 부른다. 특히, 길이가 m인 유한수열은 $(a_0,\ a_1,\ \cdots,\ a_{m-1})$으로 나타낸다. 수열 (a_n)의 첫째 항은 a_0로부터 시작하는 것이 관례다.

[주기수열 a_n]

이제 주기 수열에 관해서 알아보도록 하자. 모든 $n=0,\ 1,\ \cdots$에 관하여 $a_n=a_{n+T}$를 만족하는 자연수 T가 존재하는 수열 (a_n)을 **주기수열(periodic sequence)**이라하고, 이때, $a_n=a_{n+T}$을 만족하는 최소 자연수 T를 (a_n)의 **주기(period)**라 한다. 또한 주기가 T인 주기수열 (a_n)은 $\langle a_0,\ a_1,\ \cdots,\ a_{T-1}\rangle$로 표시하도록 하며, 길이가 T인 유한수열 $(a_0,\ a_2,\ \cdots,\ a_{T-1})$과 구별해서 쓰도록 한다.

[c진-수열 a_n]

수열 (a_n)이 c**진-수열**이라 함은, 모든 $n=0,\ 1,\ \cdots$에 관하여 (a_n)의 각 항이 $\{0,\ 1,\ \cdots,\ c-1\}$의 한 원소로 되어 있음을 의미한다. 여기서 기호의 간결성을 위하여 자연수 $c\geq 2$에 대하여 $\{0,\ 1,\ \cdots,\ c-1\}=N_c$으로 표시하기로 하자.

[수열의 윈도우]

수열 (a_n)에 속하는 길이가 v인 (a_n)의 연속된 유한 부분수열을 각각 (a_n)의 v-**윈도우(window)**라 한다. 특히 윈도우는 주기 수열에서 그 의미가 크다. 예를 들어 주기를 5로 가지는 주기수열 $\langle a_n \rangle = \langle 0,\ 2,\ 4,\ 1,\ 3 \rangle$에서 다음은 각각 3-윈도우이다.

$$(0,\ 2,\ 4),\ (2,\ 4,\ 1),\ (4,\ 1,\ 3),\ (1,\ 3,\ 0),\ (3,\ 0,\ 2)$$

따라서 $\langle a_n \rangle$은 총 5개의 각기 다른 3-윈도우를 가진다.

□ 드브르인 수열

다음 조건을 만족시키는 c-진 주기 수열 $B = \langle b_n \rangle$을 $\boldsymbol{c}$-진 $\boldsymbol{v}$-드브르인 수열이라 한다. c-진 주기 수열 B의 한 주기 안에, 길이가 v인 c-진 수열 모두가 B의 v-윈도우로 단 한 번씩 존재한다.

[예 시]

가장 간단한 드브르인 수열은 다음과 같은 2-진 2-드브르인 수열이다.

$$\langle 0,\ 1,\ 1,\ 0 \rangle$$

여기에서, 발견할 수 있는 2-윈도우를 차례로 나열하면 $(0,\ 1),\ (1,\ 1),\ (1,\ 0),\ (0,\ 0)$이고 이들은 위의 $N_2 = \{0,\ 1\}$의 원소로 만들 수 있는 길이가 2인 수열의 목록 $(0,\ 0),\ (1,\ 0),\ (0,\ 1),\ (1,\ 1)$과 일치한다. 그러므로 위의 수열은 2-진 2-드브르인 수열이다.

이제 주어진 변수 v에 대한 c-진 드브르인 수열을 구현(construction)하는 일반적인 방법을 알아보도록 하자. 실제로 드브르인 수열의 구현 방법은 다양하게 제시되었지만 여기서는 오일러의 회로에 관한 그래프 이론을 이용하여 드브르인 수열을 구현해 본다. 우선 2-진 4-드브르인 수열의 예를 살펴보기로 하자.

[예 시]

다음 수열 B는 순환주기가 16인 순환수열이다.

$$B = \langle 0,\ 0,\ 0,\ 0,\ 1,\ 1,\ 1,\ 1,\ 0,\ 0,\ 1,\ 0,\ 1,\ 1,\ 0,\ 1 \rangle$$

이 순환 수열에는 서로 다른 4-윈도우가 16개 존재함을 직접 확인할 수 있다. 또한 길이가 4이고 $\{0,\ 1\}$의 원소로 표현할 수 있는 서로 다른 유한수열의 개수도 16개임을 쉽게 알 수 있다. 그러므로 B는 2-진 4-드브르인 수열을 이룬다. 드브르인 수열은 순환수열이므로 회전하는 원판을 연상할 수 있다.

위의 예시에 제시된 유형의 드브르인 수열은 오일러 회로를 이용한 다음과 같은 알고리즘에 의하여 구현될 수 있다. 먼저 다음과 같이 2진 드브르인 그래프를 구현함으로써 자연스럽게 드르브인 수열을 유도해보기로 하자.

알고리즘 5-12-1 (드브르인 그래프 $\boldsymbol{G_n = (V, E)}$)

아래와 같이 정의되는 방향그래프 G_n를 드브르인 그래프라 한다.

(여기서 기호의 단순화를 위하여 방향선 표시 $\overrightarrow{uv}$ 대신 uv로 쓰기로 한다.)

(1) G_n의 점집합 V: n개의 $N_2 = \{0, 1\}$성분으로 된 위치벡터 모두를 G_n의 점집합 V로 정의한다. 즉,

$$V = \{(x_1, \cdots, x_n) \mid x_i \in N_2,\ i = 1, \cdots, n\}$$

(2) G_n의 방향선 집합 E: G의 두 점

$$X = (x_1, \cdots, x_n),\ X' = (x_1', \cdots, x_n') \in V$$

에 관하여 X를 시점으로 하고 X'을 종점으로 하는 방향선 XX'가 G_n의 방향선 집합 E의 원소가 되기 위한 필요충분조건은 다음과 같다.

$$x_{i+1} = x_i' (i = 1, 2, \cdots, n-1)$$

다시 말해서,

$$E = \{XX' \mid X = (x_1, \cdots, x_n),\ X' = (x_1', \cdots, x_n') \in V,$$
$$x_{i+1} = x_i' \text{ for } i = 1, \cdots, n-1\}$$

(3) G_n의 방향선 $XX' = (x_1, \cdots, x_n)(x_1', \cdots, x_n')$은

$$x_{i+1} = x_i' \ (i = 1, 2, \cdots, n-1)$$

이므로, 용어 사용의 편의를 위하여 방향선

$$XX' = (x_1, \cdots, x_n)(x_1', \cdots, x_n')$$

를 다음과 같은 $n+1$개의 성분을 가진 위치벡터로 나타내기로 하자.

$$XX' = (x_1, \cdots, x_n, x_n')$$

여기서, $X = (x_1, \cdots, x_n)$를 시점으로 하는 방향선 $(x_1, \cdots, x_n, x_n')$은 두 가지 뿐이다. 왜냐하면 $x_n' = 0$ 또는 1이기 때문이다. 또한 $x_1 = 0$ 또는 1이기 때문에, X를 종점으로 하는 방향선도 두 가지가 존재한다. 이를 정리하면 다음과 같이 그림 263로 나타낼 수 있다.

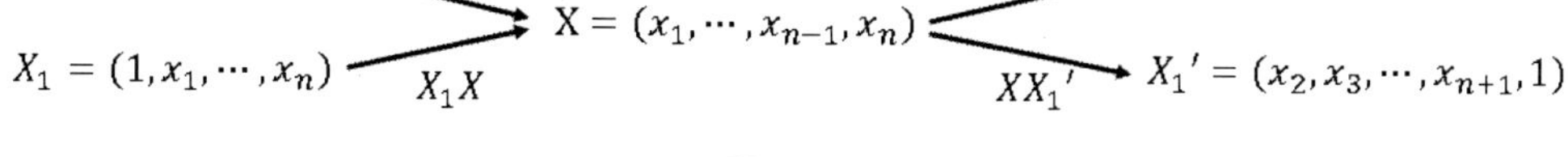

그림 263 주어진 X를 포함하는 4개의 윈도우

따라서 드브르인 그래프는 각 점에서 안차수(in-degree)와 밖차수(out-degree)가 각각 2인 차

수(degree) 4의 정규 그래프이다. 다시 말해서 그래프 G의 각각의 점은 짝수 차수(degree)를 가지므로, 정리 5-3-3에 의해 드브르인 그래프 G_n에는 오일러 회로(circuit)가 반드시 존재하고. 이는 2-진 n-드브르인 수열이다.

알고리즘 5-12-2 (2진 $\boldsymbol{n}$-드브르인 수열 $\boldsymbol{B}$의 구현)

정수 $k=1, \cdots, \alpha$에 관하여 위와 같이 정의된 드브르인 그래프 G의 점 X_k를 $X_k=(x_{k1}, \cdots, x_{kn})$라 나타내면, $X_1X_2X_3 \cdots X_\alpha$는 X_1을 시점으로 하는 G의 오일러 회로를 이룬다. 즉, 알고리즘 5-12-1로부터 다음과 같은 2진 n-드브르인 수열 B를 구현할 수 있다.

$$B=\langle x_{11}, x_{12}, \cdots, x_{1n}, x_{2n}, x_{3n}, \cdots, x_{\alpha n}\rangle$$

알고리즘 5-12-2으로 구현한 2-진 n-드브르인 수열 B의 주기는 $n+\alpha-1=2^n$임을 자연스럽게 알 수 있다. 이제 위의 구현법을 적용하여 다음과 같은 여러 변수의 드브르인 수열을 만들어 보자.

[예 시]

(1) 4-진 2-드브르인 수열:

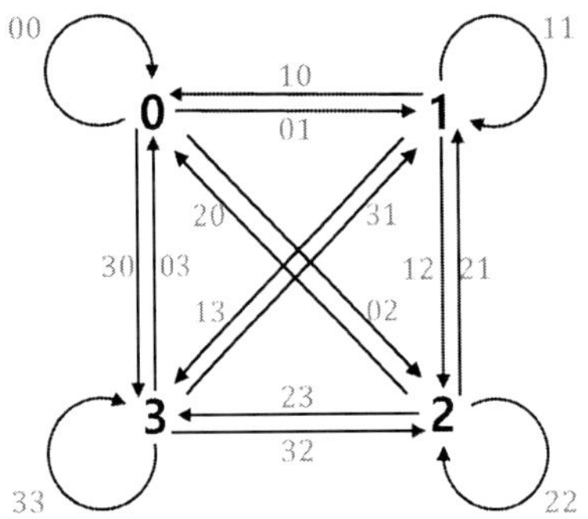

그림 264 4-진 2-드브르인 수열

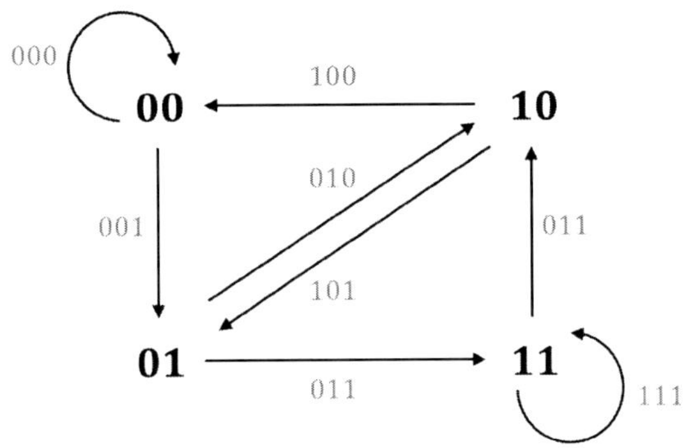

그림 265 이진 3-드브르인 그래프

그림 264는 알고리즘 5-12-1에 의해 그린 4개의 점으로 이루어진 드브르인 그래프로이다. 이로부터 0을 시점으로 만들어진 오일러 회로를 구하면 다음과 같다.

$$(0)\to(0)\to(1)\to(1)\to(0)\to(2)\to(2)\to(0)\to(3)$$
$$\to(3)\to(1)\to(3)\to(2)\to(1)\to(2)\to(3)\to(0)$$

따라서 알고리즘 5-12-2에 따라 구현된 4-진 2-드브르인 수열은 다음과 같다.

$$\langle 00110220331321 23\rangle$$

위의 4-진 2-드브르인 수열의 구현법은 임의의 자연수 c에 대해 c-진 2-드브르인 수열의 구현으로 일반화 될 수 있다. 알고리즘 5-12-1로부터 해당 드브르인 그래프 G를 그릴 수 있고, G 위에서 오일러 회로 찾아내는 방법은 정리 5-3-3에서 제시한 방법으로 일반화할 수 있기 때문이다. 연습문제로 다음과 같은 6-진 2-드브르인 수열을 구현할 수 있는 방법을 찾기 바란다.

$$B = \langle\, 001102203304405515253541424313212345 \,\rangle$$

(2) 2-진 3-드브르인 수열:

위의 그림 265은 4개의 점으로 이루어진 드브르인 그래프를 그린 것이다. 알고리즘 5-12-1에 따라 0을 시점으로 오일러 회로를 만들면 다음과 같다.

$$(0\,0) \to (0\,0) \to (0\,1) \to (1\,1) \to (1\,1) \to (1\,0) \to (0\,1) \to (0\,0)$$

이로부터 구현된 2-진 3-드브르인 수열은 다음과 같다.

$$\langle\, 00111010 \,\rangle$$

(3) 2-진 4-드브르인 수열

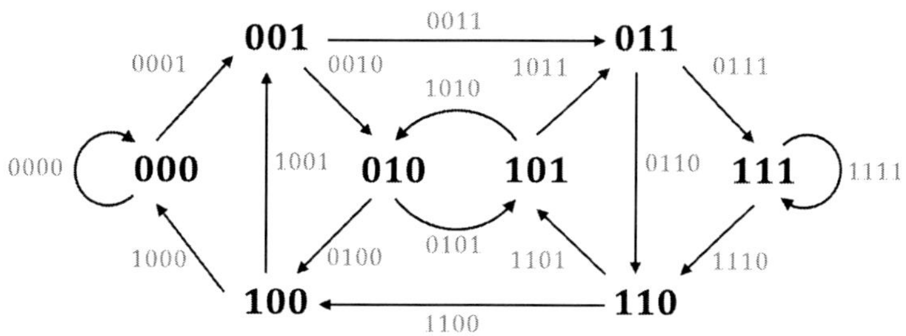

그림 266 이진 4-드브르인 그래프

위의 그림 266은 8개의 점으로 이루어진 드브르인 그래프를 그린 것이다. 알고리즘 5-12-1에 따라 000을 시점으로 오일러 회로를 만들면 다음과 같다.

$$(000) \to (000) \to (001) \to (011) \to (111) \to (111) \to (110) \to (100) \to (001)$$
$$\to (010) \to (101) \to (011) \to (110) \to (101) \to (010) \to (100) \to (000)$$

이로부터 구현된 2-진 4-드브르인 수열은 다음과 같다.

$$\langle\, 0000111100101101 \,\rangle$$

구현 가능한 2-진 드브르인 수열의 개수에 대한 다음과 같은 사실이 널리 알려져 있다. 자세한 증명은 참고자료 [32]를 참조하기 바란다.

정리 5-12-3 위와 같이 정의된 오일러 방향그래프 G_n에는 $2^{2^n - n - 1}$개의 오일러 회로가 존재한다.

위에서 정의된 오일러 그래프에 있는 서로 다른 오일러 회로는 서로 다른 드브르인 수열을 생성하게 된다. 드브르인 수열은 주기수열이므로 수열의 시점이 다르더라도 같은 드브르인 수열일 수 있다. 예를 들어, 위의 예시에서의 2-진 2-드브르인 수열 $\langle 0, 1, 1, 0 \rangle$은 $\langle 1, 1, 0, 0 \rangle$, $\langle 0, 0, 1, 1 \rangle$, $\langle 1, 0, 0, 1 \rangle$과 같은 수열이므로, 개수를 셀 때, 한 개로 수열로 센다는 점에 유의하자.

작은 크기의 n에 관한 드브르인 수열의 개수가 정리 5-12-3의 결과와 일치한다는 것을 다음 예시를 통해 확인할 수 있다.

[예 시]

(1) $n=1$ 인 경우: 정리 5-12-3에 따라 $2^{2^1-1-1}=1$개의 드브르인 수열이 존재해야 한다. 실제로, 드브르인 수열이 주기수열임을 고려하여 위에서 예시한 $\langle 0\ 1\ 1\ 0 \rangle$은 유일한 2진 2-드브르인 수열이다.

(2) $n=2$인 경우: 정리 5-12-3에 따라 $2^{2^2-2-1}=2$개의 서로 다른 2-진 3-드브르인 수열이 존재한다. 실제로 꼭지점 $V=\{(00),\ (01),\ (10),\ (11)\}$인 드브르인 그래프에서 다음과 같은 서로 다른 오일러 회로가 존재하고 이는 서로 다른 두 종류의 드브르인 수열이 존재함을 말해준다.

$$(00)\rightarrow(00)\rightarrow(01)\rightarrow(11)\rightarrow(11)\rightarrow(10)\rightarrow(01)\rightarrow(10)\rightarrow(00)\Rightarrow\langle 00111010 \rangle$$

$$(00)\rightarrow(00)\rightarrow(01)\rightarrow(10)\rightarrow(01)\rightarrow(11)\rightarrow(11)\rightarrow(10)\rightarrow(00)\Rightarrow\langle 00101110 \rangle$$

(3) $n=3$인 경우: 정리 5-12-3에 따라 $2^{2^3-3-1}=16$개의 서로 다른 2-진 4-드브르인 수열이 존재한다. 이런 16개의 드브르인 수열은 위의 예시에서 논한 것과 같은 방법으로 구해질 수 있으며 이중 몇 개를 나열하면 다음과 같다.

$$\langle 0000111100101101 \rangle,$$
$$\langle 0001010011011110 \rangle,$$
$$\langle 0001111011001010 \rangle,$$
$$\cdots$$

이진 드브르인 수열은 암호론의 한 분야인 LFSR(Linear Feed-back shift Resister)에 있어서 근간을 이룬다. 드브르인 수열은 그 알파벳의 분포가 균일하기 때문에 (이진의 경우 0과 1의 비율이 반반) 그 주기가 알려지지 않은 상태에서는 알파벳이 무작위적으로 선택되는 것처럼 보인다. 이런 성질을 가진 수열을 총칭하여 '좋은 수열'(Good sequence)라 하며 드브르인 수열은 대표적인 좋은 수열로 알려져 있다. 자세한 내용은 참고문헌 [1]'Handbook of applied cryptography, 1996, CRC Press'에서 찾아볼 수 있다.

연 습 문 제 5.12

1. (1) 3-진 2-드브르인 수열을 구현하라.
   (2) 5-진 2-드브르인 수열을 구현하라.
   (3) 7-진 2-드브르인 수열을 구현하라.

2. 알고리즘 5-12-2에 의해 구현된 드브르인 그래프 위에서 임의의 양의 정수 c에 대하여 c-진 2-드브르인 수열을 구하는 일반적인 구현법을 제시하라.

3. (1) 3-진 3-드브르인 수열을 구현하라.
   (2) 3-진 4-드브르인 수열을 구현하라.

4. 알고리즘 5-12-2에서 구한 수열은 드브르인 수열임을 증명하라.

6장.

부록 : 대수구조와 그래프

대수구조(algebraic structure)란, 주어진 집합과 함께 그 위에 이항연산(혹은 연산)이 정의되어 있으며 이들이 주어진 특수한 성질을 만족하고 있는 집합과 연산들의 쌍을 의미한다. 잘 알려진 대수구조로는 군(group, 群), 환(ring, 環), 체(field, 體), 벡터공간(vector space), 모듈(module), 등을 들 수 있다. 이 장에서는 이들 군, 환, 체에 관하여 간단히 살펴보도록 한다. 그들의 정의와 함께 간단한 예를 들어 봄으로써, 앞으로 나오는 조합수학에서 빈번히 인용되는 유용하게 쓰이는 이들 대수구조에 관한 용어와 적용에 친숙할 수 있도록 한다.

원래 이들 대수구조에 관한 내용은 수학의 전 범위에 걸친 심도 있는 주제로써 단숨에 적응하기란 거의 불가능하다. 때문에, 이 절의 내용은 대수구조의 서론의 서론 정도를 소개할 수밖에 없지만, 군은 대수구조 중에서 가장 기본이 되므로 정의뿐만 아니라 부분군과 잉여군 그리고 `셈'(counting)의 기초가 되는 라그랑쥐 정리까지 살펴보기로 한다. 이러한 군론의 개념은 환론에 있어서도 부분군은 아이디얼(ideal)로 잉여군은 잉여환으로 그 개념의 적용을 확장시키고 있고, 조합수학의 그래프나 유한기하 디자인이론과 포셋이론 등에서도 군 동형사상 즉 연산을 보존하는 함수의 개념이 그래프 동형, 디자인 동형, 사영기하의 동형이라는 접합구조의 보존 함수로 개념적 확장을 이루는 근간이 되고 있다.

체의 경우는 정보통신을 포함한 이산구조에 준용될 수 있는 수리체계의 근간이 되므로 그 정의와 함께 간단한 유한체의 예를 통하여 체에 대한 용어와 유한체의 대수구조에 대한 직관적인 이해를 돕고자 한다. 군 작용(group action), 유한군, 아이디얼 이론, 환과 체에 관한 사상, 유한체, 갈루아체에 관한 좀 더 자세한 주제에 관해서는 학부 국내 교재 '현대대수학, 박승안 김응태, 경문사'[33], 혹은 잘 알려진 영문교재 `A first course in Abstract Algebra, J. Fraleigh'[34]를 참조하기로 한다. 본 조합수학에서도 다루고 있는 치환군이나 자기동형군에 관한 내용은 D. R. Stinson의 Combinatorial Designs(Springer 2004)[35]를 참조하기 바란다.

군으로 바로 들어가기에 앞서 주어진 집합 위에서 정의된 이항연산에 관하여 정의하기로 한다. 공집합이 아닌 집합 A에 관하여 다음과 같이 정의된 함수 $\circ$를 A위에서 정의된 이항연산(binary operation)이라고 한다. (혹은 혼선의 여지가 없을 때는 간단히 연산이라고 부르자.)

$$\text{임의의 } a,b \in A\text{에 대하여 } \circ : A \times A \to A, \quad \circ(a,b) = a \circ b.$$

집합 A 위에 이항연산 $\circ$이 정의되어 있을 때, 이를 "A는 $\circ$에 대하여 닫혀 있다(A is closed under $\circ$)"라고 표현한다. 쉽게 볼 수 있는 이항연산은 실수의 집합 $\mathbb{R}$이나 정수의 집합 $\mathbb{Z}$에서 정의된 +, $\times$ 등을 들 수 있다.

□ 군(group)

여기서는 대수구조 가운데 가장 기본적이면서도 그 구조가 치밀한 군(group)이라는 구조에 관하여 간단히 살펴보기로 하자. 군은 집합 위에서 정의된 하나의 이항연산에 관하여 닫혀있고 결합법칙이 성립하며 항등원이 있고 각 원소의 역원이 존재하는 대수구조를 뜻한다. 군은 집합 위에 고려되는 이항연산이 하나뿐이라는 점에서 앞으로 소개될 환(ring)과 체(field) 같은 두 개의 이항연산을 포함하는 대수구조와 차이를 갖는다. 군에 관한 엄밀한 정의는 다음과 같다.

정의 A1 집합 G 위에 이항연산 $\circ$이 정의되어 있을 때, 다음을 만족하는 $(G, \circ)$을 군(group)이라고 정의한다.

G1.결합법칙(associative law):

$$\forall\ a,b,c \in G\ [a \circ (b \circ c) = (a \circ b) \circ c].$$

G2.항등원(identity): $\exists\ e \in G\ [\forall\ a \in G\ [a \circ e = e \circ a = a]$.

G3.역원(inverse): $\forall\ a \in G\ \exists\, b \in G\ [a \circ b = b \circ a = e]$.

집합 G 위에서 이항연산 $\circ$가 G1을 만족하면 이를 반군(semigroup)이라 부른다. 위의 G2를 만족하는 $e \in G$를 군 $(G, \circ)$의 항등원(identity)이라고 한다. 또한 각각의 원소 $a \in G$에 대하여 G3을 만족하는 $b \in G$를 a의 역원(inverse)이라고 하며 a^{-1}로 나타내기로 하자. 특히 이항연산이 우리에게 잘 알려진 + 이면 a의 역원을 a^{-1}로 나타내며, 이러한 군을 덧셈군(additive group)이라고 부른다.

군 $(G, \circ)$이 다음 G4를 만족할 때, 이를 수학자 아벨(Abel)의 이름을 빌어서 가환군(Abelian group)이라고 한다. (그러므로 위의 덧셈군은 가환군이다.)

G4.가환법칙(Abelian law) : $\forall\ a, b \in G,\ a \circ b = b \circ a.$

군 $(G, \circ)$에서 $a \in G$라 하면 $a^0 = e$(항등원), $a^1 = a$로 정의하며, 자연수 n에 관하여 $a^n = a^{n-1} \cdot a$ 으로 정의하기로 한다. 즉, $a^n = a \circ a \circ \cdots \circ a$ (a가 n개)를 의미한다. 이제 군이 만족하는 기본적인 성질에 관하여 먼저 살펴보기로 하자.

정리 A2 군 $(G, \circ)$에 관하여 다음 사실이 성립한다.

(1) 항등원 e는 유일하게 존재한다.

(2) 임의의 $a \in G$에 관하여 a^{-1}는 유일하게 존재한다. 또한 $a,b \in G$에 관하여 $(a \circ b)^{-1} = b^{-1} \circ a^{-1}$이 성립한다.

(3) 소거법칙이 성립한다. 즉, $a,b,c \in G$에 관하여

$a \circ b = a \circ c$ 이면 $b = c$ 이고, $a \circ b = c \circ b$ 이면 $a = c$이다.

(4) 지수법칙이 성립한다. 즉, $a \in G$와 자연수 m,n에 관하여

$$(a^{-1})^n = (a^n)^{-1}, \quad a^m \circ a^n = a^{m+n}.$$

| 증명 |

(1) 군 $(G, \circ)$의 항등원을 e, f라고 가정하면 항등원의 정의에 따라 $e = e \circ f = f$이므로 항등원은 유일하다.

(2) $a \in G$의 역원을 α, β라고 가정하면 다음에 의하여 $\alpha = \beta$가 성립하므로 유일하다.

$$\alpha = \alpha \circ e = \alpha \circ (\alpha \circ \beta) = (\alpha \circ \alpha) \circ \beta = e \circ \beta = \beta.$$

또한, $(a \circ b) \circ (b^{-1} \circ a^{-1}) = a \circ (b \circ b^{-1}) \circ a^{-1} = a \circ e \circ a^{-1} = e$이므로 서로 역원관계임을 보여주고 있다.

(3) a^{-1}가 항상 존재하므로 양변에 연산을 해주면 자명하게 성립한다.

(4) 군은 결합법칙이 성립하므로 $(a^{-1})^n \circ a^n = e$이 성립한다.

군 G의 원소의 개수를 G의 위수라 하고 $|G|$로 표시한다. 집합이 어떤 이항연산에 관하여 군을 이루고 그 위수가 유한이면 이를 유한군(finite group)이라 하고, 위수가 무한이면 이를 무한군(infinite group)이라고 한다. 다음은 우리에게 친숙한 무한군의 예를 든 것이다. 증명은 연습문제로 남기기로 한다.

[무한군의 예]

1. $(\mathbb{Z}, +)$, $(\mathbb{Q}, +)$, $(\mathbb{R}, +)$, $(\mathbb{C}, +)$는 모두 가환군이다.
2. $(\mathbb{Q} - \{0\}, \times)$, $(\mathbb{R} - \{0\}, \times)$, $(\mathbb{C} - \{0\}, \times)$는 각각 가환군이다. 하지만, 예를 들어, $(\mathbb{Q}, \times)$은 군이 아니다. 왜냐하면 $0 \in \mathbb{Q}$는 곱셈에 관한 역원이 존재하지 않아 G3를 위반하기 때문이다.
3. $a\mathbb{Z}$를 정수 a의 배수 전체의 집합이라고 하면 $(a\mathbb{Z}, +)$는 군을 이룬다. 실제로, G1은 당연히 성립하며, 덧셈에 관한 항등원 0은 모든 정수의 배수이므로 $0 \in a\mathbb{Z}$이다. 따라서 G2가 성립한다. 또한 $a\mathbb{Z}$의 임의의 원소 ak (k는 적당한 정수)에 대하여 덧셈에 관한 역원 $-ak \in a\mathbb{Z}$가 존재하므로 G3가 성립한다. 또한 덧셈은 교환법칙을 만족하므로 G4도 성립한다.
4. 실수를 성분으로 가지는 크기 $m \times n$의 행렬의 전체 집합 $M_{m \times n}(\mathbb{R})$는 행렬의 덧셈 + 에 대하여 $(M_{m \times n}(\mathbb{R}), +)$는 가환군을 이룬다.
5. 특수한 정사각형 행렬의 집합 $GL_n(\mathbb{R})$과 $SL_n(\mathbb{R})$을 다음과 같이 정의하자.

$$GL_n = \mathrm{A} \in \mathrm{Mat}_{\mathrm{n \times n}}(\mathbb{R}) \mid \det(\mathrm{A}) \neq 0 \text{ (general linear group)}$$

$$SL_n = \mathrm{A} \in \mathrm{Mat}_{\mathrm{n \times n}}(\mathbb{R}) \mid \det(\mathrm{A}) = 1 \text{ (special linear group)}$$

행렬의 곱셈에 관하여 $(GL_n(\mathbb{R}), \cdot)$와 $(SL_n(\mathbb{R}), \cdot)$는 군을 이룬다. 하지만 행렬의 곱셈은 일반적으로 교환법칙을 성립하지 않으므로 이들은 가환군은 아니다.

[유한군의 예]

다음은 유한군의 예를 든 것이다. 무한군과는 달리 유한군의 이항연산은 일반적인 $+$, $\times$와는 구별되어 정의된다.

1. 1장에서 소개하였듯이 법 n에 관한 잉여계 $\mathbb{Z}_n = \{\overline{0}, \overline{1}, \cdots, \overline{n-1}\}$ 위에 연산 $+$을 다음과 같이 정의한다. 임의의 $a, b \in \mathbb{Z}_n$에 대하여

$$\overline{a} + \overline{b} = \overline{a+b}.$$

그러면 ($\mathbb{Z}_n$, +)는 가환군을 이룬다. 이때, 항등원은 $\overline{0}$이 되며 $\overline{a}$의 역원은 $\overline{n-a}$가 되며 이것을 $-\overline{a}$로 나타낸다.

2. 양의 정수 n에 관한 법 n에 관한 잉여계 $\mathbb{Z}_n$의 다음과 같은 부분집합을 생각해 보자.

$$\mathbb{Z}_n^* = \{\overline{a} \in \mathbb{Z}_n \mid (a, n) = 1\}$$

이때, $\overline{a}$, $\overline{b} \in \mathbb{Z}_n^*$에 대하여 $\overline{a}\overline{b} = \overline{ab}$로 곱셈을 정의하면 $(\mathbb{Z}_n^*, \times)$는 가환군을 이룬다.

3. 두 개의 원소로 구성되는 집합 $G = \{e, a\}$은 다음과 같은 연산 $\circ$에 의하여 군을 이룬다.

$$e \circ e = e,\ a \circ e = a = a \circ e,\ a \circ a = e$$

이러한 군은 위의 ($\mathbb{Z}_2$, +)와 그 구조가 정확하게 같다.(이때, 두 군은 동형(isomorphic)이라고 한다.)

4. 세 원소로 이루어진 군과 네 원소로 이루어진 군은 다음과 같은 연산표로 나타낼 수 있다. 앞의 두 군은 차례로 ($\mathbb{Z}_3$, +), ($\mathbb{Z}_4$, +)와 그 구조가 각각 같고 마지막의 군은 클라인(Klein)의 4원군이라 불리며 (V_4, $\circ$)로 표시한다. 원소가 4개인 군은 그 구조가 위의 ($\mathbb{Z}_4$,+)와 (V_4, $\circ$) 두 가지 밖에 없음이 밝혀져 있다.

	0	1	2	3
0	0	1	2	3
1	1	2	3	0
2	2	3	0	1
3	3	0	1	2

	e	a	b	c
e	e	a	b	c
a	a	e	c	b
b	b	c	e	a
c	c	b	a	e

($\mathbb{Z}_4$, +)와 (V_4, $\circ$)의 연산 테이블

5. $[n]$ 위에서 정의된 일대일대응함수를 치환이라고 하며, 이들의 전체집합 S_n은 합성함수 $\circ$에 대하여 군을 이룬다. 이러한 군을 치환군(permutation group)이라고 한다. 이때, $|S_n| = n!$이므로 유한군이며, 위의 예와 달리 비가환군이다. 이에 대해서는 4.6절에서 자세히 다루고 있다.

연 습 문 제

1. 군 $(G, \circ)$에서 원소 $a, b \in G$에 대하여 $a \circ b = b \circ a$일 때, 모든 양의 정수 m, n에 대하여 다음이 성립함을 증명하여라.

   (1) $a^m \circ b = b \circ a^m$

   (2) $a^m \circ b^n = b^n \circ a^m$

   (3) $(a \circ b)^n = a^n \circ b^n$

2. 군 $(G, \circ)$에 대하여 다음 세 명제는 서로 동치임을 증명하여라.

   (1) G는 Abel 군이다.

   (2) 모든 $a, b \in G$와 양의 정수 n에 대하여 $(a \circ b)^n = a^n \circ b^n$이다.

   (3) 모든 $a, b \in G$에 대하여 $(a \circ b)^2 = a^2 \circ b^2$이다.

3. 집합 $S(\neq \varnothing)$위에 연산 $\circ$이 정의되어 있고 이 연산에 관하여 결합법칙이 성립할 때, (S, $\circ$)를 반군(semigroup)이라고 한다. 다음 중에서 반군이지만 군이 아닌 것을 찾아라.

   (1) ($\mathbb{Z}$, +) (2) ($\mathbb{Z}$, $\cdot$) (3) ($\mathbb{Q}$, $\cdot$) (4) ($\mathbb{Q} - \{0\}$, $\cdot$)

4. 반군 (S, $\circ$)가 다음 두 조건을 만족시키더라도 군이 아닐 수 있음을 보여라.

   $a \circ b = a \circ c \rightarrow b = c$

   $b \circ a = c \circ a \rightarrow b = c$

5. 집합 $\mathbb{Z}$의 부분집합 중에서 덧셈에 관하여 반군인 동시에 덧셈군이 아닌 예를 들어라. 또, 집합 $\mathbb{Q}$의 부분집합으로서 곱셈에 관하여 반군인 동시에 곱셈군이 아닌 예를 들어라.

6. 반군 $(G, \circ)$에 대하여 다음 두 조건이 성립한다고 하자.

   (i) 특정한 원소 $e \in G$가 존재하여, 모든 $a \in G$에 대하여 $a \circ e = a$이다.

   (ii) 각 원소 $a \in G$에 대하여 $a \circ a_r = e$인 원소 $a_r \in G$가 존재한다.

   이때, 다음이 성립함을 증명하여 $(G, \circ)$가 군임을 증명하여라.

   (1) G의 원소 x에 대하여 $x \circ x = x$이면 $x \circ x = x$이다.

   (2) 각 원소 $a \in G$에 대하여 $a \circ a_r = a_r \circ a = e$이다.

   (3) 모든 원소 $a \in G$에 대하여 $a \circ e = e \circ a = a$이다.

7. 다음 집합은 주어진 이항연산에 관하여 군임을 보여라.

   (1) ($\mathbb{C}$, $\times$)는 군임을 보여라.

   (2) $GL_n(\mathbb{R})$, $SL_n(\mathbb{R})$이 행렬의 곱셈에 관하여 군을 이룸을 보여라.

□ 부분군과 잉여류

주어진 군 $(G,\circ)$에서 H를 G의 공집합이 아닌 부분집합이라 하자. 이때, $(H,\circ)$가 군을 이룬다면 H를 군 G의 부분군(subgroup)이라고 하고 $(H,\circ)\le(G,\circ)$라고 나타내거나 간단히 $H\le$ G라고 표시한다. 간단한 논증에 의하여 $(H,\circ)\le(G,\circ)$ 일 때, H의 항등원은 군 G의 항등원 e와 일치하고 또 각 원소 $a\in H$에 대하여 H에서의 a의 역원은 G에서의 a의 역원 a^{-1}와 일치한다.

이제 주어진 군 $(G,\circ)$의 부분집합 H가 부분군임을 확인할 수 있는 간단한 방법에 관하여 알아보도록 하자. 정의에 의하면 H가 부분군임을 보이기 위해서는 H 위에서 연산 $\circ$이 군의 정의의 G1, G2, G3 세 가지 성질을 만족한다는 것을 모두 보여야 할 것이다. 하지만 다음 정리에 의하여 부분군임은 보다 간단히 증명될 수 있다.

정리 A3 (부분군 정리)

G가 군일 때, $H\le G$인 H에 대하여 다음 세 조건은 서로 동치이다.

(i) H는 G의 부분군이다.

(ii) $a,b\in H$에 대하여 $ab\in H$이고 $a^{-1}\in H$.

(iii) $a,b\in H$에 대하여 $ab^{-1}\in H$.

특히, H가 유한집합이면, $H\le G$는 다음 조건과 동치이다.

$$a,b\in H\rightarrow ab\in H$$

| 증명 |

(i) $\Rightarrow$ (ii) $\Rightarrow$ (iii)임은 자명하다. 이제 (iii)$\Rightarrow$(i)임을 보이자. 결합법칙은 $H\subseteq G$이고 G가 군이므로 H에서도 성립한다. (iii)을 가정했으므로 $a\circ a^{-1}=e\in H$이므로 항등원이 H에 존재한다. 또한 $e,a\in H$이면 $e\circ a^{-1}=a^{-1}\in H$이므로 각 H의 원소에 관한 역원이 존재한다. 마지막으로, $a,b\in H$이면 위의 역원의 존재성에 의하여 $b^{-1}\in H$이므로

$a\circ b=a\circ(b^{-1})^{-1}\in H$이다. 결론적으로 $(H,\circ)$은 군이다.

앞서 제시되었던 군의 예로부터 다음과 같은 부분군들을 살펴보도록 하자.

[예 시]

다음과 같이 주어진 군의 부분집합들은 동일한 이항연산에 의하여 부분군을 이룬다.

(1) $(G,\circ)$를 군이라 할 때, $(\{e\},\circ)\le(G,\circ)$, $(G,\circ)\le(G,\circ)$을 자명한 부분군이라고 한다.

(2) $SL_n(R)\le GL_n(R)$

| 증명 |

$A, B \in SL_n(R)$이면 $\det(A) = 1 = \det(B)$이므로 정리 A3에 의하여 $\det(B^{-1}) = 1/\det(B) = 1$이고 $\det(AB^{-1}) = \det(A)\det(A^{-1}) = 1$이다. 이것은 $AB^{-1} \in SL_n(\mathbb{R})$를 의미하므로 정리 A3에 의하여 $SL_n(\mathbb{R}) \leq GL_n(\mathbb{R})$가 성립한다.

(3) $(\mathbb{Z},+) \leq (\mathbb{Z},+)$, $(4\mathbb{Z},+) \leq (2\mathbb{Z},+)$, $(\{\overline{0}, \overline{2}\},+) \leq (\mathbb{Z}_4,+)$ 여기서 $\overline{0}, \overline{2} \in \mathbb{Z}_4$이다.

| 증명 |

$(4\mathbb{Z},+) \leq (2\mathbb{Z},+)$임을 증명해 보자. 우선 $4\mathbb{Z} \subset 2\mathbb{Z}$임은 당연하다. 또한 $x, y \in 4\mathbb{Z}$라 하면 적당한 정수 k,l에 관하여 $x = 4k, y = 4l$로 표시된다. 이때,

$y^{-1} = -y = -4k \in 4\mathbb{Z}$, $\quad x \circ y^{-1} = x + (-y) = 4(k-l) \in 4\mathbb{Z}$이므로 부분군 정리에 의하여 $(4\mathbb{Z},+) \leq (2\mathbb{Z},+)$가 된다.

이제 부분군의 최소 단위가 되는 순환부분군에 관하여 알아보기로 하자. 주어진 군 $(G, \circ)$의 각 원소 $a \in G$ 에 대하여 다음과 같은 G의 부분집합 $\langle a \rangle$를 정의하기로 하자.

$$\langle a \rangle = \{a^i \mid i \in \mathbb{Z}\} = \{\cdots, a^{-2}, a^{-1}, e, a, a^2, \cdots\}$$

당연히, 군의 원소에 관한 지수법칙에 의하여 $\langle a \rangle$는 G 의 가환인 부분군을 이룬다. 이와 같이 정의된 G 의 부분군 $\langle a \rangle$를 a에 의해 생성된 순환부분군(cyclic subgroup)이라 한다. 특히, $a \in G$에 대하여 $G = \langle a \rangle$이면 이러한 G를 순환군(cyclic group)이라 하고, 이때 a를 G의 생성원(generator)이라고 한다.

군 G의 원소 a에 대하여 $a^m = e$인 양의 정수 m이 존재할 때, a를 유한 위수를 가진 원소라고 한다. 이때 $a^n = e$를 만족하는 가장 작은 양의 정수 n을 a의 위수(Order)라고 한다. 반면에 $a \in G$가 모든 양의 정수 m에 대하여 $a^m \neq e$이면, 이러한 원소 a를 무한 위수를 가진 원소라 한다. $a \in G$가 유한 위수 n을 가지면 $\mathrm{Ord}(a)$로 표시하고, 무한 위수를 가지면 $\mathrm{Ord}(a) = \infty$로 각각 표시하기로 한다.

정리 A4 군 $(G, \circ)$와 $a \in G$ 에 대하여 $\mathrm{Ord}(a) = n < \infty$이면 다음이 성립한다.

$$|\langle a \rangle| = \mathrm{Ord}(a).$$

| 증명 |

$0 \leq i < j \leq n$인 서로 다른 두 정수 i, j에 관하여 $a^i \neq a^j$ 임을 보이면 된다. 만약 $a^i = a^j$라 가정하면 $a^{j-i} = e$가 성립한다. 그런데 $a^k = e$ 만족하는 최소의 양의 정수는 n이므로

$j-i=0$이 된다. 하지만 이것은 $i<j$이라는 가정에 모순이다. □

다음은 군 G의 원소 a의 위수에 관한 기본적인 정리이다. 이러한 성질은 정수의 잉여 덧셈군에서 원소의 위수와 본질적으로 동일함을 보여주고 있다. 증명은 연습문제로 남겨 두기로 한다.

정리 A5 군 $(G, \circ)$와 $a \in G$에 대하여 $\mathrm{Ord}(a)=n$Ord(a)=n이라 하고 m을 임의의 정수라 하고 $a^m=e$이면 n은 m의 약수가 된다. 또한 m과 n이 서로소이면 $\mathrm{Ord}(a^m)=n$이 성립한다. 즉, $(m,n)=1$ 이면 $\langle a\rangle=\langle a^m\rangle$ 이다. 또한, $|G|=n$이면 $\langle a\rangle=G$, 즉 G는 위수가 n인 순환군이다.

위의 정리를 위수 n인 순환군 $G=\langle a\rangle$의 부분군은 모두 순환부분군이다. 정리 A5에서의 순환부분군에 의하여 H가 $G=\langle a\rangle$의 부분군이면 $H=\langle a^m\rangle$인 정수 m이 존재한다. 실제로,

$$\mathrm{Ord}(a^m)=|H|=|\langle a^m\rangle|=\frac{n}{(m,n)}$$

이 되므로 H의 위수는 n의 약수가 된다.

역으로, n의 모든 양의 약수 d (즉 $n=dm$)에 관하여 $a^m \in G$을 생성원으로 하고 위수가 d인 $G=\langle a\rangle$의 순환부분군 $H=\langle a^m\rangle$이 항상 존재한다.

[예 시]

유한군의 위수와 부분군 간의 관계를 다음과 같은 예를 들어 이해해 보도록 하자.

(1) 소수 위수 p을 가진 순환군 $G=\langle a\rangle$의 부분군은 $\langle e\rangle$와 G 뿐이다. 한편, p^2은 약수로 $1, p, p^2$을 가지므로, 위수 p^2인 순환군 $H=\langle b\rangle$의 부분군은

$$\langle e\rangle=e, \quad \langle b\rangle=G, \quad \langle b^p\rangle=\{e, b^p, b^{2p}, \cdots, b^{p(p-1)}\}$$

뿐이다. 이때, 이들 부분군의 위수는 각각 $1, p^2, p$가 된다.

(2) 자연수 10의 약수는 $1, 2, 5, 10$ 뿐이므로 위수 10인 순환군 $G=\langle a\rangle$의 모든 부분군은 다음과 같다.

$$\begin{aligned}
\langle a\rangle &= \langle a^3\rangle=\langle a^7\rangle=\langle a^9\rangle \\
\langle a^2\rangle &= \{e,a^2,a^4,a^6,a^8\}=\langle a^4\rangle=\langle a^6\rangle=\langle a^8\rangle \\
\langle a^5\rangle &= \{e,a^5\} \\
\langle a^{10}\rangle &= \{e\}
\end{aligned}$$

(3) 위수 20인 순환군 $G=\langle x\rangle$의 부분군은 다음과 같다.

$$\begin{aligned}
G &= \langle x\rangle=\langle x^3\rangle=\langle x^7\rangle=\langle x^9\rangle=\langle x^{11}\rangle=\langle x^{13}\rangle=\langle x^{17}\rangle=\langle x^{19}\rangle \\
\langle x^2\rangle &= \langle x^6\rangle=\langle x^{14}\rangle=\langle x^{18}\rangle \\
\langle x^4\rangle &= \langle x^8\rangle=\langle x^{12}\rangle=\langle x^{16}\rangle \\
\langle x^5\rangle &= \langle x^{15}\rangle \\
\langle x^{10}\rangle & \\
\langle x^{20}\rangle &= \langle e\rangle
\end{aligned}$$

주어진 부분군에 따라 군의 원소는 분할될 수 있다. 이때 분할된 각 부분은 잉여류라 한다. 이제 잉여류를 정의하고 이것이 군을 분할 함을 이용하여 유한군의 위수에 관한 라그랑쥐(Lagrange) 정리를 알아보기로 하자.

군 $(G,\circ)$의 부분군 H와 각 원소 $a\in G$에 관하여 다음의 집합을 정의하기로 하자.

$$aH=\{a\circ x\mid x\in H\},\ Ha=\{x\circ a\mid x\in H\}$$

이들을 각각 G의 H에 의한 좌잉여류(left coset), 우잉여류(right coset)라고 부른다. 원소 a를 aH, Ha의 대표원(representative)이라고 한다. (참고로 $aH=Ha$이면 aH를 간단히 잉여류(coset)라고 부른다.) $H\le G$라고 가정으로부터 다음 사실은 간단히 성립함을 보일 수 있다.

임의의 $a,b\in G$에 대하여 다음이 성립한다.

$$aH=bH\ \Rightarrow\ a^{-1}b\in H\ \Rightarrow\ b^{-1}a\in H$$

$$a\in bH\Rightarrow\ aH=bH\Rightarrow\ b\in aH$$

또한 각 $a\in G$에 대하여 $a\in aH$임은 자명하다. 특히 H가 유한 부분군일 때, $ax,\ ay\in aH$에 대하여 $ax=ay$라 하면 G는 군이므로 소거법칙이 성립하고 따라서 $x=y$가 된다. 이는 aH와 H가 일대일대응임을 뜻하며, 따라서 $|aH|=|H|$이다. 다음 정리는 좌잉여류들의 집합인 좌잉여계가 군 G의 원소를 분할하고 있음을 보여주고 있다. 증명은 위의 고찰로부터 자명하므로 생략하도록 한다.

정리 A6 군 G의 부분군H와 임의의 원소 $a,b\in G$에 대하여 다음 두 조건 중 단 하나가 반드시 성립한다.

(i) $aH\cap bH=\varnothing$, (ii) $aH=bH$.

즉, 군 G의 임의의 부분군이 H에 관하여, $\{aH\mid a\in G\}$는 집합 G을 분할한다.

위에서 $|aH|=|H|$에 관하여 논증을 대칭적으로 기술하면, 우잉여류에 대해서도 $|Ha|=|H|$가 됨을 알 수 있다. 그러므로 모든 $a \in G$에 관하여 $|Ha|=|aH|$가 성립한다. 게다가 위의 분할에 관한 정리에 따라 군 G의 좌잉여류가 꼭 m개 존재하면 H에 의한 G의 우잉여류도 꼭 m개 존재함을 알 수 있다. 이때, m을 군 G에서의 부분군 H의 지수(index)라 하고 $m=|G:H|$으로 나타낸다.

이제 G를 유한군이라 하고 한 부분군 H에 관한 G의 좌잉여류 전체 즉 좌잉여계 $\mathbb{L}=\{a_1H, \cdots, a_mH\}$라고 하면, 위의 정리에 의하여 군 G는 $\mathbb{L}$로 분할되며 $|a_iH|=|a_jH| \ (i,j=1,\cdots,m)$이 성립되므로 다음 식이 성립한다.

$$|G|=|a_1H|+\cdots+|a_mH|=m|H|$$

그러므로 라그랑쥐(Lagrange) 정리라고 불리는 다음 정리가 성립한다.

정리 A7 (라그랑쥐 정리)

유한군 G의 임의의 부분군 H에 대하여 H의 위수는 G의 위수의 약수다. 즉, $|G|=k|H|$가 되는 자연수 k가 존재한다. 이때, k를 $k=|G:H|$으로 표기하며 'G 위에서 H의 인덱스'라 한다. 특히, 군 G의 원소 a에 대하여 $\mathrm{Ord}(a)=|\langle a\rangle|$이므로, 위의 결과에 의해, 다음이 성립한다.

$$\mathrm{Ord}(a)=\frac{|G|}{|G:H|}$$

연 습 문 제

1. 다음 집합이 일반 선형군 $GL_{2(\mathbb{R})}$의 부분군을 이루는지를 판정하여라.

$$G=\left\{\begin{vmatrix} a & 0 \\ b & c \end{vmatrix} : a,b,c \in \mathbb{R}\right\}$$

2. 군 G의 부분집합 $H(\neq \varnothing)$에 대하여 다음 명제는 거짓이다. 이 두 명제에 대한 반례를 곱셈군 $\mathbb{R}^*$에서 들어라.

   (1) 임의의 $a,b \in H$에 대하여 $ab \in H$이면, H는 G의 부분군이다.

   (2) 임의의 $a \in H$에 대하여 $a^{-1} \in H$이면, H는 G의 부분군이다.

3. 군 G의 두 부분군 H, K에 대하여 $H \cup K$가 G의 부분군이면, $H \subseteq K$또는 $H \subseteq K$임을 증명하여라.

4. 군 G에서 두 원소 a,b에 대하여 다음이 성립함을 증명하라.

   (1) 양의 정수 m에 대하여 $(ab)^m = e$이면, $(ba)^m = e$이다.

   (2) ab의 위수가 n이면, ba의 위수도 n이다.

5. 군 G에 대하여 다음이 성립함을 증명하라.

   (1) G가 유한군이면, G의 부분군은 유한개 존재한다.

   (2) G의 부분군이 유한 개 존재하면, G는 유한군이다.

6. 유한군 G에 위수 n인 원소가 존재하면, n은 $|G|$의 약수임을 밝혀라.

7. 군 G의 두 부분군 H,K에 대하여 $|H|$의 위수가 소수이면, $H \cap K = \{e\}$ 또는 $H \subseteq K$임을 증명하라.

8. 군 G의 두 원소 a,b에 대하여 다음이 성립함을 보여라.

   (1) a의 위수가 n이면, a^{-1}의 위수도 n이다.

   (2) $ab = ba$이고 또 a,b의 위수가 각각 n,m일 때, $(m,n) = 1$이면 ab의 위수는 nm이다.

□ 환과 체

군은 한 집합과 하나의 이항연산으로 정의된 대수적 구조인데 반해 환과 체는 한 집합 위에 두 개의 이항연산으로 정의된 대수적 구조이다. 환(ring)의 모델이 된 대표적인 예로는 정수의 집합 $\mathbb{Z}$을 들 수 있다. 이미 살펴본 바와 같이 $(\mathbb{Z},+)$는 자연스럽게 가환군(Abelian group)을 이룬다. 하지만 $\mathbb{Z}$에는 이항연산 곱셈 $\times$이 정의되어 있고 덧셈과 곱셈 두 연산의 상호 관계는 배분법칙에 의하여 설명될 수 있다. 이런 두 연산을 가진 정수와 유사한 대수구조를 환(ring)이라 부른다.

이러한 환 중에는, 마치 유리수의 집합 $\mathbb{Q}$가, 연산 +와 $\times$에 대하여 환을 이룸과 동시에 $\mathbb{Q}$에서 0을 제거시킨 유리수들의 집합 $\mathbb{Q}^*$은 곱셈 $\times$와 함께 가환군이 되기도 한다. 이러한 $(\mathbb{Q}, +, \times)$와 같은 대수적 구조를 체(field)라 한다. 조합수학이나 이산수학 그리고 유한기하학, 암호학과 부호학 같은 정보이론에서는 유한체를 그 언어로 사용하고 있기에 이 분야에서 매우 중요한 대수구조라 할 수 있다. 이 절에서는 환으로부터 유한체까지의 대수구조들의 논리적 정의와 개념에 관하여 간단히 정리해 보고 그 예들 들어 보기로 한다.

정의 A8 두 이항연산 +와 $\cdot$가 집합 $R\ (\neq \varnothing)$위에서 정의되어 있다고 하자. 다음 세 조건을 만족하는 $(R,+,\cdot)$을 환(ring)이라고 한다.

R1.$(R,+)$는 가환군이다.

R2.$(R,\cdot)$는 가군(semi-group)이다.

R3.이항연산 $+,\ \cdot$ 은 배분법칙을 만족한다. 즉, $a,b,c \in R$에 관하여

$$a\cdot(b+c)=a\cdot b+a\cdot c,\ \ (a+b)\cdot c=a\cdot c+b\cdot c$$

환에 있어서 연산 +를 관례적으로 덧셈이라 하고 연산 $\cdot$를 곱셈이라고 부른다. 그러므로 $+$의 항등원을 0으로 표시하며 이를 영원(zero element) 또는 영이라고 하여 $a\in R$의 $+$에 관한 역원을 $-a$라 표시하고 있다. 또한 두 원소 a, b의 곱 $a\cdot b$를 간단히 ab로 나타낸다. $(R,+,\cdot)$이 환이면 "R는 덧셈 +와 곱셈 $\cdot$ 에 관하여 환을 이룬다."라고 한다. 환 $(R,+,\cdot)$이 곱셈에 관하여 항등원(단위원이라 부르며 1로 표시)을 가지고 있을 때, 이를 단위원 1을 가진 환(ring with identity)이라고 한다. 또한 곱셈에 관한 교환법칙을 만족하면, 즉 모든 $a, b\in R$에 대하여 $a\cdot b=b\cdot a$를 만족하면, 이러한 환을 가환환(commutative ring)이라고 하며 교환법칙이 성립하지 않으면 비가환환(non-commutative ring)이라고 한다.

이제, 특수한 환으로서의 체(field)를 다음과 같이 정의하도록 한다. 환 $(R,+,\cdot)$에서

$(R-\{0\},\ \cdot)$이 군을 이루고 있을 때, 이러한 환을 나눗셈환(division ring)이라고 한다. 특히, 나눗셈환 $(\mathbb{F},+,\cdot)$가 연산 · 에 대하여 교환법칙이 성립하면, 즉 $(F-\{0\},\cdot)$가 가환군을 이루고 있을 때, 이러한 환을 체(field)라고 한다. 또한 $(D-\{0\},\cdot)$가 비가환군인 환 D을 비가환체(skew field)라고 한다. 다시 말해서, 체 $\mathbb{F}$은 환이며 동시에 0을 제외한 모든 원소에 관하여 곱셈 · 에 대한 역원이 존재하고 교환법칙 또한 성립한다는 의미이다. 이때, 체 F에서 $\mathbb{F}^*=\mathbb{F}-\{0\}$을 $\mathbb{F}$의 곱셈군이라고 한다.

이러한 여러 가지 종류의 환은 그 원소의 개수에 따라 다음과 같이 구별되고 있기도 하다. 무한개의 원소를 가진 환을 무한환(infinite ring)이라 하고 유한개의 원소로 이루어진 환을 유한환(finite ring)이라 한다. 또한 무한개의 원소로 이루어진 체를 무한체(infinite field)라고 하고, 유한개의 원소로 이루어진 체를 유한체(finite field)라고 한다. 이제 유한 혹은 무한환, 비가환체 및 체에 관하여 다음과 같은 여러 가지 예를 들어 이해해 보도록 하자. 증명은 모두 연습문제로 남기기로 한다.

[예 시]

다음은 환의 예를 구별하여 종류에 따라 제시한 것이다.

(1) 체가 아닌 무한 가환환 : 정수환 $(\mathbb{Z},+,\cdot)$

(2) 체가 아닌 무한 비가환환: 행렬환 $(Mat_{n\times n}(\mathbb{R}),+,\cdot)$

(3) 체가 아닌 잉여류에 관한 유한 가환환 :

n이 소수가 아닐 때, $(\mathbb{Z}_{n,}+,\cdot)$. 여기서 $\mathbb{Z}_n$과 연산 +, · 는 잉여계에서 정의된다.

예를 들어 집합 $\mathbb{Z}_{15}=\{\overline{0},\overline{1},\cdots\overline{13},\overline{14}\}$ 위에서 정의된 덧셈과 곱셈에 관하여 $(\mathbb{Z}_{15,}+\cdot)$는 유한 가환환을 이룬다. 체가 아닌 유한 가환환의 가장 간단한 예로서 $\mathbb{Z}_4$를 들 수 있고, 아래 표는 $\mathbb{Z}_4$의 덧셈과 곱셈의 연산을 보여준다.

+	0	1	2	3
0	0	1	2	3
1	1	2	3	0
2	2	3	0	1
3	3	0	1	2

·	0	1	2	3
0	0	0	0	0
1	0	1	2	3
2	0	2	0	2
3	0	3	2	1

(4) 무한체 : $(\mathbb{Q},+,\cdot)$, $(\mathbb{R},+,\cdot)$, $(\mathbb{C},+,\cdot)$. 이때, $\mathbb{Q}$를 유리수체, $\mathbb{R}$를 실수체, $\mathbb{C}$를 복소수체라고 각각 부른다.

(5) 체가 아닌 무한 나눗셈환(비가환체) : 집합 H를 다음과 같이 정의한다.

$$\mathbb{H}=\{a+bi+cj+dk \mid a,b,c,d \in \mathbb{R},\ i^2=j^2=k^2=-1\}$$

임의의 $a_1+b_1i+c_1j+d_1k,\quad a_2+b_2i+c_2j+d_2k \in \mathbb{H}$에 대하여, 덧셈과 곱셈을 다음과 같이 정의한다.

$$\begin{aligned}&(a_1+b_1i+c_1j+d_1k)+(a_2+b_2i+c_2j+d_2k)\\ &=(a_1+a_2)+(b_1+b_2)i+(c_1+c_2)j+(d_1+d_2)k \in H.\end{aligned}$$

또한, 위의 H의 정의에 나타난 i,j,k 상호간의 곱셈법칙들과 실수의 배분법칙에 따라 곱셈을 다음과 같이 정의한다.

$$\begin{aligned}(a_1+b_1i+c_1j+d_1k)(a_2+b_2i+c_2j+d_2k)=&\ a_1a_2-b_1b_2-c_1c_2-d_1d\\ &+(a_1b_2+b_1a_2+c_1d_2-d_1c_2)i\\ &+(a_1c_2+c_1a_2+d_1b_2-b_1d_2)j\\ &+(a_1d_2+d_1a_2+b_1c_2-c_1b_2)k \in H\end{aligned}$$

단순 계산에 의하여 $(H,+,)$는 나눗셈환임을 알 수 있다. 하지만 곱셈의 교환법칙이 성립하지 않으므로 H는 체가 아니다. 즉 비가환체 임을 알 수 있다.

(6) 유한체 : p가 소수일 때, $(\mathbb{Z}_p,\ +,\ \times)$.

이에 관해서는 2장의 정수부분을 참조한다. 간단하게 요약하면, $(\mathbb{Z}_p-\{0\},\ \times)$은 가환군이므로 $(\mathbb{Z}_p,\ +,\ \times)$은 체가 된다. 가장 간단한 유한체인 $\mathbb{Z}_2$와 $\mathbb{Z}_3$의 연산표는 잘 알려진 바와 같이 다음과 같다.

+	0	1
0	0	1
1	1	0

×	0	1
0	0	0
1	0	1

체 $(\mathbb{Z}_2,\ +,\ \times)$의 연산표

+	0	1	2
0	0	1	2
1	1	2	0
2	2	0	1

×	0	1	2
0	0	0	0
1	0	1	2
2	0	2	1

체 $(\mathbb{Z}_3,\ +,\ \times)$의 연산표

실제로 유한체의 존재성과 특성은 모두 밝혀져 있다. 임의의 소수 p와 양의 정수 h에 관하여 $q=p^h$이라고 하면 q개의 원소로 이루어진 유한체가 유일하게 존재하고 이를 F_q 혹은 $GF(q)$라고 표시한다. 이는 약관의 나이로 체 이론(Galois field theory)을 확립한 갈루아의 첫 자를 따서 위수가 q인 갈루아 체라고 부른다. 특히 q가 소수 p인 경우 F_p와 같이 나타내고 이것은 $\mathbb{Z}_p=\{0,1,\cdots,p-1\}$ 와 동형이다. 역으로, 임의의 유한체 F는 적당한 소수 p와 양의 정수 m에 관하여 $|F|=p^m=q$가 되며 이는 F_{p^m}로 유일하게 표현된다.

이 외에도 대수학에서는 다양한 환과 체에 관한 예를 들 수 있다. 예를 들어 단위원을 가진 환 R이 모든 $a,b\in R$에 관하여 $ab=0 \Rightarrow (a=0)\vee(b=0)$을 만족하면 이를 정역(integral domain)이라고 한다. 대표적인 정역은 $(\mathbb{Z},+,\cdot)$를 들 수 있다. 정역은 이름 그대로 정수와 비슷하다는 의미로 쓰이고 있다. 유리계수의 다항식 $\mathbb{Q}[x]$ 위에서 다항식의 덧셈과 곱셈은 잘 정의되어 있으며 이는 정역을 이룬다. 정역은 정수와 유사한 특성을 가진 환을 뜻한다. 여기서 말하는 정수의 유사특성이란 환의 두 원소 x,y에 대하여 $xy=0$이면 $(x=0)\vee(y=0)$이라는 성질을 뜻한다. 이러한 성질로부터 얻을 수 있는 유용성을 설명하면서 이 장을 마무리 짓도록 하자.

어떤 주어진 이차 다항식 $f(x)\in\mathbb{Z}[x]$가 $f(x)=(ax+b)(cx+d)$의 형태로 두 일차 다항식의 곱으로 인수분해 된다면 방정식 $f(x)=0$의 두 근은 쉽게 구할 수 있게 됨을 기억할 것이다. 이것은 $\mathbb{Q}$[x]가 정역이므로 $(ax+b)(cx+d)=0$ 이라면 $ax+b=0$ 또는 $cx+d=0$을 만족하기 때문인 것이다. 이렇듯 인수분해에 의한 방정식의 해를 구할 수 있는 것은 위의 유리계수(또는 무리계수)의 다항함수의 집합이 정역이기 때문이다.

[예 시]

가환환 $\mathbb{Z}^2=\{(a,b)\mid a,b\in\mathbb{Z}\},\quad \mathbb{R}^2=\{(a,b)\mid a,b\in\mathbb{R}\}$는 모두 정역이 아니다. 반례를 통한 증명은 각자의 몫으로 남기기로 한다.

이 장의 마지막으로, 군 이론에서 군작용(group action)을 새롭게 정의하고 그래프이론을 포함한 조합수학의 계수문제(counting problem)에 넓은 응용성을 가지고 있는 번사이드 보조정리를 증명하고 실제로 이를 이용하여 사이클 그래프의 모든 채색의 개수를 구하도록 하자.
단, 이하 채색의 개수는 정규 채색의 개수가 아니고 이를 포함한 일반적인 채색의 모든 경우의 수를 뜻한다. 일반 채색에 관한 자세한 정의는 5.10절을 참고하기 바란다.

□ 군작용(Group action)에 대한 번사이드 보조정리와 채색문제

군 G와 집합 X에 대하여, 다음을 만족하는 함수 $f:G\times X\to X$를 군 작용(group action)이라 한다.

(i) 임의의 $x\in X$와 G의 항등원 e에 대하여 $f(e,x)=x$

(ii) 임의의 $g,h\in G$와 $x\in X$에 대하여 $f(g\circ h,x)=f(g,f(h,x))$

이때, $g\in G$와 $x\in X$에 대하여 함수 $f(g,x)$는 $g\cdot x$로 표기하기로 하자. 군 작용에 대한 기본적인 용어를 정리하면 다음과 같다.

1. $g\in G$에 대하여 집합 $X_g=\{x\in X : g\cdot x=x\}$를 g에 대한 고정점이라 한다.

2. $x \in X$에 대하여 $G_x = \{g \in G : g \cdot x = x\}$를 x에 대한 안정점이라 한다.

3. $x \in X$에 대하여 $O_x = \{y \in X : g \cdot y = x \text{ for } some\ g \in G\}$를 x에 대한 궤도라 한다.

X의 서로 다른 원소 c_1, c_2와 G의 적당한 원소 g에 대하여 $g \cdot c_1 = c_2$가 성립할 때, $c_1 \sim c_2$라 하면, $\sim$은 동치관계이다. $g \cdot c_1 = c_2$라는 사실은 $g_1 \in O_{c_2}$임을 뜻하므로, 궤도는 X의 동치류를 이룬다는 것을 알 수 있다.

이제 군의 작용을 그래프 채색문제의 관점에서 다뤄보도록 하자. 양의 정수 n과 m에 대하여 $G(V,E)$를 점의 개수가 n개인 그래프라 하고, C를 G의 m-채색들의 집합이라 하자. 즉, C는 $V(G)$의 원소를 $\{1,\cdots,m\}$으로 번호매김(labelling)의 전체 집합이다. S_n을 위수가 n인 치환군이라 하자. 여기서, S_n의 원소 s는 $V(G)$의 번호 매김에서 자기 자신으로 가는 1-1대응함수이다. 이제 다음 보조정리를 증명하도록 하자.

보조정리 A9 그래프 $G(V,E)$에 대하여 S_n과 C를 각각 위수가 n인 치환군, 그리고 G의 채색 (번호매김) 집합이라 하면 임의의 $c \in C$에 대하여 다음이 성립한다.

$$|(S_n)_c||O_c| = |S_n|$$

| 증명 |

$c \in C$에 대하여 $O_c = \{c_1,\cdots,c_k\}$라 가정하자. k이하의 각각의 자연수 i에 대하여, $s_i \in S_n$을 $s_i(c) = c_i$를 만족한다고 가정하고, $P = \{s_1,\cdots,s_k\}$라 하자.

이제, $s \in S_n$이 주어졌다고 하자. 적당한 i에 대하여 $s(c) = c_i$이기 때문에, $s(c) = c_i = s_i(c)$이다. 또한, $(s_i^{-1} \circ s)(c) = c$이므로, $s_i^{-1} \circ s \in (S_n)_c$이다. $s_i \circ (s_i^{-1} \circ s) = (s_i \circ s_i^{-1}) \circ s = s$이므로, 임의의 $s \in S_n$에 대하여 적당한 $s_i \in P$와 $s_c \in S_c$가 존재하여 $s_i \circ s_c = s$가 성립함을 알 수 있다. 따라서 $|(S_n)_c||O_c| \geq |S_n|$을 얻는다. $|(S_n)_c||O_c| \leq |S_n|$를 보이기 위하여, $s = s_i \circ \sigma = s_j \circ \tau$를 만족하는 서로 다른 $\sigma, \tau \in S_c$가 존재한다고 가정하자. 이때 $c_i = s(c) = s_i(\sigma(c)) = s_j(\tau(c)) = s(c) = c_j$이므로, $c_i = c_j$, 즉 $i = j$임을 알 수 있다. 따라서 가정에 의하여 $\sigma = \tau$이다. 이 사실은 S의 임의의 원소가 S_c의 원소와 P의 원소의 합성으로 표현이 가능하고, 이 표현은 유일하게 존재한다는 것을 의미한다. 따라서 다음이 성립한다.

$$|S_c||O_c| = |S_c||P| \leq |S_n|$$

그러므로 명제는 성립한다. □

이제 번사이드 보조정리를 증명하도록 하자.

정리 A10 (번사이드 보조정리) C를 그래프 $G(V,E)$의 채색 집합이라 하자. N을 궤도의 총개수라 하면 다음이 성립한다.

$$N=\frac{1}{|S_n|}\sum_{s\in S_n}|C_s|$$

|증명|

$I=\{(s,c)\in S_n\times C:\ s\cdot c=c\}$라 하자. 더블 카운팅에 의하여 $|I|=\sum_{c\in C}|S_c|=\sum_{s\in S_n}|C_s|$가 성립한다. 보조정리 A9에 의하여 $|S|=|S_c||O_c|$이므로, 다음을 얻는다.

$$\sum_{c\in C}|S_c|=\sum_{c\in C}\frac{|S|}{|O_c|}=|S|\sum_{c\in C}\frac{1}{|O_c|}.$$

S위에서 C의 궤도들은 동치류를 이루기 때문에, $\sum_{c\in C}\frac{1}{O_c}=\sum_{O_c\subset C}\sum_{c\in O_c}\frac{1}{|O_c|}$가 성립한다. 임의의 $c\in C$에 대하여 $\sum_{c\in O_C}\frac{1}{O_c}=1$이므로, 다음을 얻는다.

$$|I|=\sum_{c\in C}|S_c|=|S|\sum_{O_c\in C}\sum_{c\in O_c}\frac{1}{|O_c|}=|S|\sum_{O_c\subset C}1=|S|\times N$$

한편 $|I|=\sum_{s\in S_n}|C_s|$이므로, $N=\frac{1}{|S_n|}\sum_{s\in S_n}|C_s|$이 성립한다. □

마지막으로, 번사이드 보조정리를 활용하여 순환 그래프 C_4에 대한 정규가 아닌 일반 2-채색의 개수를 구해보자.

먼저 점 $1,2,3,4$에 대하여 각각 a,b,c,d 색을 칠한 채색을 (a,b,c,d)로 표기하자. 2가지 색깔 r과 g로 채색하는 것이 가능하다고 할 때, 2-채색의 집합을 C라 하면 C는 다음과 같다.

$$C=\left\{\begin{matrix}(gggg),(gggr),(ggrg),(grgg),(rggg),(ggrr),(grgr),(rggr),\\(grrg),(rgrg),(rrgg),(grrr),(rgrr),(rrgr),(rrrg),(rrrr)\end{matrix}\right\}$$

여기서 군 $G=\{(1),(1234),(13)(24),(1432)\}$라 하자.
각각의 G의 원소에 대하여 다음이 성립한다.

$C_{(1)}=C$, 즉 $|C_{(1)}|=16$

$C_{(1234)}=\{(gggg),(rrrr)\}$, 즉 $|C_{(1234)}|=2$

$C_{(13)(24)}=\{(gggg),(rrrr),(grgr),(rgrg)\}$, 즉 $|C_{(13)(24)}|=4$

$C_{(1432)}=\{(\gg g),(rrrr)\}$, 즉 $|C_{(1432)}|=2$

N을 모든 궤도들의 집합이라 하면 번사이드 보조정리에 의해 다음이 성립한다.

$$N = \frac{1}{|S_n|}\sum_{s \in S_n}|C_s| = \frac{1}{4}(16+2+4+2) = 6$$

따라서 순환그래프 C_4의 일반 2-채색의 개수는 6개임을 알 수 있다.

참 고 문 헌

[1] J Katz, AJ Menezes, PC Van Oorschot, Handbook of applied cryptography (CRC Press, 1996) 'Handbook of applied cryptography, 1996, CRC Press'

[2] P. Cameron, Lecture note on Complexity, Queen Mary, Univ. of London (http://www.maths.qmul.ac.uk/~pjc/)

[3] The solution to the problem with the geometry of position, Commentartt Petersburg Imperial Academy of Sciences 8, pp. 128-140 (1741)

[4] http://mathworld.wolfram.com/EulerianGraph.html

[5] OEIS A003049; Robinson 1969; Liskovec 1972; Harary and Palmer 1973, p. 117

[6] P. J. Cameron, Sequences realized by oligomorphic permutation groups, J. Integ. Seqs. Vol. 3 (2000), #00.1.5.

[7] https://oeis.org/A003216

[8] Peter Steinbach, Field Guide to Simple Graphs, Volume 1, Part 17 (For Volumes 1, 2, 3, 4 of this book see A000088, A008406, A000055, A000664, respectively.)

[9] John M.Harris, Jeffry L.Hirst, Michael J.Mossinghoff, Combinatorics and Graph Theory(Springer, 2008)

[10] D. West, Graph Theory(Prentice Hall, 2001)

[11] 박승안, 정수론, 제3판(경문사, 2012)

[12] Brendan D. McKay, Stanislaw P. Radziszowski, R(4,5) = 25, Journal of Graph Theory, 19 (3) pp. 309-322 (1995) "R(4,5) = 25" (PDF).

[13] http://oeis.org/A000088/list

[14] 정민석, 암호수학(경문사, 2017)

[15] Kenneth P.Bogart, Introductory Combinatorics(A Harcourt Science and Technology Company, 2000)

[16] K.Rosen, Discrete mathmatics and its applications(McGraw Hill, 2007)

[17] R.A.Brualdi, Introductory Combinatorics(Prentice Hall, 1999)

[18] D.B.West, Introduction to Graph Theory(Prentice Hall, 2001)

[19] 박승안, 이산수학, 제9판(경문사, 2019)

[20] 김상목 외 9인, 공학수학(교우사, 2010)

[21] 김상목, 김영희, 정보수학개론(들샘, 2007)

[22] D.R.Stinson, Cryptography(CRC, 1995)

[23] 김상목, 이산수학(드림미디어, 2021)

[24] Ivan Gutman, Aleksandar Ivic, On Matula numbers, Discrete Mathematics 150(1996) 131-142.
[25] D.W. Matula, A natural rooted tree enumeration by prime factorization, SIAM Rev. 10 (1968) 273
[26] D.M. Burton, Elementary number theory 3rd ed.(WCB, 1994)
[27] M. Bona, Introduction to enumerative combinatorics(Mc Graw Hill, 2007)
[28] F. M. Dong, K. M. Koh, and K L Teo, Chromatic Polynomials and Chromaticity of Graphs(World Scientific Pub, 2005)
[29] G. L. Chia, On the chromatic equivalence class of graph. Discrete Math. 172, 175-191.
[30] Arthur Cayley, On the colourings of maps., Proc. Royal Geography Society 1, 259-261,
[31] 사이먼 싱, '페르마의 마지막 정리(Fermat's last theorem)', 박병철 역, 영림카디널,
[32] J. H. van Lint, R. M. Wilson, A course in Combinatorics(Cambridge, 1994)
[33] 박승안, 김응태, 현대대수학, 제9판(경문사, 2019)
[34] J. Fraleigh, A first course in Abstract Algebra 7th Edition(Pearson, 2009),
[35] D. R. Stinson, Combinatorial Designs(Springer, 2004)
[36] Paul R. Halmos, Naive set theory(Bow Wow Press, 2019)

찾아보기

(Q)

(R)

(S)

(T)

(ㅈ)

(ㅊ)

저자소개

김상목

(현) 광운대학교 자연과학대학 수학과 교수

서강대학교 수학과 졸업(이학사)

(미) 오래건대학교(University of Oregon) 대학원 수학과, 이학석사(MS, 1989)

(영) 런던대학교(Royal Holloway, University of London) 대학원 수학과, 이학박사(PhD, 2001)

그래프 이론 속의 조합수학 Combinatorics in Graph theory

저자 김상목
조판인쇄 2024년 5월 10일
조판발행 2024년 5월 20일

편집인 김 수 정
펴낸이 안 기 열
발행처 드림 미디어
13524 경기도 성남시 분당구 판교역로 192번길
14-2 골드타워 9층 914-w19
전화 031)705-3812
메일 dream356@empas.com

등록번호 제6-0465호
ISBN 978-89-91051-69-0 부가기호 93410
정가 20,000원

* 저자와의 협의하에 인지는 생략합니다.

"이 저서는 2018년도 광운대학교 연구년에 의하여 발간 되었음"